智能网联汽车感知技术

主　编　周志巍
副主编　余　波　邓康一
参　编　陈周亮　潘君才　毕海洲
　　　　张　帆　张才德　陈奇羡

北京理工大学出版社
BEIJING INSTITUTE OF TECHNOLOGY PRESS

内 容 简 介

全书共设置了 4 个模块、14 个任务。其中 4 个模块分别是智能网联汽车环境感知系统、车辆环境感知系统传感器安装与调试、车辆环境感知系统传感器应用、多源信息融合技术应用。其中 14 个任务分别为：认识环境感知系统、列举环境感知系统关键技术、认识多传感器信息融合技术应用、车载摄像头安装与调试、毫米波雷达安装与调试、激光雷达安装与调试、超声波雷达安装与调试、组合导航系统安装与调试、车辆车载摄像头应用、车辆激光雷达应用、车辆定位模块应用、车辆姿态传感器应用、智能网联汽车自主建图应用、智能网联汽车路径规划应用。

本教材可作为汽车智能技术、智能网联汽车技术、汽车电子技术、新能源汽车技术、汽车检测与维修技术、智能网联汽车工程技术等专业的环境感知技术课程教材，也可以作为汽车制造企业、汽车技术研发企业和汽车修理企业等技术人员的参考用书。

版权专有　侵权必究

图书在版编目（CIP）数据

智能网联汽车感知技术 / 周志巍主编. -- 北京：北京理工大学出版社，2024.6.
ISBN 978-7-5763-4218-5

Ⅰ.U463.67

中国国家版本馆 CIP 数据核字第 20244R04Q2 号

责任编辑：钟　博	**文案编辑**：钟　博
责任校对：周瑞红	**责任印制**：李志强

出版发行 / 北京理工大学出版社有限责任公司
社　　址 / 北京市丰台区四合庄路 6 号
邮　　编 / 100070
电　　话 / （010）68914026（教材售后服务热线）
　　　　　　（010）68944437（课件资源服务热线）
网　　址 / http://www.bitpress.com.cn

版 印 次 / 2024 年 6 月第 1 版第 1 次印刷
印　　刷 / 三河市天利华印刷装订有限公司
开　　本 / 787 mm×1092 mm　1/16
印　　张 / 18
字　　数 / 404 千字
定　　价 / 85.00 元

图书出现印装质量问题，请拨打售后服务热线，负责调换

教材编委会

主　任：邵志清
副主任：陈山枝、丛力群
编委（按姓氏笔划排序）：王建国　左伏桃　汪微波
　　　　　　　　　　　　　钱啸寅　潘君才

序

根据我国工业和信息化部的定义，智能网联汽车是指搭载先进的车载传感器、控制器、执行器等装置，并融合现代通信与网络技术，实现车与X（人、车、路、云端等）的智能信息交换、共享，具备复杂环境感知、智能决策、协同控制等功能，可以实现安全、高效、舒适、节能行驶，并最终替代人执行操作的新一代汽车。简单来说，智能网联汽车=车辆自动驾驶+车联网（V2X）+新能源汽车，呈现电动化、智能化、网联化和服务化的发展趋势。智能网联汽车以其独特的魅力，引领汽车产业的新一轮革命，它不仅是交通工具的智能化升级，更是信息技术、物联网、大数据、人工智能等前沿科技深度融合的产物。智能网联汽车作为移动的智能终端，不仅改变了人们的出行方式，更在构建智能交通、智慧城市乃至推动经济社会转型升级中扮演着关键角色。在这一趋势下，智能网联汽车产业对智能网联汽车专业人才的需求日益迫切。新时代的智能网联汽车产业需要既掌握扎实的汽车工程基础知识，又具备信息技术的深度理解和应用能力，以及解决工程问题能力的高素质复合型人才。

面对智能网联汽车产业的蓬勃发展与人才需求的深刻变化，我们精心策划并推出了"智能网联汽车感知技术""智能网联汽车通信技术""智能网联汽车线控底盘技术""智能网联汽车自动驾驶技术""智能网联汽车安全技术""智能网联汽车诊断与维护"等课程的系列教材。该系列教材直面智能网联汽车产业需求，精准对接岗位技能，旨在培养既懂汽车又懂信息技术，能够适应智能网联汽车产业发展的高素质技术技能人才。该系列教材的开发立足于行业、企业、产品、技术和人才分析，围绕专业培养目标、毕业要求和课程体系建设，并提供虚拟仿真、实习实训等多元化学习支持，促进学习与产业实践的无缝衔接。

该系列教材的编写贯彻党的二十大报告精神，以深化产教融合，促进教育链、人才链与产业链、创新链有机衔接为宗旨，坚持发展是第一要务、人才是第一资源、创新是第一动力，以行业为支点，以企业为节点，以院校为重点，把培养学生解决实际工程问题的能力作为重中之重，为教育优先发展、人才引领发展、产业创新发展、经济高质量发展相互贯通、相互协同、相互促进提供有力支撑。

该系列教材遵循 OBE 教育理念和 AP（AIoT-Problem）方法论，强调以学生为中心，注重学习成果导向和实际工程问题解决，围绕专业培养目标和毕业要求的达成进行构建，通过分析智能网联汽车产业的实际工程问题，将这些问题转化为具体的学习任务和项目，使学生在解决真实情境的问题中学习知识，从而加深对技术的理解和应用。同时，该系列教材遵循持续改进的理念，通过建立质量保障体系，确保教学活动和学习成果的高标准，并基于学生的学习成果和行业反馈不断调整优化，形成一个闭环的持续改进机制。

该系列教材采用模块任务式、理实一体化设计，为每个任务设计了任务目标、任务描述、任务实施、考核评价、知识分析、思考与练习等环节。这种设计用于支撑教学内容和学生能力培养、毕业要求达成，塑造了以教师为引导，以学生为中心的个性化教学模式。通过创设问题情境，采用任务案例引入的方式，激发学生的兴趣，引发学生思考，进而引导学生进行实践验证，让学生对知识内容首先有切身体会和较为直观的印象，然后逐步发现问题、解决问题、深入理解所学的知识、探究理论与实践综合应用，最后基于学习过程和学习成果进行考核评价并通过练习与思考使学生收获解决问题的能力和可持续发展能力。

该系列教材充分体现了产教融合与产学研创一体化建设思路，

配备了完善的配套设施设备和教学资源平台，包括智能网联汽车开源平台、车辆自动驾驶系统集成应用实训平台、车联网集成应用实训平台、在线教学资源平台、虚拟仿真实训平台等，提供了从理论学习到实操实训的全方位支持。同时，该系列教材通过一系列线上线下相结合的培训和实践活动，如师资培训、企业实习实践、专业技能大赛等，构建了丰富的学习生态系统。

在配套设施设备和平台建设方面，该系列教材集成了行业最新的技术设备，如车载视觉传感器、激光雷达、毫米波雷达、车载单元、路侧单元、多接入边缘计算单元等，为学生提供了接近真实工作环境的实操条件，使学生能够亲身体验并掌握智能网联汽车的核心技术。同时，该系列教材通过虚拟仿真实训平台，为师生提供了丰富的在线学习资源，实现了课程资源的跨专业、跨院校、跨地域共享，便于远程学习交互，提升了教学效率和学习体验。

在培训支持和实践活动方面，我们针对智能网联汽车专业人才的培养，开展了多层次、多类型的培训，支持师资队伍建设和教学条件保障。例如，通过1+X车联网集成应用、车辆自动驾驶系统应用等级培训课程，以及智能网联汽车师资培训项目，确保了师资的全面升级。通过"双项目双导师"、教师企业实践等项目，帮助教师和学生在企业实践中获得宝贵经验。此外，我们定期举办各类专业技能大赛，为师生提供了展示自我、竞技交流的平台。

该系列教材的编写团队汇聚了来自知名汽车企业、高等职业院校的资深专家与技术骨干，他们不仅拥有深厚的行业背景，而且有多年的教育研究经验，确保了教材内容的前瞻性、实用性和高质量。该系列教材不仅可以作为汽车智能技术、智能网联汽车技术、汽车电子技术、新能源汽车技术、汽车检测与维修技术等专业的教材，也可以作为汽车技术研发、汽车制造、汽车修理等企业技术人员和智能网联汽车技术爱好者的参考用书。

该系列教材旨在响应国家发展战略，推动智能网联汽车专业人才的培养，为我国汽车产业的转型升级和可持续发展贡献力量。我们相信，通过该系列教材将使一大批智能网联汽车领域的专业人才脱颖而出，成为驱动智能网联汽车产业进步和创新的重要力量。

前　言

　　智能网联汽车环境感知系统基于单一传感器、多传感器信息融合或车载自组织网络获取周围环境和车辆的实时信息，经信息处理单元根据一定算法识别处理后，通过信息传输单元实现车辆内部或车辆之间的信息共享。智能网联汽车的车辆状态信息，包括车辆速度、转向、加速、减速等，主要依靠加速度传感器、角度传感器和转速传感器实现感知。智能网联汽车的外部环境信息，包括车辆、行人、道路、环境等，主要利用车载视觉传感器、激光雷达、毫米波雷达、超声波雷达、导航定位系统以及V2X通信技术等获取。智能网联汽车环境感知系统为智能网联汽车的安全行驶提供及时、准确和可靠的决策依据。

　　本教材对应智能网联汽车人才培养方案中的专业核心课，以智能网联汽车专业培养目标、毕业要求的达成为重要目标，通过解决实际工程问题能力和职业能力双重能力的培养，为进一步深化智能网联汽车人才培养模式改革、探索新的产教融合模式进行了教材开发的先行尝试。本教材的知识体系以智能网联汽车环境感知技术为主线，基于智能网联汽车的产业、企业、岗位、人才、技术技能要求分析，结合环境感知技术的工作原理与安装、调试、应用等工作场景，对应支撑人才培养方案中培养目标和毕业要求。本教材同时充分考虑职业教育的特点，按模块任务式进行了设计，共设置了

4个模块、14个任务。其中4个模块分别为：智能网联汽车环境感知系统、车辆环境感知系统传感器安装与调试、车辆环境感知系统传感器应用、多源信息融合技术应用。其中14个任务分别为：认识环境感知系统、列举环境感知关键技术、认识多传感器信息融合技术应用、车载摄像头安装与调试、毫米波雷达安装与调试、激光雷达安装与调试、超声波雷达安装与调试、组合导航系统安装与调试、车辆车载摄像头应用、车辆激光雷达应用、车辆定位模块应用、车辆姿态传感器应用、智能网联汽车自主建图应用、智能网联汽车路径规划应用。

  本教材中车载摄像头、毫米波雷达、激光雷达、超声波雷达、组合导航系统以及车辆行驶状态传感器的安装、调试、应用及多源信息融合技术应用等工作任务在智能网联汽车教学实训平台上进行，并配合教学提供了任务工单、习题、实操视频等课程参考资源。

  本教材可作为汽车智能技术专业、智能网联汽车技术专业、汽车电子技术专业、新能源汽车技术专业、汽车检测与维修技术专业、智能网联汽车工程技术专业等专业的课程教材，同时可作为汽车制造企业、汽车技术研发企业和汽车修理企业等技术人员的参考用书。

  由于编者水平和能力有限，书中难免会出现一些疏漏，敬请广大读者谅解和批评！

编 者

目 录

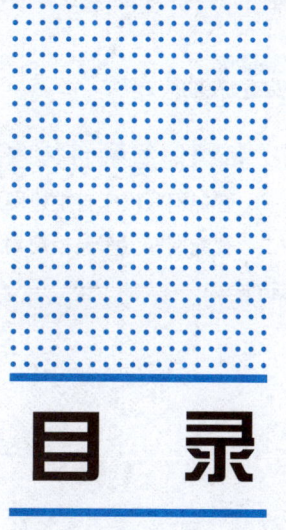

模块一　智能网联汽车环境感知系统 ……………………………………………… 1
　　任务一　认识环境感知系统 ……………………………………………………… 1
　　任务二　列举环境感知关键技术 ………………………………………………… 19
　　任务三　认识多传感器信息融合技术应用 ……………………………………… 41
　　知识拓展 …………………………………………………………………………… 52

模块二　车辆环境感知系统传感器安装与调试 ……………………………… 53
　　任务一　车载摄像头安装与调试 ………………………………………………… 53
　　任务二　毫米波雷达安装与调试 ………………………………………………… 72
　　任务三　激光雷达安装与调试 …………………………………………………… 89
　　任务四　超声波雷达安装与调试 ………………………………………………… 108
　　任务五　组合导航系统安装与调试 ……………………………………………… 123
　　知识拓展 …………………………………………………………………………… 141

模块三　车辆环境感知系统传感器应用 ……………………………………… 143
　　任务一　车辆车载摄像头应用 …………………………………………………… 143
　　任务二　车辆激光雷达应用 ……………………………………………………… 165
　　任务三　车辆定位模块应用 ……………………………………………………… 185
　　任务四　车辆姿态传感器应用 …………………………………………………… 204
　　知识拓展 …………………………………………………………………………… 226

模块四　多源信息融合技术应用 ……………………………………………… 227
任务一　智能网联汽车自主建图应用 ……………………………………… 227
任务二　智能网联汽车路径规划应用 ……………………………………… 253
知识拓展 ……………………………………………………………………… 271

模块一

智能网联汽车环境感知系统

任务一 认识环境感知系统

1. 任务目标

基于 OBE 教育理念,结合智能网联汽车技术专业毕业要求与任务特点,建立任务目标支撑毕业要求和培养规格的对应关系,确定任务目标如下。

(1) 目标 O1:掌握智能网联汽车环境感知系统传感器类型,能结合实训车辆准确识别环境感知系统传感器类型与配置情况。

(2) 目标 O2:能结合实训车辆,运用智能网联汽车专业知识和工具,分析环境感知系统传感器的特点与用途。

(3) 目标 O3:能够结合网络搜索典型车型环境感知系统传感器配置情况,分析驾驶辅助系统在汽车中的应用情况。

任务目标及毕业要求支撑对照表见表 1-1,任务目标与培养规格对照表见表 1-2。

表 1-1 任务目标及毕业要求支撑对照表

毕业要求	二级指标点	任务目标
1. 工程知识	毕业要求 1-2:能针对确定的、实用的对象进行求解	目标 O1 目标 O2

续表

毕业要求	二级指标点	任务目标
2. 问题分析	毕业要求 2-1：能运用适用于所属学科或专业领域的分析工具，识别与判断广义工程问题的关键环节	目标 O3
6. 工程与社会	毕业要求 6-2：能分析和评价专业工程实践对社会、健康、安全、法律、文化的影响，以及这些制约因素对项目实施的影响，并理解应承担的责任	目标 O3

表 1-2　任务目标与培养规格对照表

培养规格	规格要求	任务目标
素养	（1）能在实际操作过程中，培养动手实践能力，重视培养质量意识、安全意识、节能环保意识、规范操作意识及创新意识； （2）能树立独立思考、坚韧执着的探索精神	目标 O2
能力	（1）能分析实训车辆环境感知系统的组成部件； （2）能根据产品手册中的传感器配置说明，分析实训车辆环境感知系统传感器的特点与用途	目标 O1 目标 O2
知识	（1）了解环境感知系统的定义、分类、组成和感知对象； （2）了解环境感知系统各传感器的优、缺点，熟悉环境感知系统传感器在驾驶辅助系统中的应用	目标 O1 目标 O2 目标 O3

2. 任务描述

　　随着汽车智能化趋势的不断发展，智能网联汽车已经成了未来汽车行业的重要发展方向。在当前阶段，汽车主要依靠驾驶员观察周围环境并操作行驶。然而，在智能网联汽车的自动驾驶模式下，驾驶员无须操作车辆或对干预请求做出适当的响应，而是由驾驶系统来完成所有驾驶操作。因此，在车辆自动驾驶时，观察周围环境信息这一重要任务就落在了智能网联汽车本身。智能网联汽车通过环境感知系统实现对周围环境信息的感知观察。

　　那么，智能网联汽车在行驶过程中需要观察哪些目标？它通过什么方式来观察这些目标？为了回答这些问题，本任务系统介绍智能网联汽车环境感知系统的定义、分类、感知对象、组成，并通过典型乘用车环境感知系统传感器配置实例，结合车辆自动驾驶系统应用实训平台 XHV-B0，进行实训车辆环境感知系统功能分析。

3. 任务实施

1）任务准备

（1）Windows 10 计算机；
（2）车辆自动驾驶系统应用实训平台 XHV-B0；
（3）车辆自动驾驶系统应用实训平台操作手册。

2）步骤与现象

步骤一：查找环境感知系统配置

阅读表 1-3，结合车辆自动驾驶系统应用实训平台 XHV-B0，查找环境感知系统配置，获取环境感知系统传感器配置数量、安装位置信息。

表 1-3 环境感知系统配置

名称	参考图片	配置数量/个	安装位置	位置说明
车载摄像头		1	车辆前横梁中部	—
毫米波雷达		3	车辆前部中间	车辆后部左、右角各1个
激光雷达		1	车辆顶部中间	—
超声波雷达		1	控制器在设备仓靠前部位置	探头分布在车辆四周
组合导航		1	在设备仓	—

续表

名称	参考图片	配置数量/个	安装位置	位置说明
V2X设备（选配）		1	在设备仓	—

步骤二：分析环境感知系统传感器的特点与用途

阅读表1-4，结合车辆自动驾驶系统应用实训平台XHV-B0，分析环境感知系统传感器的特点与用途，获取环境感知系统传感器的参数特点、用途、应用案例信息。

表1-4 环境感知系统传感器的特点与用途

参数	摄像头	超声波雷达	毫米波雷达	激光雷达	组合导航
测距/测速	可测距、精度低	精度高	纵向精度高，横向精度低	精度高	—
感知距离/m	0~100	0.1~10	200~250	200	—
分辨率/角分辨率	差/好	差/一般90°	20~60 cm/1°~2°	最小1 mm/最小1°	—
行人/物体识别	通过AI算法识别	可识别	难以识别	3D建模、易识别	—
道路标线/交通信号	可识别	无法识别	无法识别	无法识别	—
恶劣天气	易受影响	不受影响	不受影响	易受影响	—
光照	受影响	不受影响	不受影响	不受影响	—
电磁干扰	不受影响	不受影响	易受影响	不受影响	—
算法/技术成熟度	高	高	较高	一般	—
成本	一般	低	较高	高	—
频率	—	>20 kHz	30~300 GHz	100 000 GHz	—
用途	障碍物识别、车道线识别、辅助定位、道路信息读取、地图构建	障碍物探测	障碍物探测	障碍物探测/识别、辅助定位、地图构建	—

续表

参数	摄像头	超声波雷达	毫米波雷达	激光雷达	组合导航
应用案例	车道偏离预警（LDW）、辅助车道保持（LKA）、预碰预警（PCW）	倒车雷达、自动泊车	自适应巡航控制（ACC）、盲区监测（BSD）、自主紧急制动（AEB）	探测车辆周围交通信息，实现自动驾驶功能	—

步骤三：查找 L1～L3 级汽车的环境感知系统传感器配置数量

阅读表 1-5，查阅资料，查找 L1～L3 级汽车的环境感知系统传感器配置数量信息，要求每个级别获取不少于 2 个车型的数据信息。了解各级别车型的摄像头、超声波雷达、毫米波雷达、激光雷达等传感器数量。

表 1-5 汽车的环境感知系统传感器配置数量　　　　　　　　个

车型	自动驾驶级别	传感器数量	摄像头	超声波雷达	毫米波雷达	激光雷达
特斯拉 Model 3 2022 款	L2	21	8	12	1	0
蔚来 ET7 2022 款	L3	29	11	12	5	1
小鹏 G9	L2+（准 L3）	31	12	12	5	2
理想 one 2021 款	L2	22	5	12	5	0
理想 L9	L3	29	11	12	5	1
威马 W6 2021 款极智版	L3	24	7	12	5	0
威马 M7	L3	31	11	12	5	3
智己 L7 2022 款	L3	28	11	12	5	0
宝马 iX	L3	28	10	12	5	1
北汽极狐阿尔法 S 华为 HI 版	L3	34	12	13	6	3
广汽埃安 AION LX2022 款 PLUS 80DMax 版	L3	33	12	12	6	3
长城 WEY 摩卡	L3	26	3	12	8	3
长城沙龙机甲龙	L2+	25	4	12	5	4
哪吒 S	L3	32	13	12	5	2
长安阿维塔 11	L2+	34	13	12	6	3

续表

车型	自动驾驶级别	传感器数量	摄像头	超声波雷达	毫米波雷达	激光雷达
奥迪 e–tron	L2	28	6	16	5	1
比亚迪汉 2022 款 DM–p	L2	22	5	12	5	0
上汽飞凡 R7	L3	33	12	12	8	1

步骤四：分析 L1～L3 级汽车驾驶辅助系统的典型车型

阅读表 1–6，查阅资料，分析 L1～L3 级汽车驾驶辅助系统，从驾驶辅助系统自适应巡航控制（ACC）、车道偏离预警系统（LDWS）、车道保持系统（LKS）、前撞预警（FCW）、自动紧急制动（AEB）、交通标志识别（TSR）、自动泊车系统（APS）、行人检测系统（PDS）、盲点检测（BSD）、夜视系统（NVS）、驾驶员状态监控（DCW）、全景泊车系统（SVC）等方面，了解相关的典型车型及其自动驾驶级别。

ACC 自适应巡航控制系统原理与应用（视频）

表 1–6　汽车驾驶辅助系统的典型车型

驾驶辅助系统	主要功能	传感器	执行	典型车型	自动驾驶级别
自适应巡航控制（ACC）	前方有车时实现车距控制，前方无车时实现车速控制	毫米波雷达	油门、挡位、制动		
		摄像头			
		激光雷达			
车道偏离预警系统（LDWS）	在驾驶员无意识偏离车道时发出预警	摄像头	显示系统	中控台	
		立体相机		导航显示器	
		红外线传感器		抬头显示器（HUD）	
		激光雷达			
车道保持系统（LKS）	在车辆非受控偏离车道时主动干预转向，实现车道保持	摄像头	转向		
		立体相机			
		红外线传感器			
		激光雷达			
前撞预警（FCW）	在前车车距过小时发出预警	毫米波雷达	显示系统	中控台	
		摄像头		导航显示器	
		激光雷达		抬头显示器（HUD）	
自动紧急制动（AEB）	在前车车距过小时主动干预制动	毫米波雷达	制动		
		摄像头			
		激光雷达			

续表

驾驶辅助系统	主要功能	传感器	执行		典型车型	自动驾驶级别
交通标志识别（TSR）	识别交通标志并做出相应提示	摄像头	显示系统	中控台		
				导航显示器		
				抬头显示器（HUD）		
自动泊车系统（APS）	自动探测周围环境并实现泊车入位	超声波雷达	油门、制动、转向			
		毫米波雷达				
		激光雷达				
		摄像头				
行人检测系统（PDS）	探测车辆前方行人状况，在必要时给予干预警告或干预制动	摄像头		制动		
			显示系统	中控台		
				导航显示器		
				抬头显示器（HUD）		
盲点检测（BSD）	监视驾驶员侧方后方盲区，在必要时给予警告	摄像头	显示系统	中控台		
				导航显示器		
				抬头显示器（HUD）		
夜视系统（NVS）	利用主动或者被动的红外线成像，为驾驶员提供弱光线环境下的视觉辅助	红外线传感器	显示系统	中控台		
				导航显示器		
				抬头显示器（HUD）		
驾驶员状态监控（DCW）	通过对驾驶员行为、面部、眼睛的特征评估，判断驾驶员的疲劳程度，必要时给予警告	红外线传感器摄像头	显示系统	中控台		
				导航显示器		
				抬头显示器（HUD）		
全景泊车系统（SVC）	多个摄像头拼接全景图像，为驾驶员评估泊车情况提供视觉辅助	摄像头	显示系统	中控台		
				导航显示器		
				抬头显示器（HUD）		

4. 考核评价

根据任务实施过程，结合素养、能力、知识目标，使用表1-7任务实施考核评价表，由学生填写具体的任务实施和操作要点，由教师对任务实施情况进行评价。

表1-7 任务实施考核评价表

评价类别	评价内容	分值	得分
素养态度	（1）能在实际操作过程中培养动手实践能力，重视培养质量意识、安全意识、节能环保意识、规范操作意识及创新意识	10	
	（2）能树立独立思考、坚韧执着的探索精神		
能力培养	（1）能分析实训车辆环境感知系统的组成部件	10	
	（2）能根据产品手册中的传感器配置说明，分析实训车辆环境感知系统传感器的特点与用途		
知识掌握	（1）了解环境感知系统的定义、分类、组成和感知对象	10	
	（2）了解环境感知系统各传感器的优、缺点，熟悉环境感知系统传感器在驾驶辅助系统中的应用		

实施过程	实施内容		操作要点	分值	得分
1. 实训准备	实训平台		□实训车辆　□实训专用实验台　□虚拟设备	8	
	网上查找的智能网联汽车	L1级智能网联汽车			
		L2级智能网联汽车			
		L3级智能网联汽车			
		L4级智能网联汽车			
	相关资料	超声波雷达产品资料			
		毫米波雷达产品资料			
		激光雷达产品资料			
		视觉传感器产品资料			
	辅助设备				

续表

实施过程	实施内容						分值	得分
	名称	配置数量	型号		安装位置		12	
2. 在实训车辆上查找环境感知系统配置	车载摄像头							
	毫米波雷达							
	激光雷达							
	超声波雷达							
	组合导航							
	V2X 设备							
	功能		功能简述		应用传感器			
3. 结合实训车辆分析环境感知系统传感器的功能	(1)						16	
	(2)							
	(3)							
	(4)							
	(5)							
		传感器						
	车型	车载摄像头	毫米波雷达	激光雷达	超声波雷达	组合导航	V2X设备	
4. 在网上查找L1~L3级汽车的环境感知系统传感器配置数量	L1级车型1							10
	L1级车型2							
	L2级车型1							
	L2级车型2							
	L3级车型1							
	L3级车型2							
	级别	功能1	功能2	功能3	功能4	功能5	功能6	
5. 分析L1~L3级汽车驾驶辅助系统的典型车型	L1级汽车							24
	L2级汽车							
	L3级汽车							
	总分							
	评语							

考核评价根据任务要求设置评价项目，项目评分包含配分、分值和得分，教师可以根据学生的项目内容完成情况进行评分。

任务目标达成度以任务目标为评价维度，评价项目支撑任务目标。教师根据任务目标评价学生的任务完成情况。任务考核评价表见表1-8。

表1-8 任务考核评价表

任务名称	认识环境感知系统					
评价项目	项目内容	项目评分			任务目标达成度		
^	^	配分	分值	得分	目标O1	目标O2	目标O3
1. 实训准备	实训平台	16	4				NC
^	网上查找的智能网联汽车	^	4				
^	相关资料	^	4				NC
^	辅助设备	^	4				
2. 在实训车辆上查找环境感知系统配置	识别实训车辆各环境感知系统传感器配置数量	18	5				
^	识别实训车辆各环境感知系统传感器型号	^	5				
^	识别实训车辆各环境感知系统传感器安装位置	^	8				
3. 结合实训车辆分析环境感知系统传感器的功能	功能	16	5				
^	功能简述	^	5				
^	应用传感器	^	6				
4. 在网上查找L1~L3级汽车的环境感知系统传感器配置数量（每个级别不少于2个车型）	L1级汽车环境感知系统传感器数量	22	6				
^	L2级汽车环境感知系统传感器数量	^	8				
^	L3级汽车环境感知系统传感器数量	^	8				
5. 分析L1~L3级汽车驾驶辅助系统的典型车型	L1级汽车驾驶辅助系统的典型车型，不少于2个	28	8				
^	L2级汽车驾驶辅助系统的典型车型，不少于2个	^	10				
^	L3级汽车驾驶辅助系统的典型车型，不少于2个	^	10				
综合评价							

注：①项目评分请按每项分值打分，填入"得分"栏。

②任务目标达成度根据任务完成情况进行评价，对照任务目标是否达成进行勾选，达成则打"√"。

③任务目标达成度中"NC"表示本行评价内容与对应任务目标无关。

根据任务目标达成度的评价结果，结合任务实施过程、项目评分结果，教师填写

表1-9（任务持续改进表）。

表1-9 任务持续改进表

评价项目	上一轮改进措施	本轮改进内容	本轮改进效果	下一轮改进措施
查找环境感知系统配置				
分析环境感知系统传感器的特点与用途				
查找L1~L3级汽车的环境感知系统传感器配置数量				
分析L1~L3级汽车驾驶辅助系统的典型车型				

5. 知识分析

智能网联01汽车的　　智能网联汽车
V2X含义和功能（微课）　V2X的实现方式（微课）

1）环境感知的定义

工业和信息化部在《国家车联网产业标准体系建设指南（智能网联汽车）》中明确规定：智能网联汽车(Intelligent and Connected Vehicle，ICV)是指搭载先进的车载传感器、控制器、执行器等装置，并融合现代通信与网络技术，实现车与X（车、路、人、云等）智能信息交换、共享，具备复杂环境感知、智能决策、协同控制等功能，可实现安全、高效、舒适、节能行驶，并最终实现替代人来操作的新一代汽车。智能网联汽车的环境感知是利用车载激光雷达、毫米波雷达、超声波雷达、视觉传感器以及车用无线通信技术（V2X）等获取道路、车辆位置、行人和障碍物的信息，并将这些信息传输给车载控制单元，为智能网联汽车的安全行驶提供及时、准确和可靠的决策依据，如图1-1所示。

图1-1 智能网联汽车的环境感知

2）环境感知系统分类

环境感知系统为车载控制单元提供丰富的信息，例如障碍物的位置、形状、类别及速度信息，施工区域、交通信号灯及交通警示灯等特殊场景语义理解等信息。感知对象主要可以分为两类，一类是静态对象，即道路、交通标识、静态障碍物等；另一类是动态对象，即车辆、行人、移动障碍物等。对于动态对象，除了要了解对象的具体类别，还需要

· 11 ·

对位置、速度、方向等信息进行追踪，并需要根据追踪结果来预测对象接下来的位置。

在复杂的路况交通环境下，单一传感器无法完成环境感知的全部任务，必须整合各种类型的传感器，利用传感器融合技术，使其为智能网联汽车提供更加真实、可靠的路况环境信息。根据感知信号来源的不同，感知类型可以分为车身感知、环境感知和网联感知。

车身感知可以分为车身状态感知和车身位置感知。车身状态感知主要是让智能网联汽车了解自身车速、方向、加速度等信息，主要通过惯性导航系统、机械陀螺仪、加速传感器、转角传感器、速度传感器等硬件设备进行感知。车身位置感知主要是让智能网联汽车了解自身的位置信息，如所在位置、车道线等信息，为了实现车身位置感知，需要高精度地图、惯性导航、激光雷达及全球定位系统等技术的加持。

环境感知通过环境感知系统传感器捕捉外界信息并提供给车载控制单元用于规划决策，常见的环境感知系统传感器包括激光雷达、车载摄像头、毫米波雷达、超声波雷达等。百度 Apollo City Driving Max 环境感知系统传感器配置如图 1-2 所示。

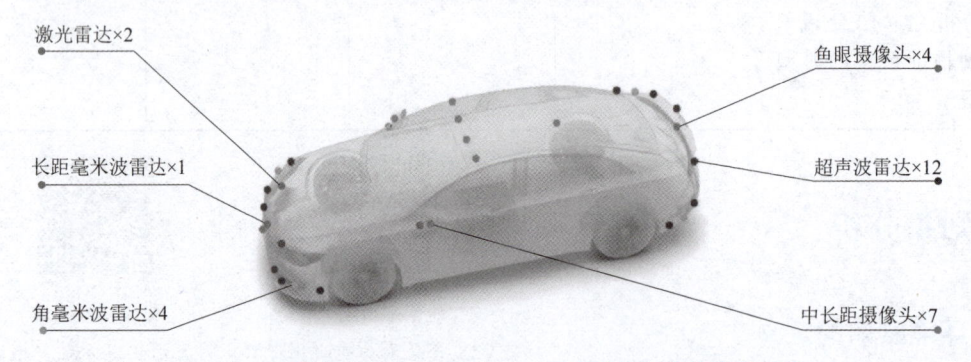

图 1-2　百度 Apollo City Driving Max 环境感知系统传感器配置

网联感知是智能网联汽车与车联网的有机结合，可以实现智能网联汽车与交通基础设施、其他车辆、道路行人等任何可能影响或可能受到影响的实体之间的数据通信，如图 1-3 所示。网联感知的主要作用是提升智能网联汽车行驶安全、提高交通效率、防止拥堵。网联感知技术的发展离不开网联技术的升级，包括 C-V2X RSU 的搭建、智慧交通平台的开发、通信技术的发展等。

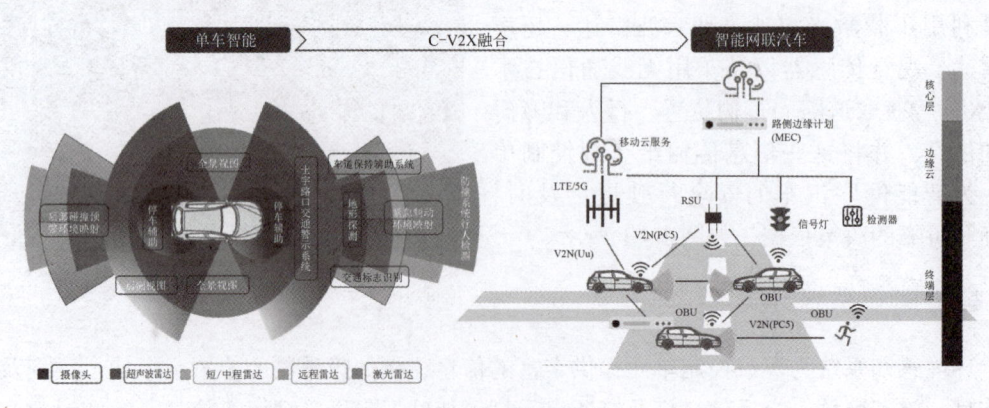

图 1-3　网联感知

3）环境感知的对象

智能网联汽车环境感知对象主要包括行车路径、周边物体、驾驶状态等。行车路径是指车辆可行驶的道路区域，可分为结构化道路和非结构道路。结构化道路一般指高速公路、城市干道等结构化较好的公路，这类道路具有清晰的道路标志线，道路的背景环境比较单一，道路的几何特征也比较明显，如图 1-4 所示。针对它的路径识别主要包括行车线识别、行车路边缘识别、道路隔离物识别。

图 1-4　结构化道路

非结构化道路一般指城市非主干道、乡村街道等结构化程度较低的道路，这类道路没有车道线和清晰的道路边界，再加上受阴影和水迹等的影响，道路区域和非道路区域难以区分，如图 1-5 所示。针对它的路径识别主要包括路面环境状况的识别和可行驶路径的确认。

图 1-5　非结构化道路

智能网联汽车环境感知对象中，周边物体主要包括车辆、行人、地面上可能影响车辆通过性及安全性的其他各种移动或静止物体、各种交通标志、交通信号灯等。特斯拉 Model S 行车时的环境感知如图 1-6 所示，它通过中间摄像头的感知，实现了对前方环境中的车辆、交通标志、行人及行车路径的识别。

图 1-6 特斯拉 Model S 行车时的环境感知

智能网联汽车环境感知对象中，驾驶状态包括驾驶人自身状态、车辆自身行驶状态和驾驶环境。对驾驶状态的感知即包括对这些状态的识别和感知。其中驾驶环境识别主要包括路面状况、道路交通拥堵情况、天气状况的识别。

4）环境感知系统的组成

智能网联汽车的环境感知系统包括信息采集单元、信息处理单元及信息传输单元三大模块，具体组成如图 1-7 所示。其中，信息采集单元包括视觉传感器、激光雷达、毫米波雷达、超声波雷达、车载自组网络、导航定位装置等。信息处理单元包括道路识别、车辆识别、行人识别、交通标志识别、交通信号灯识别。信息传输单元包括显示系统、报警系统、传感器网络、车载自组网络等。

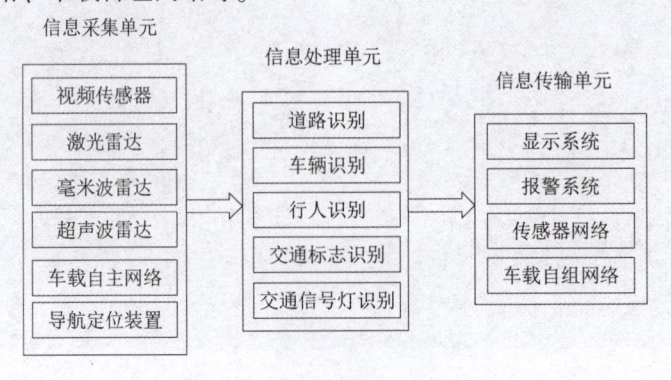

图 1-7 环境感知系统的组成

对环境的感知和判断是智能网联汽车工作的前提与基础，环境感知系统通过信息采集单元获取周围环境和车辆信息，这些信息的实时性及稳定性直接关系到后续检测或识别的准确性和执行有效性。信息处理单元主要是基于信息采集单元输送来的信号，通过一定的算法对道路、车辆、行人、交通标志、交通信号灯等进行识别。信息处理单元对环境感知信号进行分析后，将信息送入信息传输单元，信息传输单元根据具体情况执行不同的操作。例如信息处理单元分析信息后确定前方有障碍物，并且本车与障碍物之间的距离小于安全车距，将这些信息送入控制执行模块，控制执行模块结合本车的速度、加速度、转向角等自动调整智能网联汽车的车速和方向，实现自动避障，在紧急情况下也可以自动制动。信息传输单元把信息传输到传感器网络，实现车辆内部资源共享，也可以把处理信息通过车载自组网络传输给车辆周围的其他车辆，实现车辆与车辆之间的信息共享。

5）环境感知系统传感器配置实例

智能网联汽车通常对环境信息与车内信息进行采集、处理与分析，这是实现车辆自主驾驶的基础和前提。环境感知是自动驾驶车辆与外界环境信息交互的关键，车辆需要通过多种传感器实时获取周围的环境信息。理论上来说，自动驾驶级别越高的汽车所配置的传感器越多，环境感知系统传感器与自动驾驶级别有一定关系，如图1-8所示。

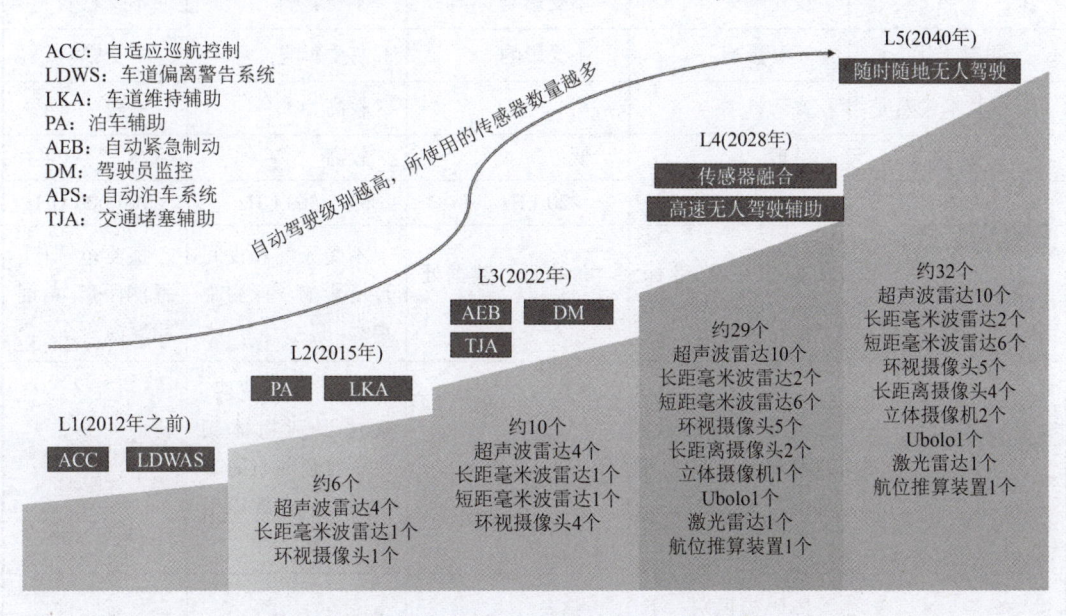

图1-8 环境感知系统传感器与自动驾驶级别的关系

6）环境感知系统传感器的优、缺点及功能分析

通过对环境感知系统传感器的测距、测速、感知距离、分辨率、行人和物体识别能力、道路标线和交通信号识别能力等关键性能指标进行分析，整理得到表1-10所示的环境感知系统传感器优、缺点。

表 1-10 环境感知系统传感器的优、缺点

参数	传感器种类			
	摄像头	超声波雷达	毫米波雷达	激光雷达
测距/测速	可测距、精度低	高精度	纵向精度高,横向精度低	精度高
感知距离/m	0~100	0.1~10	200~250	200
分辨率/角分辨率	差/好	差/一般 90°	20~60 cm/1°~2°	最小 1 mm/最小 1°
行人/物体识别	通过 AI 算法识别	可识别	难以识别	3D 建模、易识别
道路标线/交通信号	可识别	无法识别	无法识别	无法识别
恶劣天气	易受影响	不受影响	不受影响	易受影响
光照	受影响	不受影响	不受影响	不受影响
电磁干扰	不受影响	不受影响	易受影响	不受影响
算法/技术成熟度	高	高	较高	一般
成本	一般	低	较高	高
频率	—	>20 kHz	30~300 GHz	100 000 GHz
优点	能识别道路标线、交通信号	价格低、数据处理简单	不受天气和夜间环境影响、探测距离远	探测范围广、探测距离/角度精度高
缺点	易受天气影响,机器学习训练所需样本大、周期长	受天气影响、探测距离短	行人反射波弱、无法识别物体颜色、对金属表面非常敏感、在隧道中效果不佳	成本高、易受天气影响
功能	障碍物识别、车道线识别、辅助定位、道路信息读取、地图构建	障碍物探测	障碍物探测	障碍物探测/识别、辅助定位、地图构建
应用举例	车道偏离预警(LDW)、辅助车道保持(LKA)、预碰预警(PCW)	倒车雷达、自动泊车	自适应巡航控制(ACC)、盲区监测(BSD)、自主紧急制动(AEB)	探测车辆周围交通信息,实现自动驾驶功能

通过对环境感知系统传感器的优、缺点及关键性能指标进行分析，整理得到环境感知系统传感器在驾驶辅助系统中的典型应用，见表1-11。

表1-11 环境感知系统传感器在驾驶辅助系统中的典型应用

ADAS类别	主要功能	传感器	执行	
自适应巡航控制（ACC）	前方有车时实现车距控制，前方无车时实现车速控制	毫米波雷达	油门、挡位、制动	
		摄像头		
		激光雷达		
车道偏离预警系统（LDWS）	在驾驶员无意识偏离车道时发出预警	摄像头	显示系统	中控台
		立体相机		导航显示器
		红外线传感器		抬头显示器（HUD）
		激光雷达		
车道保持系统（LKS）	在车辆非受控偏离车道时主动干预转向，实现车道保持	摄像头	转向	
		立体相机		
		红外线传感器		
		激光雷达		
前撞预警（FCW）	在前车车距过小时发出预警	毫米波雷达	显示系统	中控台
		摄像头		导航显示器
		激光雷达		抬头显示器（HUD）
自动紧急制动（AEB）	在前车车距过小时主动干预制动	毫米波雷达	制动	
		摄像头		
		激光雷达		
交通标志识别（TSR）	识别交通标志并做出相应提示	摄像头	显示系统	中控台
				导航显示器
				抬头显示器（HUD）
自动泊车系统（APS）	自动探测周围环境并实现泊车入位	超声波雷达	油门、制动、转向	
		毫米波雷达		
		激光雷达		
		摄像头		

续表

ADAS 类别	主要功能	传感器	执行	
行人检测系统（PDS）	探测车辆前方行人状况，在必要时给予干预警告或干预制动	摄像头	显示系统	制动
				中控台
				导航显示器
				抬头显示器（HUD）
盲点检测（BSD）	监视驾驶员侧方后方盲区，在必要时给予警告	摄像头	显示系统	中控台
				导航显示器
				抬头显示器（HUD）
夜视系统（NVS）	利用主动或者被动的红外线成像，为驾驶员提供弱光线环境下的视觉辅助	红外线传感器	显示系统	中控台
				导航显示器
				抬头显示器（HUD）
驾驶员状态监控（DCW）	通过对驾驶员行为、面部、眼睛的特征评估，判断驾驶员的疲劳程度，必要时给予警告	红外线传感器 摄像头	显示系统	中控台
				导航显示器
				抬头显示器（HUD）
全景泊车系统（SVC）	多个摄像头拼接全景图像，为驾驶员评估泊车情况提供视觉辅助	摄像头	显示系统	中控台
				导航显示器
				抬头显示器（HUD）

6. 思考与练习

1）多项选择题

（1）智能网联汽车环境感知系统传感器主要有（　　）。
A. 激光雷达　　　B. 毫米波雷达　　　C. 超声波雷达　　　D. 车载摄像头

（2）智能网联汽车环境感知系统由（　　）组成。
A. 信息采集单元　B. 信息处理单元　　C. 信息传输单元　　D. 显示单元

（3）驾驶辅助系统中前撞预警应用的传感器由（　　）等组成。
A. 激光雷达　　　B. 毫米波雷达　　　C. 超声波雷达　　　D. 车载摄像头

2）判断题

（1）智能网联汽车环境感知系统传感器在智能网联汽车上的配置与自动驾驶级别有关，自动驾驶级别越高所配置的传感器越少。（　　）

（2）组合导航系统是利用惯性导航系统和卫星导航系统的优点，基于最优估计算法——

卡尔曼滤波算法融合两种导航算法，获得最优的导航结果。（　　）

（3）网联感知是通过路侧感知设备实现智能网联汽车与交通基础设施、道路行人的数据通信。（　　）

3）思考题

（1）思考与讨论智能网联汽车在智能化与网联化发展方面的区别与优、缺点。

（2）思考与讨论智能网联汽车发展的意义。

（3）思考与讨论目前智能网联汽车技术发展中存在的难题。

任务二　列举环境感知关键技术

1. 任务目标

基于 OBE 教育理念，结合智能网联汽车技术专业毕业要求与任务特点，建立任务目标支撑毕业要求和培养规格的对应关系，确定任务目标如下。

（1）目标 O1：了解车辆环境感知关键技术，能结合实训车辆分析车辆环境感知关键技术应用。

（2）目标 O2：了解车辆环境感知关键技术及其应用，能结合实训车辆分析车辆环境感知关键技术应用的组成与功能。

（3）目标 O3：能够描述、分析和评价车辆环境感知关键技术在智能网联汽车中的应用。

任务目标及毕业要求支撑对照表见表 1-12，任务目标与培养规格对照表见表 1-13。

表 1-12　任务目标及毕业要求支撑对照表

毕业要求	二级指标点	任务目标
1. 工程知识	毕业要求 1-2：能针对确定的、实用的对象进行求解	目标 O1 目标 O2
2. 问题分析	毕业要求 2-3：能认识到解决问题有多种方案可选择，会通过文献检索寻求可替代的解决方案	目标 O3
6. 工程与社会	毕业要求 6-2：能分析和评价专业工程实践对社会、健康、安全、法律、文化的影响，以及这些制约因素对项目实施的影响，并理解应承担的责任	目标 O3

表1-13 任务目标与培养规格对照表

培养规格	规格要求	任务目标
素养	（1）能够在实际操作过程中，培养动手实践能力，重视培养质量意识、安全意识、节能环保意识、规范操作意识及创新意识； （2）能树立独立思考、坚韧执着的探索精神	目标 O2
能力	（1）能分析实训车辆环境感知关键技术应用； （2）能查找并分析典型智能网联汽车中环境感知关键技术的应用	目标 O1 目标 O2
知识	（1）了解道路识别技术的定义、特点、分类和流程； （2）了解车辆识别技术的定义、方法和实现方式； （3）了解行人识别技术的定义、类型、特征和方法； （4）了解交通标志识别技术的定义、流程和方法； （5）了解交通信号灯识别技术的定义、流程和方法	目标 O1 目标 O2 目标 O3

2. 任务描述

自动驾驶环境感知技术在交通领域中具有广泛的应用。其中，道路识别技术能够精准地解析道路环境，自动识别和解读道路标志、交通信号灯等信息。这一技术的运用提升了车辆自动驾驶能力，提供了更安全、更舒适的出行体验。在智能交通系统中，道路识别技术的运用不仅提高了交通的安全水平，还减少了交通拥堵，为城市发展带来了诸多好处。展望未来，随着道路识别技术的不断进步和发展，道路识别技术将为更加智能、高效的交通环境服务。

本任务介绍智能网联汽车如何利用传感器对道路上的各种目标进行识别。本任务要求以车辆自动驾驶系统应用实训平台 XHV-B0 为例，分析环境感知关键技术的应用。

3. 任务实施

1）任务准备

（1）Windows 10 计算机；
（2）车辆自动驾驶系统应用实训平台 XHV-B0；
（3）车辆自动驾驶应用实训平台操作手册。

2) 步骤与现象

步骤一：分析道路识别技术在车辆中的应用

分析道路识别技术的作用，见表1-14。

表1-14　分析道路识别技术的作用

图示	道路识别技术的作用

分析道路识别中道路的特点，见表1-15。

表1-15　分析道路识别中道路的特点

图示	道路的特点

续表

图示	道路的特点

分析道路识别的流程,见表1-16。

表1-16 分析道路识别的流程

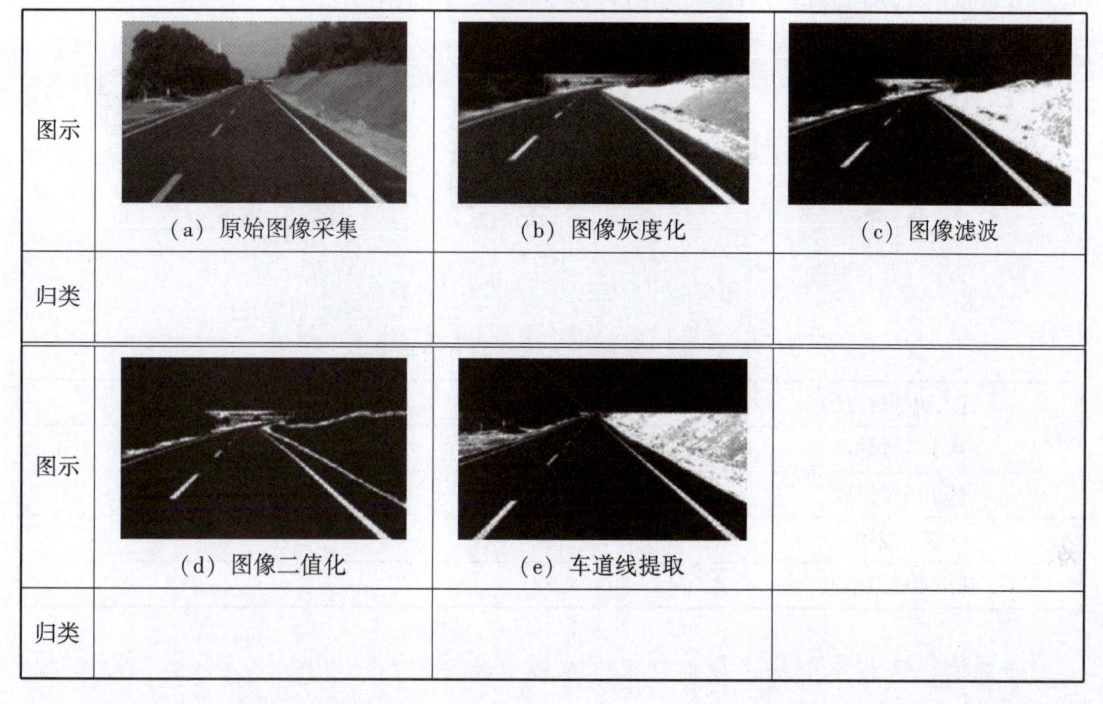

图示			
	(a) 原始图像采集	(b) 图像灰度化	(c) 图像滤波
归类			
图示			
	(d) 图像二值化	(e) 车道线提取	
归类			

步骤二:分析车辆识别技术在车辆中的应用

分析车辆识别的方法,见表1-17。

表1-17 分析车辆识别的方法

图示	车辆识别的方法

步骤三：分析行人识别技术在车辆中的应用

分析行人识别的方法与特点，如图 1-9 和表 1-18 所示。

图 1-9 分析行人识别的方法与特点

表 1-18 分析行人识别的方法与特点

行人识别的方法	特点
基于深度学习	
基于特征提取	
基于视频	
基于多模态信息	

步骤四：分析交通标志识别技术在车辆中的应用

分析交通标志识别的流程，见表 1-19。

表 1-19 分析交通标志识别的流程

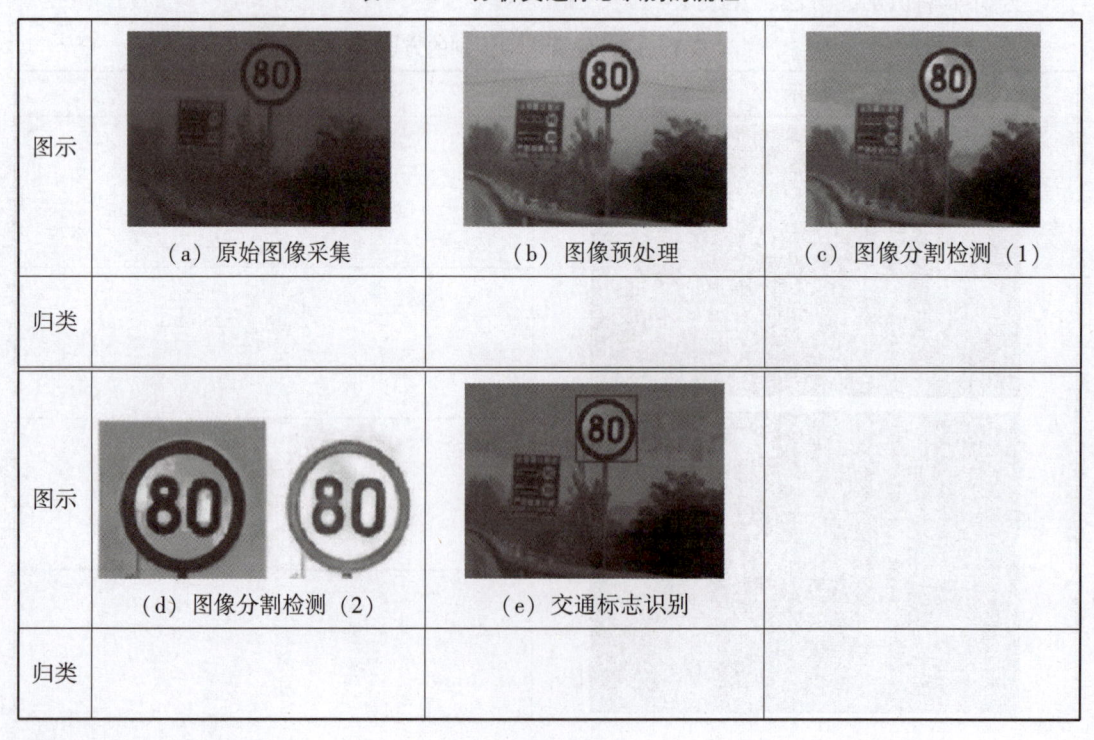

图示	(a) 原始图像采集	(b) 图像预处理	(c) 图像分割检测（1）
归类			
图示	(d) 图像分割检测（2）	(e) 交通标志识别	
归类			

分析交通标志识别的方法与特点，如图 1-10 和表 1-20 所示。

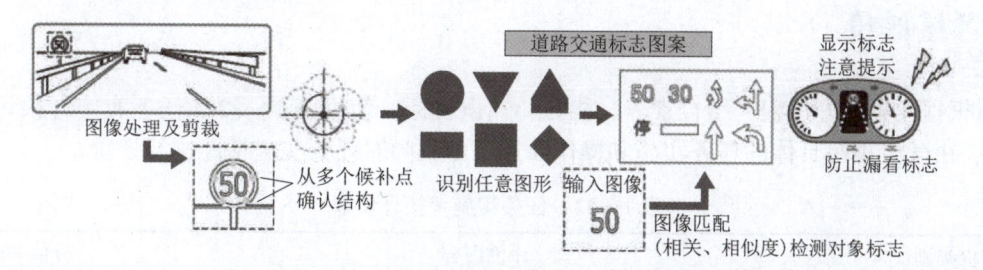

图 1-10　分析交通标志识别的方法与特点

表 1-20　分析交通标志识别的方法与特点

交通标志识别的方法	特点
基于颜色信息	
基于形状特征	
基于显著性	
基于特征提取和机器学习	

步骤五：分析交通信号灯识别技术在车辆中的应用

分析交通信号灯识别的流程，见表 1-21。

表 1-21　分析交通信号灯识别的流程

图示	(a) 始图像采集	(b) 图像灰度化	(c) 直方图均衡化
归类			
图示	(d) 图像二值化	(e) 通信号灯识别	
归类			

4. 考核评价

根据任务实施过程，结合素养、能力、知识目标，使用表1-22（任务实施考核评价表），由学生填写具体的任务实施和操作要点，由教师对任务实施情况进行评价。

表1-22 任务实施考核评价表

评价类别	评价内容	分值	得分
素养	（1）能在实际操作过程中培养动手实践能力，重视培养质量意识、安全意识、节能环保意识、规范操作意识及创新意识	10	
	（2）能树立独立思考、坚韧执着的探索精神		
能力	（1）能分析实训车辆环境感知关键技术的应用	10	
	（2）能查找并分析典型智能网联汽车中环境感知关键技术的应用		
知识	（1）了解道路识别技术的定义、特点、分类和流程	10	
	（2）了解车辆识别技术的定义、方法和实现方式		
	（3）了解行人识别技术的定义、类型、特征和方法		
	（4）了解交通标志识别技术的定义、流程和方法		
	（5）了解交通信号灯识别技术的流程和方法		

实施过程	实施内容		操作要点	分值	得分
1. 实训准备	实训平台		□实训车辆 □实训专用实验台 □虚拟设备	10	
	网上查找的智能网联汽车环境感知关键技术应用	单车智能技术路线			
		网联技术路线			
	相关资料				
	辅助设备				
2. 分析道路识别技术在车辆中的应用	分析道路识别技术的作用	（1）		12	
		（2）			
		（3）			
	分析道路识别中道路的特点	（1）			
		（2）			
		（3）			
		（4）			
		（5）			
		（6）			

续表

实施过程	实施内容		操作要点	
3. 分析车辆识别技术在车辆中的应用	分析车辆识别的方法	(1)		8
		(2)		
		(3)		
		(4)		
4. 分析行人识别技术在车辆中的应用	分析行人识别的方法与特点	基于深度学习		8
		基于特征提取		
		基于视频		
		基于多模态信息		
5. 分析交通标志识别技术在车辆中的应用	分析交通标志识别的流程	(1)		20
		(2)		
		(3)		
		(4)		
		(5)		
		(6)		
	分析交通标志识别的方法与特点	基于颜色信息		
		基于形状特征		
		基于显著性		
		基于特征提取和机器学习		
6. 分析交通信号灯识别技术在车辆中的应用	分析交通信号灯识别的流程	(1)		12
		(2)		
		(3)		
		(4)		
		(5)		
		(6)		
总分				
评语				

考核评价根据任务要求设置评价项目,项目评分包含配分、分值和得分,教师可以根据学生的项目内容完成情况进行评分。

任务目标达成度以任务目标为评价维度,评价项目支撑任务目标。教师根据任务目标评价学生的任务完成情况。任务考核评价表见表1-23。

表 1-23 任务考核评价表

任务名称		列举环境感知关键技术					
评价项目	项目内容	项目评分			任务目标达成度		
		配分	分值	得分	目标O1	目标O2	目标O3
1. 实训准备	实训平台	18	4				NC
	网上查找的智能网联汽车		6				
	相关资料		4				NC
	辅助设备		4				NC
2. 分析道路识别技术在车辆中的应用	分析道路识别技术的作用	16	8				
	分析道路识别中道路的特点		8				
3. 分析车辆识别技术在车辆中的应用	分析车辆识别的方法	10	10				
4. 分析行人识别技术在车辆中的应用	分析行人识别的方法与特点	10	10				
5. 分析交通标志识别技术在车辆中的应用	分析交通标志识别的流程	26	16				
	分析交通标志识别的方法与特点		10				
6. 分析交通信号灯识别技术在车辆中的应用	分析交通信号灯识别的流程	20	20				
综合评价							

注：①项目评分请按每项分值打分，填入"得分"栏。
②任务目标达成度根据任务完成情况进行评价，对照任务目标是否达成进行勾选，达成则打"√"。
③任务目标达成度中"NC"表示本行评价内容与对应任务目标无关。

根据任务目标达成度的评价结果，结合任务实施过程、项目评分结果，教师填写表 1-24（任务持续改进表）。

表 1-24 任务持续改进表

评价项目	上一轮改进措施	本轮改进内容	本轮改进效果	下一轮改进措施
分析道路识别技术在车辆中的应用				
分析车辆识别技术在车辆中的应用				
分析行人识别技术在车辆中的应用				
分析交通标志识别技术在车辆中的应用				
分析交通信号灯识别技术在车辆中的应用				

5. 知识分析

1) 道路识别技术的应用

（1）道路识别技术的定义。

道路识别技术是指利用计算机视觉技术进行道路识别，旨在分析和识别采集的图像或视频序列中的道路边界、交通标志、交通标线、交通信号灯、行人和车辆等目标，并提取其属性，从而实现对道路环境的准确识别和判断，如图 1-11 所示。道路识别技术对于确定车辆在车道中的位置和方向以及提取车道信息的几何结构具有重要意义。通过提取车道线的位置、形状和方向等信息，可为车辆导航和行驶提供准确依据，确保车辆安全、高效地行驶。此外，道路识别技术提取车辆可行驶的区域，为车辆的路径规划和行驶提供有效的信息，使车辆能够更好地适应道路环境，提高行驶的舒适度和安全性。道路识别技术在车辆导航和行驶中发挥着重要作用。

图 1-11 道路识别技术

(2) 道路图像的特点。

复杂的道路环境和复杂的气候变化都会影响道路识别，不同条件下道路图像的特点如图 1-12 所示。道路图像中经常出现阴影，道路识别一般要先对道路的阴影进行识别和去除。阴影识别一般有两种方法：一是基于物体的特性，二是基于阴影的特性。前者通过目标的三维几何结构、已知场景和光源信息来确定阴影区域；后者通过分析阴影在色彩、亮度和几何结构等方面的特征来识别阴影。第一种方法局限性很大，获得场景、目标的三维结构信息并不是一件容易的事；第二种方法则具有普遍性和实用性。

光照可分为强光照和弱光照。强/弱光照条件下的道路图像具有不同的特点。强光照造成的路面反射会使道路其余部分的像素的亮度变大，而弱光照会使道路的像素变得暗淡。例如在阴天时，道路图像具有黑暗、车道线难辨别等特点。雨天条件下的道路图像具有不同的特点。雨水对道路有覆盖作用，而且雨水能反光，会增加道路图像识别的难度。弯道处的道路图像与直线处的道路图像相比，在建模上有些复杂，但是并不影响道路图像的识别。弯道图像的彩色信息与普通图像的彩色信息差别不大，因此依然可以利用基于模型的道路图像进行建模，提取弯道曲线的斜率，从而进一步识别图像。车辆行驶的重要信息均来自近区域，而近区域视野的车道线可近似看成直线模型。

(a) 　　　　　　　　　　　(b)

(c) 　　　　　　　　　　　(d)

图 1-12　不同条件下道路图像的特点
(a) 阴影条件下的道路图像；(b) 强/弱光照条件下的道路图像；
(c) 雨天条件下的道路图像；(d) 弯道处的道路图像

(3) 道路识别方法分类。

根据道路构成特点，道路识别可以分为结构化道路识别和非结构化道路识别。结构化道路具有明显的车道标识线或边界，几何特征明显，车道宽度基本保持不变，如城市道路、高速公路。结构化道路识别一般以车道线的边界或车道线的灰度与车道的明显不同为依据。结构化道路识别对道路模型有较强的依赖性，且对噪声、阴影、遮挡等环境变化敏感。

非结构化道路相对比较复杂，一般没有车道线和清晰的道路边界，或路面凹凸不平，或交通拥堵，或受到阴影和水迹的影响。多变的道路类型、复杂的环境背景以及阴影与变化的天气等都是非结构化道路识别所面临的困难、同时道路区域和非道路区域难以区分，因此非结构化道路识别是自动驾驶汽车的难点。非结构化道路识别的主要依据是车道的颜色或纹理。

根据所用传感器的不同，道路识别分为基于视觉传感器的道路识别和基于雷达的道路识别。基于视觉传感器的道路识别方法是通过视觉传感器采集道路图像，并通过数据处理单元处理道路图像，识别出车道线。雷达的道路识别方法通过雷达采集道路信息，并通过数据处理单元处理道路信息，识别出车道线。

（4）基于视觉传感器的道路识别流程。

视觉传感器环境感知流程如图1-13所示，一般包括图像采集、图像预处理、图像特征提取、模型训练、结果传输等步骤，根据具体识别对象和所采用识别方法的不同，环境感知流程也会略有差异。

图 1-13　视觉传感器环境感知流程

图像采集主要是通过摄像头采集图像，如果是模拟信号，则要把模拟信号转换为数字信号，并把数字图像以一定格式表现出来，根据具体研究对象和应用场合，选择性价比高的摄像头。图像预处理包含的内容较多，它对采集的图像进行处理，包括灰度化、二值化、噪声去除等，以提高道路识别的准确度。图像特征提取通过图像分割、边缘检测等方法，从图像中提取道路的特征，如颜色、纹理、形状等，并对这些特征进行计算、测量、分类，以便于计算机根据特征值进行图像分类和识别。模型训练使用已有的道路图像数据，通过机器学习或深度学习的方法，训练出能够识别道路的模型，常用的算法有SVM、CNN等。将训练好的模型应用到新的图像中，根据模型输出的结果，判断当前图像中是否包含道路。

除了以上方法，还有以下几种常用的道路识别方法。基于边缘特征的道路识别方法，主要通过分析图像中的边缘信息来识别道路。基于颜色特征的道路识别方法，主要通过分析图像中道路区域的颜色特征来识别道路。基于纹理特征的道路识别方法，主要通过分析图像中道路区域的纹理信息来识别道路。基于历史数据学习和控制算法的道路识别方法，主要通过训练历史数据中的道路图像，使用控制算法来实现实时道路识别。

2）车辆识别技术的应用

（1）车辆识别技术介绍。

前方车辆识别是判断安全车距的前提，车辆识别的准确性不仅决定了测距的准确性，而且直接影响潜在交通事故的及时发现。通过车辆识别算法，可以确定图像序列中是否存在车辆，并获取其基本信息，如大小、位置等。当摄像机跟随车辆在道路上运动时，所获取的道路图像中的车辆大小、位置和亮度等参数是在不断变化的。根据车辆识别的初步结果，可以对车辆大小、位置和亮度的变化进行跟踪。然而，由于车辆识别需要对所有图像进行搜索，所以算法的耗时较长。跟踪算法可以在一定的时间和空间条件约束下进行目标搜索，并可以利用一些先验知识，因此计算量较小，一般可以满足预警系统的实时性要求。

（2）车辆识别的方法。

目前车辆识别方法主要有基于特征的识别方法、基于机器学习的识别方法、基于光流场的识别方法和基于模型的识别方法等。

①基于特征的识别方法。

基于特征的识别方法是车辆识别中最常用的方法之一。对于行驶在前方的车辆，其颜色、轮廓、对称性等特征都可以用来将车辆与周围背景区别开来。因此，基于特征的识别方法以车辆的外形特征为基础从图像中识别前方行驶的车辆。

当前常用的基于特征的识别方法主要有使用阴影特征的方法、使用边缘特征的方法、使用对称特征的方法、使用位置特征的方法和使用车辆尾灯特征的方法等。

a. 使用阴影特征的方法。前方运动车辆底部的阴影是一个非常明显的特征。通常的做法是先使用阴影找到车辆的候选区域，再利用其他特征或者方法对候选区域进行下一步验证。

b. 使用边缘特征的方法。前方运动车辆无论在水平方向上还是在垂直方向上都有显著的边缘特征，边缘特征通常与车辆所符合的几何规则结合运用。

c. 使用对称特征的方法。前方运动车辆在灰度化的图像中表现出较为明显的对称特征。一般来说对称特征分为灰度对称特征和轮廓对称两类。灰度对称特征一般指统计意义上的对称特征，而轮廓对称特征指的是几何规则上的对称特征。

d. 使用位置特征的方法。一般情况下，前方运动车辆存在于车道区域内，因此在定位车道区域的前提下，将识别范围限制在车道区域内，不但可以减小计算量，还能够提高识别的准确率。在车道区域内如果检测到不属于车道的物体，它们一般都是车辆或者障碍物，对于驾驶员来说都是需要注意的目标物体。

e. 使用车辆尾灯特征的方法。在夜间驾驶场景中，前方运动车辆的尾灯是将车辆与背景区别开来的显著且稳定的特征。夜间车辆尾灯在图像中呈现为高亮度、高对称性的红白色车灯。利用空间以及几何规则能够判断前方是否存在车辆及其所在的位置。

因为周围环境的干扰和光照条件的多样性，仅使用一个特征对车辆进行识别难以达到良好的稳定性和准确性，所以为了获得较好的检测效果，目前大多使用多个特征相结合的方法完成对前方运动车辆的识别。

②基于机器学习的识别方法。

前方运动车辆的识别其实是对图像中车辆区域与非车辆区域的定位与判断的问题。基于机器学习的识别方法一般需要从正样本集和负样本集提取目标特征，再训练出识别车辆区域与非车辆区域的决策边界，最后使用分类器判断目标。通常的识别过程是对原始图像进行不同比例的缩放，得到一系列缩放图像，然后在这些缩放图像中全局搜索所有与训练样本尺度相同的区域，再由分类器判断这些区域是否为目标区域，最后确定目标区域并获取目标区域的信息。机器学习的方法无法预先定位车辆可能存在的区域，因此只能对图像进行全局搜索，这会造成识别过程的计算复杂度高，无法保证识别的实时性。

③基于光流场的识别方法。

光流场是指图像中所有像素点构成的一种二维瞬时速度场，其中的二维速度矢量是景物中可见点的三维速度矢量在成像表面的投影。通常光流场是摄像机、运动目标或两者在同时运动的过程中产生的。在存在独立运动目标的场景中，通过分析光流场可以检测目标数量、目标运动速度、目标相对距离以及目标表面结构等。

光流场分析的常用方法有特征光流场法和连续光流场法。特征光流场法是在求解特征点处光流场时，利用图像角点和边缘等进行特征匹配。

特征光流场法的主要优点如下：能够处理帧间位移较大的目标，对于帧间运动限制很小；降低了对于噪声的敏感性；所用特征点较少，计算量较小。其主要缺点是：难以从得到的稀疏光流场中提取运动目标的精确形状；不能很好地解决特征匹配问题。

连续光流场法大多采用基于帧间图像强度守恒的梯度算法，其中最为经典的算法是 L-K 算法和 H-S 算法。

基于光流场的识别方法在进行运动背景下的目标识别时效果较好，但是也存在计算量较大、对噪声敏感等缺点。在对前方车辆进行识别，尤其是当车辆距离较远时，目标车辆在两帧之间的位移非常小，有时候仅移动一个像素，因此在这种情况下不能使用连续光流场法。另外，车辆在道路上运动时，车辆之间的相对运动较小，而车辆与背景之间的相对运动较大，这就导致图像中的光流场包含了较多背景光流场，而目标车辆光流场相对较少，因此在特征光流场法也不适用于前方车辆识别。但是，在进行从旁边超过的车辆识别时，由于超越车辆和摄像机之间的相对运动速度较大，所以采用基于光流场的识别方法效果较好。

④基于模型的识别方法。

基于模型的识别方法是根据前方运动车辆的参数来建立二维或三维模型，然后利用指定的搜索算法来匹配查找前方车辆，如图 1-14 所示。这种方法对建立的模型依赖度高，但是车辆外部形状各异，难以通过仅建立一种或者少数几种模型的方法对车辆实施有效的识别，如果为每种车辆外形都建立精确的模型又将大幅增加识别过程中的计算量。

图 1-14 基于模型的识别方法

多传感器融合技术是未来车辆识别技术的发展方向。目前，在车辆识别中主要有两种多传感器融合技术，即视觉传感器和激光雷达的融合技术以及视觉传感器和毫米波雷达的融合技术。

（3）车辆识别的实现方式。

车辆识别可以使用视觉传感器、毫米波雷达和激光雷达等实现，方式如下。

①基于视觉传感器的车辆识别。基于视觉传感器的车辆识别，是指利用摄像头获取主车周围的环境信息，利用图像处理或人工智能等技术检测和识别获取环境信息中的车辆。识别的车辆可以是运动的，也可以是静止的。基于视觉传感器的车辆识别的优点是获取的信息量大，可以对视觉范围内的所有车辆进行识别；其缺点是数据量较大，实际应用中的算法要求较高，受天气影响较大。

②基于毫米波雷达的车辆识别。基于毫米波雷达的车辆识别，是指利用毫米波雷达探测主车周围的车辆，获取车辆的距离和速度信息。基于毫米波雷达的车辆识别的优点是可以精确检测车辆的位置和速度，弥补视觉传感器的不足，在阴天、雨天和雾天，以及在摄像头敏感度下降时表现出色，夜间行车时可以侦测到大灯照射之外的车辆；其缺点是视场角小，覆盖范围比视觉传感器小。

③基于视觉传感器和毫米波雷达相融合的车辆识别。由于汽车在高速公路上行驶时车速较高，所以车辆识别直接关系到汽车的行驶安全性。因此，为了提高车辆识别的可靠性和安全性，采用视觉传感器和毫米波雷达相融合的方式识别车辆是发展趋势。视觉传感器与毫米波雷达相融合，取长补短，覆盖从低速到高速、从白天到黑夜、从晴天到雨天的全路状况，时时刻刻监测危险目标，确保探测范围的广度和车辆识别的精度，保障智能网联汽车的安全行驶。

④基于激光雷达的车辆识别。多线束激光雷达通过扫描主车周围环境的三维模型，运用相关算法比对上一帧和下一帧环境的变化，可以较为容易地识别周围的车辆，并和其他传感器配合，可以对车辆进行精确定位。

3）行人识别技术应用

（1）行人识别技术的定义。

行人识别技术是智能网联汽车先进驾驶辅助系统的重要组成部分。行人是道路交通的主体和主要参与者，其行为具有非常大的随意性，再加上驾驶员在车内视野变窄以及长时间驾驶导致的视觉疲劳，使得行人在交通事故中很容易受到伤害。行人识别技术能够及时准确地检测出车辆前方的行人，并根据不同危险级别提供不同的预警提示（如距离车辆越近的行人危险级别越高，提示音也越急促），以保证驾驶员具有足够的反应时间，从而极大地降低甚至避免撞人事故的发生。

（2）行人识别的类型。

行人识别是利用安装在车辆前方的视觉传感器采集前方场景的图像信息，通过一系列复杂的算法分析处理这些图像信息，实现对行人的识别。根据所采用摄像头的不同，可以将基于视觉的行人识别方法分为可见光行人识别和红外行人识别。

①可见光行人识别。

可见光行人识别采用的视觉传感器为普通光学摄像头。由于普通光学摄像头利用可见光进行成像，所以非常符合人的正常视觉习惯，而且硬件成本十分低廉。但是，受到光照条件的限制，该方法只能应用在白天，在光照条件很差的阴雨天或夜间则无法使用。

②红外行人识别。

红外行人识别采用红外热成像摄像头,利用物体发出的热红外线进行成像,不依赖光照,具有很好的夜视功能,在白天和夜间都适用,尤其在夜间及光线较差的阴雨天具有无可替代的优势。

(3) 行人识别的特征。

从国内外当前的研究进展来看,行人识别的理论研究和实际应用已经取得了令人瞩目的成果,但仍然没有研发出一种广泛使用在各种场景下的通用行人识别方法,这主要是由行人的特性所决定的。行人属于非刚体,行人的姿态、穿着和尺度以及周围环境的复杂性、是否遮挡等都会为行人识别带来不同程度的难度,其难点主要表现在以下5个方面。

①场景复杂。

场景复杂主要包括光照不均所造成的阴影目标以及雨雪大风天气等恶劣环境的影响;动态背景的影响包括波动的水流、摆动的树叶、涌动的喷泉以及转动的风扇等。识别行人时,行人运动过慢、过快以及行人着装和周围环境相似都容易导致将前景目标识别为背景,从而影响后续行人识别的准确度。另外,场景中多目标的相互遮挡以及行人尺度过小等都会给行人识别带来不同方面的困难。

②行人着装和姿态的多样化。

行人属于非刚体,具有丰富的姿态特征,如坐下、站立、蹲下、骑车、躺下和拥抱等,针对不同姿态的行人,识别算法要具体分析。往往一个针对站立行人识别很有效的算法,可能无法有效地识别骑车的行人。有时行人的外观差异很大,如在冬天和夏天行人是否戴围巾、眼镜、头盔和口罩,在晴天和雨天行人是否撑雨伞、穿雨衣等;不同的年龄段、高矮胖瘦、衣服的颜色等都会影响行人头部、躯干、手部及腿部的外观。

③行人特征选取。

常见的行人特征包括颜色特征、轮廓特征、HOG 特征、Haar 小波特征、Edgelet 特征等。行人识别往往利用一种特征或者融合多个特征来识别行人,以提高识别的准确度。具体选择哪种特征能获得比较好的识别效果,不仅与选择的特征有关,还与采用的算法、场景的复杂性、行人运动的特性,甚至摄像头获取视频序列的属性有关,因此很难用某一种特征或通用的算法来解决行人识别问题。

④行人目标遮挡。

行人目标遮挡是行人识别中比较难解决的问题,行人遮挡不仅表现在行人被场景内的静态物体部分遮挡或全部遮挡,还表现在行人目标间的相互遮挡以及全部遮挡等。行人目标遮挡极易造成行人目标信息的丢失,造成误检或漏检,从而影响行人识别的准确性,给后续的行人跟踪、识别带来巨大挑战。为了减少行人目标遮挡带来的歧义性,必须正确处理行人目标遮挡时所获取的特征与行人目标间的对应关系。

⑤行人识别窗口自适应调整问题。

在摄像头所获取的视频帧中,当行人目标与摄像头的距离发生变化时,往往导致视场内行人的尺寸也会发生相应的变化。在行人识别过程中,如何有效地调整行人识别窗口,使之更符合行人尺寸,是保证行人识别算法鲁棒性的重要指标,也是后续行人跟踪、识别算法提取更加准确信息的有力保障。

（4）行人识别的方法。

在行人识别中，由于行人的体型、姿势、衣着等因素较难识别，所以需要从图像中区分静止的背景和运动的人物，根据模型化部位（手脚等较大部位的图形）以及统计性特征（全身图像等）进行识别，符合特征的则被判定为行人，然后根据车辆与行人间的位置关系及测算的距离，识别、判断、控制车辆。

行人识别的方法主要包括基于深度学习的行人识别方法、基于特征提取的行人识别方法、基于多模态信息的行人识别方法。

①基于深度学习的行人识别方法利用卷积神经网络（CNN）等深度学习模型，通过学习大量的行人图像数据，自动提取行人特征，从而实现行人识别。这种方法通常具有较高的识别准确率和效率。

②基于特征提取的行人识别方法通过传统图像处理算法或特征提取算法，如 SIFT、SURF、HOG 等，对行人图像进行特征提取，从而进行行人识别。这种方法需要人工提取特征，准确率相对较低。

③基于多模态信息的行人识别方法将行人与其他图像或视频信息（如车辆、道路等）结合，利用多模态信息进行行人识别。这种方法可以更好地利用图像信息，提高行人识别的准确率。

行人识别的方法主要依赖所使用的技术和资源，以及准确性和实时性要求。这些方法各有优、缺点，可以根据具体应用场景和需求选择适合的方法。

4）交通标志识别技术的应用

（1）交通标志识别技术介绍。

交通标志识别技术的目的是实现对道路交通场景的准确无误的识别，将识别结果及时反馈给道路使用者，使其能详细了解当前和随后即将出现的道路情况，帮助驾驶员或车辆做出正确决策，为行车安全提供保障。

目前，我国道路交通标志执行标准是 GB 5768.2—2022《道路交通标志和标线第 2 部分：道路交通标志》。由该标准可知，我国的交通标志分为道路交通标志和标线两大类。道路交通标志按照功能和用途可以分为指示标志、警示标志、禁止标志、指路标志、服务设施标志、道路施工标志、临时交通标志和其他标志等 8 类。每一类标志都有其特定的形状、颜色、文字和图案等设计要求，以便于驾驶员和行人快速识别。道路交通标线按照功能和用途可以分为车行标线、停车标线、路缘标线、交叉口标线、行人标线、自行车标线、公交车标线和其他标线等 8 类。每一类标线都有其特定的颜色、宽度、线型和标线间距等设计要求，以便于驾驶员和行人快速识别。道路交通标志和标线是最重要，也是最常见的交通标志，直接关系到道路交通的通畅与安全，更与智能网联汽车的行车路径规划直接相关。

道路交通标志是交通管理部门向道路使用者传递道路交通管理措施、道路状况等信息的载体，是交通管理部门与道路使用者之间交流的语言，如图 1-15 所示。

图 1-15 道路交通标志

（2）交通标志识别流程。

在智能网联汽车中，交通标志识别是通过交通标志识别系统实现的。交通标志识别流程与示例如图 1-16、图 1-17 所示。交通标志识别系统首先使用视觉传感器如车载摄像头获取目标图像，然后进行图像分割和特征提取，通过与交通标志标准特征库比较进行交通标志识别，识别结果也可以与其他智能网联汽车共享。

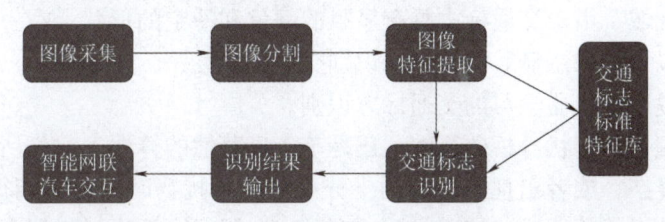

图 1-16 交通标志识别流程

图 1-17 交通标志识别示例

（a）原始图像采集；（b）图像预处理；（c）图像分割；（d）图像特征提取；（e）交通标志识别

（3）交通标志识别的方法。

交通标志识别的方法主要有基于颜色信息的交通标志识别、基于形状特征的交通标志识别、基于显著性的交通标志识别、基于特征提取和机器学习的交通标志识别等。

①基于颜色信息的交通标志识别。

颜色分割就是利用交通标志特有的颜色特征，将交通标志与背景分离。颜色特征具有旋转不变性，即颜色信息不会随着图像的旋转、倾斜而发生变化，与几何、纹理等特征相比，基于颜色特征设计的交通标志识别算法对图像旋转、倾斜的情况具有较好的鲁棒性。目前大部分文献所采用的颜色模型包括 RGB 模型、HSI 模型、HSV 模型及 XYZ 模型等。

②基于形状特征的交通标志识别。

除了颜色特征外，形状特征也是交通标志的显著特征。我国的警告标志、指示标志、禁令标志共有 131 种，其中 130 种都是有规则的形状，如圆形、矩形、正三角形、倒三角形、正八边形。颜色检测和形状检测是交通标志识别中的重要内容。

基于形状特征的交通标志识别通常都通过颜色分割进行粗检测，排除大部分的背景干扰；再提取二值图像各连通域的轮廓，进行形状特征的分析，进而确定交通标志候选区域并完成定位。

③基于显著性的交通标志识别。

显著性作为从人类生物视觉中引入的概念，用来度量场景中最显著的特征、最容易吸引人优先看到的区域。由于交通标志具有显眼的颜色和特定的形状，在一定程度上满足显著性的要求，所以可以采用显著性模型来识别交通标志。

④基于特征提取和机器学习的交通标志识别。

无论是基于颜色和形状分析的算法，还是基于显著性的算法，它们所包含的信息都有局限性，在背景复杂，或者出现与目标物十分相似的干扰物时，都不能很好地去除干扰，因此，可以通过合适的特征描述符更充分地表示交通标志，再通过机器学习方法区分交通标志和障碍物。

基于特征提取和机器学习的交通标志识别一般使用滑动窗口的方式或者使用之前处理得到的感兴趣块进行验证的方式。前者对全图或者交通标志可能出现的感兴趣区域操作，以多尺度的窗口滑动扫描目标区域，对得到的每一个窗口均用训练好的分类器判断目标是否是交通标志。后者认为经过之前的处理（如颜色、形状分析等）所得到的感兴趣块已经是交通标志或者干扰物，只需对其整体进行分类即可。

5）交通信号灯识别技术的应用

（1）交通信号灯介绍。

在我国，交通信号灯的设置都遵循 GB 14887—2011《道路交通信号灯》和 GB 14886—2016《道路交通信号灯设置与安装规范》。

从颜色来看，交通信号灯的颜色有红色、黄色、绿色 3 种，而且 3 种颜色在交通信号灯中出现的位置有一定的顺序关系。

从功能来看，交通信号灯有机动车信号灯、非机动车信号灯、左转非机动车信号灯、人行横道信号灯、车道信号灯、方向指示信号灯、闪光警告信号灯、道口信号灯、掉头信号灯等。其中机动车信号灯、闪光警告信号灯、道口信号灯的光信号无图案；非机动车信号灯、左转非机动车信号灯、人行横道信号灯、车道信号灯、方向指示信号灯、掉头信号灯的光信号有各种图案。

从安装方式来看，交通信号灯的安装方式有横放安装和竖放安装两种，一般安装在道路上方。

机动车信号灯由红、黄、绿 3 个几何位置分立单元组成一组,指导机动车通行。非机动车信号灯由红、黄、绿 3 个几何位置分立的内有自行车图案的圆形单元组成一组,指导非机动车通行。人行横道信号灯由几何位置分立的内有红色和绿色行人站立图案的单元组成一组,指导行人通行。机动车信号灯用于指导某一方向上的机动车通行,箭头方向向左、向上和向右分别代表左转、直行和右转,绿色箭头表示允许车辆沿箭头所指的方向通行。各种不同排列顺序的机动车信号灯如图 1 – 18 所示。

不同国家和地区采用的交通信号灯式样不一定相同。我国交通信号灯的特征在颜色、安装方法和功能方面均具有典型特征。

图 1 – 18　各种不同排列顺序的机动车信号灯

(2) 交通信号灯识别流程。

智能网联汽车的交通信号灯识别包括检测和识别两个环节。

首先定位交通信号灯,通过车载摄像机(视觉传感器),从复杂的城市道路交通环境中获取图像,根据交通信号灯的颜色、几何特征等信息,准确定位其位置,获取候选区域。

然后识别交通信号灯,根据在检测环节中已经获取的交通信号灯候选区域,进行分析及特征提取。

交通信号灯识别流程与示例如图 1 – 19、图 1 – 20 所示。

(3) 交通信号灯识别的方法。

交通信号灯识别的方法主要有基于颜色特征的交通信号灯识别和基于形状特征的交通信号灯识别。

①基于颜色特征的交通信号灯识别。

基于颜色特征的交通信号灯识别主要是选取某个颜色空间对交通信号灯的红、黄、绿 3 种颜色进行描述。通常依据所选取颜色空间的不同,将相应算法分为以下 3 类。

a. 基于 RGB 颜色空间的识别算法。通常采集到的交通信号灯图像都是 RGB 格式的,因此,直接在 RGB 颜色空间中进行交通信号灯的识别不需要颜色空间的转换,算法的实时性很好;其缺点是 R、G、B 三个通道的相互依赖性较高,对光学变化很敏感。

b. 基于 HSI 颜色空间的识别算法。HSI 颜色模型比较符合人类对颜色的视觉感知,而且 HSI 颜色模型的 3 个分量之间的相互依赖性比较低,更加适合交通信号灯识别;其缺点是从 RGB 颜色空间转换为 HSI 颜色空间比较复杂。

c. 基于 HSV 颜色空间的识别算法在 HSV 颜色空间中,H 和 S 两个分量是用来描述颜色信息的,V 表征对非颜色信息的感知。虽然基于 HSV 颜色空间的识别算法对光学变化不敏感,但是相关参数的确定比较复杂,必须视具体环境而定。

②基于形状特征的交通信号灯识别

基于形状特征的交通信号灯识别主要是利用交通信号灯和它的相关支撑物之间的几何信息。该方法的主要优势在于交通信号灯的形状信息一般不会受到光学变化和天气变化的影响。也可以将交通信号灯的颜色特征和形状特征结合起来，以减少单独利用某一特征所带来的影响。

图 1-19　交通信号灯识别流程

图 1-20　交通信号灯识别示例

(a) 原始图像采集；(b) 图像灰度化；(c) 直方图均衡化；(d) 图像二值化；(e) 交通信号灯识别

6. 思考与练习

1）多项选择题

(1) 智能网联汽车环境感知系统识别的目标包括（　　）。

A. 行人　　　　　B. 车辆　　　　　C. 道路　　　　　D. 信号灯

(2) 智能网联汽车基于视觉传感器的车道识别流程包括（　　）。

A. 图像采集　　　B. 图像预处理　　C. 特征提取　　　D. 车辆控制

(3) 在智能网联汽车中行人识别的方法有（　　）等。

A. 基于特征分类的方法　　　　　　　B. 基于车辆模型的方法

C. 基于运动特性的方法　　　　　　　D. 基于形状模型的方法

2) 判断题

(1) 识别前方运动车辆的方法主要有基于特征的识别方法、基于机器学习的识别方法、基于光流场的识别方法和基于模型的识别方法等。(   )

(2) 我国的交通标志分为道路交通标志和标线两大类。(   )

(3) 交通信号灯的识别方法主要有基于颜色特征的识别方法和基于模型的识别方法。(   )

3) 思考题

(1) 思考与讨论智能网联汽车目标识别的方法和目的。

(2) 思考与讨论实训车辆角毫米波雷达在目标识别中的应用。

(3) 思考与讨论 ChatGPT 对智能网联汽车行业的影响。

任务三　认识多传感器信息融合技术应用

1. 任务目标

基于 OBE 教育理念，结合智能网联汽车技术专业毕业要求与任务特点，建立任务目标支撑毕业要求和培养规格的对应关系，确定任务目标如下。

(1) 目标 O1：了解多传感器信息融合的原理，能够结合实训车辆理解多传感器信息融合技术。

(2) 目标 O2：了解多传感器信息融合技术及应用，能够结合实训车辆理解多传感器信息融合应用案例。

(3) 目标 O3：能够描述、分析和评价智能网联汽车中多传感器信息融合的方法。

任务目标及毕业要求支撑对照表见表 1-25，任务目标与培养规格对照表见表 1-26。

表 1-25　任务目标及毕业要求支撑对照表

毕业要求	二级指标点	任务目标
1. 工程知识	毕业要求 1-2：能针对确定的、实用的对象进行求解	目标 O1 目标 O2
2. 问题分析	毕业要求 2-3：能认识到解决问题有多种方案可选择，会通过文献检索寻求可替代的解决方案	目标 O3
6. 工程与社会	毕业要求 6-2：能分析和评价专业工程实践对社会、健康、安全、法律、文化的影响，以及这些制约因素对项目实施的影响，并理解应承担的责任	目标 O3

表1-26 任务目标与培养规格对照表

培养规格	规格要求	任务目标
素养	（1）能够在实际操作过程中，培养动手实践能力，重视培养质量意识、安全意识、节能环保意识、规范操作意识及创新意识 （2）能树立独立思考、坚韧执着的探索精神	目标O2
能力	（1）能分析实训车辆多传感器信息融合的应用案例； （2）能描述智能网联汽车中多传感器信息融合的方法	目标O1 目标O2
知识	（1）了解多传感器信息融合的定义、基础、分类和方法	目标O1 目标O2 目标O3

2. 任务描述

在自动驾驶汽车中，环境感知系统传感器是非常关键的组成部分。这些传感器担当了收集车辆周围环境数据的角色，其所收集数据涵盖了道路状况、天气情况、行人以及其他车辆的位置信息等。为了更精准地解读环境信息，通常这些数据经过信息融合处理环节，能够生成更全面且准确的信息，使自动驾驶汽车能够更加智能地行驶。

本任务介绍了典型的多传感器信息融合的原理、分类及方法，并以车辆自动驾驶系统应用实训平台XHV-B0为例，分析实训车辆环境感知系统多源信息融合技术及其应用。

3. 任务实施

1）任务准备

（1）Windows 10 计算机；
（2）车辆自动驾驶系统应用实训平台 XHV-B0；
（3）车辆自动驾驶应用实训平台操作手册。

2）步骤与现象

步骤一：分析实训车辆应用案例

多传感器信息融合的原理，如图1-21所示。

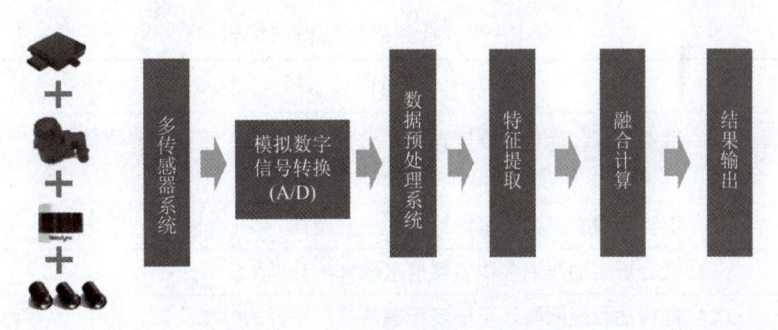

图 1-21 多传感器信息融合的原理

分析实训车辆多传感器信息融合的应用案例,见表 1-27。

表 1-27 分析实训车辆多传感器信息融合的应用案例

序号	融合的传感器	功能简述
1		
2		
3		
4		
5		

步骤二:分析不同车型多传感器信息融合的特点

查阅资料,分析特斯拉 Model 3 车型、上汽飞凡 R7 车型、蔚来 ET7 车型、问界 M7 车型多传感器信息融合的特点,按照表 1-28 分析并整理。

表 1-28 分析不同车型传感器信息融合的特点

车型	传感器信息融合方式	特点
特斯拉 Model 3		
上汽飞凡 R7		
蔚来 ET7		
问界 M7		

4. 考核评价

根据任务实施过程,结合素养、能力、知识目标,使用表 1-29(任务实施考核评价表),由学生填写具体的任务实施和操作要点,由教师对任务实施情况进行评价。

表1-29 任务实施考核评价表

评价类别	评价内容	分值	得分
素养	（1）能够在实际操作过程中，培养动手实践能力，重视培养质量意识、安全意识、节能环保意识、规范操作意识及创新意识 （2）能树立独立思考、坚韧执著的探索精神	10	
能力	（1）能分析实训车辆多传感器信息融合的分类 （2）能描述智能网联汽车中多传感器信息融合的方法	10	
知识	（1）了解多传感器信息融合的定义、基础、分类和方法	10	

实施过程	实施内容		操作要点	分值	得分
1. 任务准备	实训平台		□实训车辆 □实训专用实验台 □虚拟设备	12	
	网上查找的智能网联汽车	特斯拉 Model 3			
		上汽飞凡 R7			
		蔚来 ET7			
		问界 M7			
	相关资料	多传感器信息融合方法技术资料			
	辅助设备				
2. 分析实训车辆多传感器信息融合的应用案例	简述多传感器信息融合的原理			30	
	序号	融合的传感器	功能简述		
	（1）				
	（2）				
	（3）				
	（4）				
	（5）				
3. 分析不同车型多传感器信息融合的特点	车型	多传感器信息融合方式	特点	28	
	特斯拉 Model 3				
	上汽飞凡 R7				
	蔚来 ET7				
	问界 M7				
总分					
评语					

考核评价根据任务要求设置评价项目，项目评分包含配分、分值和得分，教师可以根据学生的项目内容完成情况进行评分。

任务目标达成度以任务目标为评价维度，评价项目支撑任务目标。教师根据任务目标评价学生的任务完成情况。任务考核评价表见表1-30。

表1-30 任务考核评价表

任务名称	认识多传感器信息融合技术应用					
评价项目	项目内容	项目评分			任务目标达成度		
^	^	配分	分值	得分	目标O1	目标O2	目标O3
1. 任务准备	实训平台	20	4				NC
^	网上查找的智能网联汽车	^	8				
^	相关资料	^	4				NC
^	辅助设备	^	4				NC
2. 分析实训车辆多传感器信息融合的应用案例	简述多传感器信息融合的原理	60	10				
^	分析实训车辆融合的传感器（不少于3个融合点）	^	20				
^	分析多传感器信息融合的功能	^	30				
3. 分析不同车型多传感器信息融合的特点	特斯拉 Model 3 多传感器信息融合方式	20	3				
^	特斯拉 Model 3 车型功能特点表述清晰	^	2				
^	上汽飞凡 R7 车型多传感器信息融合方式	^	3				
^	上汽飞凡 R7 车型功能特点表述清晰	^	2				
^	蔚来 ET7 车型多传感器信息融合方式	^	3				
^	蔚来 ET7 车型功能特点表述清晰	^	2				
^	问界 M7 车型多传感器信息融合方式	^	3				
^	问界 M7 车型功能特点表述清晰	^	2				
综合评价								

注：①项目评分请按每项分值打分，填入"得分"栏。

②任务目标达成度根据任务完成情况进行评价，对照任务目标是否达成进行勾选，达成则打"√"。

③任务目标达成度中"NC"表示本行评价内容与对应任务目标无关。

根据任务目标达成度的评价结果，结合任务实施过程、项目评分结果，教师填写表1-31（任务持续改进表）。

表1-31　任务持续改进表

评价项目	上一轮改进措施	本轮改进内容	本轮改进效果	下一轮改进措施
分析实训车辆多传感器信息融合的应用案例				
分析不同车型多传感器信息融合的特点				

5. 知识分析

1）多传感器信息融合的定义

多传感器信息融合（MSIF）或数据融合是指将自动驾驶摄像头、激光雷达、毫米波雷达以及超声波雷达等多种传感器各自收集到的数据融合，并利用计算机技术自动分析和综合多传感器的信息和数据，以完成所需的决策和估计，从而提高系统决策的正确性，同时更加准确可靠地描述外界环境。在智能网联汽车系统中，多传感器信息融合技术具有以下优势。

（1）提高系统感知的准确度：多种传感器联合互补，可避免单一传感器的局限性，最大限度地发挥各个（种）传感器的优势。

（2）增加系统的感知维度：提高系统的可靠性和鲁棒性。多传感器信息融合可带来一定的信息冗余度，即使某个传感器信息出现故障，系统仍可在一定范围内继续正常工作。

（3）增强环境适应能力：应用多传感器信息融合技术采集的信息具有明显的特征互补性，对空间和时间的覆盖范围更广，弥补了单一传感器对空间的分辨率和环境语义的不确定性。

（4）有效降低成本：多传感器信息融合可以实现多个价格低廉的传感器代替价格高昂的传感器，在保证性能的基础上又可以降低成本。

2）多传感器信息融合基础

自动驾驶所需的各种传感器，如摄像头、激光雷达、毫米波雷达和超声波雷达等，被集成到同一辆车上，并由同一系统采集并处理数据。为了对这些传感器进行规范，需要统一它们的坐标系和时钟，目的是确保同一个目标在同一个时刻出现在不同类别的传感器的同一个世界坐标处，从而完成所需的决策和估计。

多传感器信息融合是一种先进的信息处理技术，它利用计算机技术自动分析和综合来自多个传感器或来源的信息和数据。通过这种方式，可以更全面地获取车辆周围的环境信息，从而做出更准确和可靠的决策。常见的多传感器信息融合方法有硬同步、软同步。

硬同步，也称为硬件同步，是通过使用相同的硬件同时触发采集命令，使各个传感器实现采集测量的时间同步。这种技术可以确保所有传感器在同一时间采集相同的信息。软同步，也称为软件同步，分为时间同步和空间同步两种。时间同步，也称为时间戳同步，是通过一个统一的主机给各个传感器提供基准时间。各个传感器根据自己校准后的采集周期为独立采集的数据添加时间戳信息。尽管可以实现所有传感器的时间戳同步，但无法保证在同一个时刻采集相同的信息。空间同步是将不同传感器坐标系的测量值转换到同一个坐标系中。对于高速移动的情况，如激光传感器，需要考虑当前速度下的帧内位移校准。

3）多传感器信息融合原理

多传感器信息融合的基本原理与人类大脑综合处理信息的原理相似。在多传感器信息融合的过程中，智能网联汽车需要充分地利用多源数据，进行合理的支配和使用。多传感器信息融合的最终目标是通过将各传感器获得的分离观测信息进行多级别、多方面的组合，导出更多有用的信息。这不仅利用了多个传感器相互协同操作的优势，而且综合处理了其他信息源的数据，以提高整个传感器系统的智能化。多传感器信息融合技术通过协同操作和综合处理信息，提高整个传感器系统的智能化程度。

4）多传感器信息融合层次结构

根据传感器信息在不同信息层次上的融合，可以将多传感器信息融合划分为数据层融合、特征层融合和决策层融合。

（1）数据层融合。

数据层融合也称为像素级融合，是最低层次的融合，即直接对传感器的观测数据进行融合处理，然后基于融合后的结果进行特征提取和判断决策，其基本结构如图1-22所示。

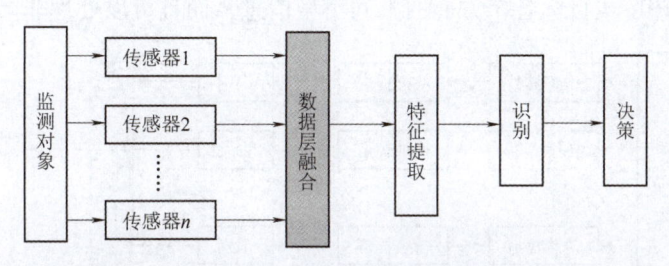

图1-22 数据层融合基本结构

根据融合内容，数据层融合又可以分为图像级融合、目标级融合和信号级融合。图像级融合以视觉系统为主体，将传感器输出的整体信息进行图像特征转化，与视觉系统的图像输出进行融合。目标级融合是对视觉系统和传感器的输出进行综合可信度加权，配合精度标定信息进行自适应的搜索匹配后融合输出。信号级融合是对视觉系统和传感器传出的数据源进行融合，其数据损失小、可靠性高，但需要大量的计算。

（2）特征层融合。

特征层融合指在提取所采集数据包含的特征矢量之后融合。先从每种传感器提供的观测数据中提取的有代表性的特征，将这些特征融合成单一的特征矢量，然后运用模式识别的方法进行处理。特征信息包括边缘、人物、建筑或车辆等信息。特征层融合基本结构如图1-23所示。

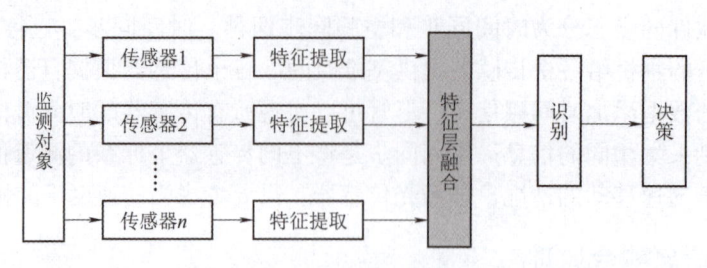

图 1-23 特征层融合基本结构

根据融合内容，特征层融合分为目标状态融合和目标特性融合两大类。目标状态融合主要应用于多传感器的目标跟踪领域，融合系统首先对传感器数据进行预处理以完成数据配准，在数据配准之后，融合处理主要实现参数关联和状态估计。目标特性融合是特征层联合识别，它的实质就是模式识别；在融合前必须先将特征进行关联处理，再对特征矢量分类成有意义的组合。

在多传感器信息融合的三个层次中，特征层融合发展得较为完善，并且由于在特征层特征层已建立了一整套行之有效的特征关联技术，所以可以保证融合信息的一致性。特征层融合对计算量和通信带宽要求相对降低，但部分数据的舍弃使其准确性也有所下降。

（3）决策层融合。

决策层融合属于高层次的融合，是以认知为基础的方法，其基本结构如图 1-24 所示。它根据不同种类的传感器对同一目标观测的原始数据，进行一定的特征提取、分类、识别，以及简单的逻辑运算，然后根据应用需求进行较高级的决策，获得简明的综合推断结果。决策层融合在信息处理方面具有很高的灵活性，系统对信息传输带宽要求很低，能有效地融合反映环境或目标各个方面的不同类型信息，而且可以处理非同步信息。

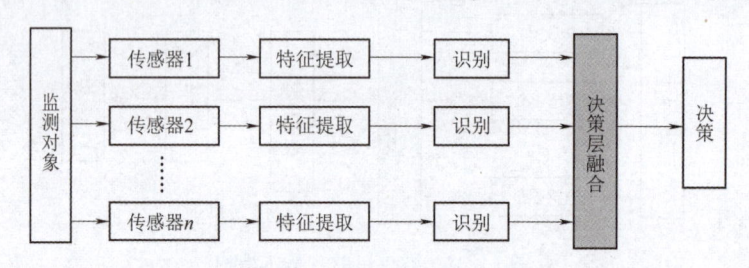

图 1-24 决策层融合基本结构

5）多传感器信息融合体系结构

根据信息处理方式的不同，多传感器信息融合体系结构可分为分布式、集中式和混合式。混合式综合了集中式和分布式的优点，实际应用广泛。

（1）分布式。

在分布式融合体系结构中，先对各个独立传感器所获得的原始数据进行局部处理，然后将结果送入信息融合中心进行智能优化组合来获得最终的结果，分布式融合体系结构如图 1-25 所示。分布式融合体结构对通信带宽的要求低、计算速度快、可靠性和延续性好，但跟踪的精度却远没有集中式融合体结构高。

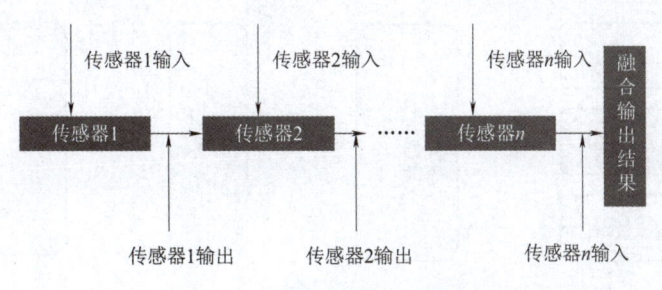

图 1-25 分布式融合体系结构

(2) 集中式。

在集中式融合体系结构中，将各传感器获得的原始数据直接送至信息融合中心进行融合处理，可以实现实时融合，如图 1-26 所示。其数据处理的精度高、算法灵活，缺点是对处理器的要求高，可靠性较低，数据量大。

(3) 混合式。

在混合式融合体系结构中，部分传感器采用集中式融合体系结构，剩余的传感器采用分布式融合体系结构，如图 1-27

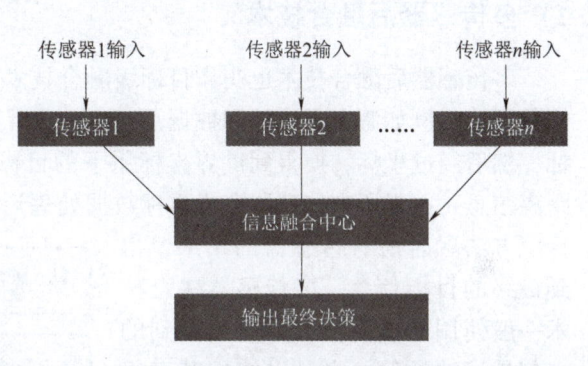

图 1-26 集中式融合体系结构

所示。混合式融合体系结构具有较强的适应能力，兼顾了集中式和分布式的优点，稳定性强。混合式融合体系结构比前两种融合体系复杂，缺点是提高了通信和计算成本。

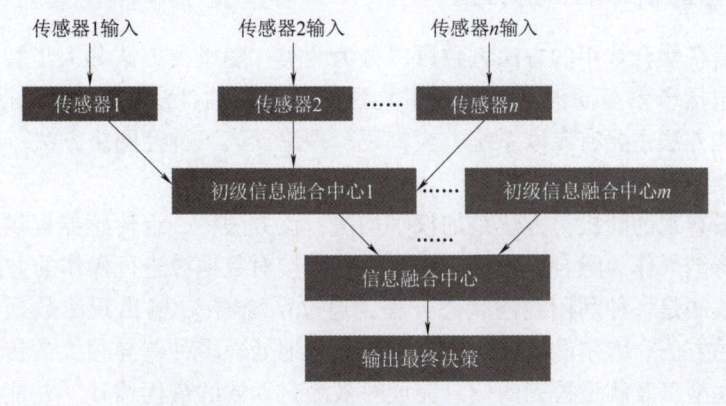

图 1-27 混合式融合体系结构

6) 多传感器前融合技术

多传感器前融合技术是指在空间、时间同步的前提下，将传感器数据融合在一起，然后进行处理，得到一个具有多维综合属性的结果层目标。例如，将摄像头、激光雷达、毫米波雷达数据进行融合，就可以得到一个既有颜色信息、形状信息，又有运动信息的目标，即融合了图像 RGB、雷达三维信息、毫米波距离速度信息。多传感器前融合结构如图 1-28 所示。

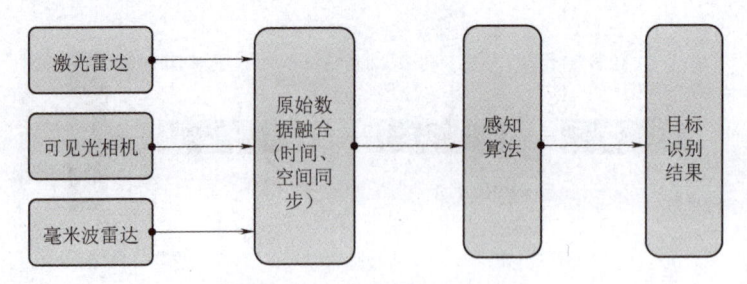

图 1-28　多传感器前融合结构

7）多传感器后融合技术

多传感器后融合技术也叫作目标级融合技术，就是每个传感器各自独立处理生成的目标数据——例如激光雷达处理数据后得到点云目标属性，摄像头处理数据后得到图像目标，然后经过坐标转换得到世界坐标系下的目标属性，毫米波雷达直接获得目标的速度、距离信息——当所有传感器完成目标数据处理后（如目标检测、速度预测），再使用一些传统方法融合所有传感器的结果，得到最终的目标信息。多传感器融合技术一般使用滤波算法，如前面提到的卡尔曼滤波法等，也可以使用基于优化的方法。多传感器后融合结构如图 1-29 所示。

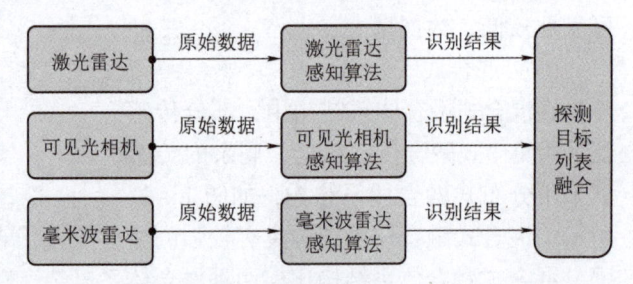

图 1-29　多传感器后融合结构

8）认识多传感器信息融合的方法

多传感器信息融合常用的方法大致可以分为两类：随机类方法和人工智能方法。常用的随机类方法包括卡尔曼滤波法、加权平均法、贝叶斯估计法、D-S 证据推理方法等。常用的人工智能方法主要有专家系统、模糊逻辑理论、人工神经网络方法、遗传算法等。

（1）随机类方法。

最简单、最直观的随机类方法是加权平均法，该方法将一组传感器提供的冗余信息进行加权平均，将结果作为融合值。该方法是一种直接对数据源进行操作的方法。

卡尔曼滤波法是一种利用线性状态方程，通过系统输入/输出观测数据，对系统状态进行最优估计的方法。卡尔曼滤波法能合理并充分地处理多种差异很大的传感器信息，通过被测系统的模型以及测量得到的信息完成对被测量物体的最优估计，并能适应复杂多样的环境。卡尔曼滤波法具有递推特性，既可以对当前状态进行估计，也可以对未来的状态进行预测。

贝叶斯估计法为数据融合提供了一种手段，是融合静环境中多传感器高层信息的常用方法。它使传感器信息依据概率原则进行组合，测量不确定性以条件概率表示，当传感器组的观测坐标一致时，可以直接对传感器的数据进行融合，但在大多数情况下，传感器测量数据要以间接方式采用贝叶斯估计法进行数据融合。贝叶斯估计法将每个传感器作为一个贝叶斯估计，将各个单独物体的关联概率分布合成一个联合的后验概率分布函数，通过使联合分布函数的似然函数最小，提供多传感器信息的最终融合值，提供整个环境的特征描述。

D-S证据推理方法是贝叶斯估计法的扩充，其3个基本要点是：基本概率赋值函数、信任函数和似然函数。D-S证据推理方法的结构是自上而下的，分3级。第1级为目标合成，其作用是把来自独立传感器的观测结果合成为一个总的输出结果（ID）。第2级为推断，其作用是获得传感器的观测结果并进行推断，将传感器观测结果扩展成目标报告。这种推理的基础是：一定的传感器报告以某种可信度在逻辑上会产生可信的某些目标报告。第3级为更新，各种传感器一般都存在随机误差，在时间上充分独立的来自同一传感器的一组连续报告比任何单一报告可靠，因此在推理和多传感器合成之前，要先组合更新传感器的观测数据。

产生式规则采用符号表示目标特征和相应传感器信息之间的联系，与每一个规则联系的置信因子表示它的不确定性程度。当在同一个逻辑推理过程中，2个或多个规则形成一个联合规则时，可以产生融合。应用产生式规则进行融合的主要问题是每个规则的置信因子的定义与系统中其他规则的置信因子相关，如果系统中引入新的传感器，则需要加入相应的附加规则。

（2）人工智能方法。

模糊逻辑理论基于多值逻辑，其打破以二值逻辑为基础的传统思想，模仿人脑的不确定性概念判断、推理思维方式。其实质是将一个给定输入空间通过模糊逻辑的方法映射到一个特定输出空间的计算过程，比较适合高层次的融合，如决策层融合。

人工神经网络是一种模拟人脑神经网络而设计的数据模型或计算模型，它从结构、实现机理和功能上模拟人脑神经网络。人工神经网络具有很强的容错性，很强的自学习、自组织以及非线性映射能力，能够模拟复杂的非线性映射。人工神经网络的这些特性使其在多传感器信息融合系统中有极大的优势。在融合处理不完整或者带有噪声的数据时，人工神经网络的性能通常比传统的聚类方法好很多。

6. 思考与练习

1）多项选择题

（1）智能网联汽车多传感器融合层次结构有（　　）。
A. 数据层融合　　　B. 特征层融合　　　C. 混合式　　　D. 决策层融合

（2）智能网联汽车多传感器融合的体系结构有（　　）。
A. 混合式　　　B. 分布式　　　C. 集中式　　　D. 目标式

（3）在智能网联汽车中多传感器融合的算法有（　　）等。
A. 人工神经网络　　　　　　　　B. 卡尔曼滤波法
C. 加权平均法　　　　　　　　　D. 贝叶斯估计法

2）判断题

（1）智能网联汽车多传感器信息融合利用计算机技术，对多传感器或来源的信息和数据进行多层次、多空间的组合处理，最终做出判断和决策。（　　）

(2) 多传感器信息融合的基础步骤是时间同步和空间同步。（　　）

(3) 多传感器前融合技术是指在空间、时间同步的前提下，每个传感器各自独立处理生成的目标数据，处理后再使用一些传统方法来融合所有传感器的结果，得到最终的目标信息。（　　）

3) 思考题

(1) 思考与讨论典型智能网联汽车环境感知系统多传感器信息融合的技术应用。

(2) 思考与讨论典型智能网联汽车环境感知系统多传感器信息融合的技术路线。

(3) 思考与讨论目前智能网联汽车环境感知系统多传感器信息融合的发展趋势。

知识拓展

中国汽车工业百年往事：从仿制到弯道超车

"合抱之木，生于毫末；九层之台，起于累土；千里之行，始于足下。"在过去的百年里，中国汽车工业经历了从仿制到弯道超车的艰辛历程（图1-30），这是无数中国汽车从业者一步一个脚印走出来的。中国汽车工业创立之初，我们只能模仿国外车型，学习国外技术和生产方式。在这个过程中，我们积累了丰富的技术和生产经验，为后来的自主创新打下了坚实的基础。

"弯道超车"：中国汽车自动驾驶技术的飞跃（视频）

虽然与国外汽车工业强国相比，我们在技术、创新、品质等方面还存在一定的差距。但是，中国政府和企业并没有因此放弃。我们积极推进自主创新和品牌建设，加大研发投入，引进人才，加强技术合作。经过不懈的努力，我们逐渐缩小了与国际先进水平的差距。

如今，中国汽车企业已经具备了一定的品牌影响力和市场竞争力。在这个过程中，我们经历了许多挑战和困难。然而，正是这些困难，激发了我们不断探索、不断进步的决心。我们坚信，只有不断创新、不断超越自己，才能在激烈的市场竞争中立于不败之地。

展望未来，中国汽车工业将继续发展和壮大。我们相信，更多的自主品牌将走向世界舞台，展现中国汽车的实力和魅力。

(a)　　　　　　　　　　(b)

图1-30　中国汽车工业百年往事

(a) 中国制造的第一辆汽车；(b) 中国汽车自动驾驶技术发展示例

模块二

车辆环境感知系统传感器安装与调试

任务一　车载摄像头安装与调试

1. 任务目标

基于 OBE 教育理念，结合智能网联汽车技术专业毕业要求与任务特点，建立任务目标支撑毕业要求和培养规格的对应关系，确定任务目标如下。

（1）目标 O1：具备识读车载摄像头产品操作手册中接线图的能力，充分理解车载摄像头的装配要求，能正确地进行车载摄像头的安装和角度调整。

（2）目标 O2：掌握使用 AMCap 软件进行车载摄像头功能测试的技能，能基于 ROS 操作系统 usb_cam 功能包，完成车载摄像头的畸变矫正和标定工作。

（3）目标 O3：能准确地理解和执行通用的安全规范，准确识别车载摄像头装配作业中的安全风险，并采取必要的防范措施。

任务目标与毕业要求支撑对照表见表 2-1，任务目标与培养规格对照表见表 2-2。

摄像头功能测试（视频）

表2-1　任务目标与毕业要求支撑对照表

毕业要求	二级指标点	任务目标
1. 工程知识	毕业要求1-2：能针对确定的、实用的对象进行求解	目标O1 目标O2
2. 问题分析	毕业要求2-1：能运用适用于所属学科或专业领域的分析工具，识别与判断广义工程问题的关键环节	目标O2
5. 使用现代工具	毕业要求5-3：能针对具体的对象，选择与使用满足特定需求的现代工具，模拟和预测专业问题，并能分析其局限性	目标O1
8. 职业规范	毕业要求8-3：理解工程师对公众的安全、健康和福祉，以及环境保护的社会责任，能在工程实践中自觉履行责任	目标O3

表2-2　任务目标与培养规格对照表

培养规格	规格要求	任务目标
素养	（1）能正确理解并执行通用安全规范，识别车载摄像头装配作业中的安全风险，并采取必要的防范措施； （2）能在实际操作过程中培养动手实践能力，重视培养质量意识、安全意识、节能环保意识、规范操作意识及创新意识； （3）能树立独立思考、坚韧执着的探索精神	目标O3
能力	（1）能按照产品操作手册要求，使用工具，完成车载摄像头的安装与角度调试； （2）能按照产品操作手册要求，使用工具软件，完成车载摄像头功能测试、车载摄像头畸变矫正与标定	目标O1 目标O2
知识	（1）了解车载摄像头的组成、类型、特点和性能指标，能分析实训车辆车载摄像头的应用场景； （2）了解车载摄像头与车辆坐标系的关系，掌握坐标转换的方法	目标O1 目标O2

2. 任务描述

上汽飞凡R7车型是首款搭载全融合高阶智驾系统RISING PILOT的纯电动汽车，该车型装备了业界先进的33个高阶感知硬件，包括探测距离高达500 m的激光雷达、提升极端天气探测性的4D毫米波成像雷达以及800万像素分辨率的高清车载摄像头等。其中,该车型配备的12颗前后视、周视、环视高清车载摄像头,不仅能全方位感知车辆周围环境,还能捕捉更多交通细节,如动态人车交通参与者以及静态车道线、地面标识、交通信号灯、限速标识等。

为了确保车载摄像头采集的图像能准确反映实际情况,必须正确安装摄像头并调整其角度,以确保完整准确地捕捉所需的图像。此外,为了保证图像质量,为后续的数据处理和分析提供可靠的基础,还需要进行车载摄像头标定以消除图像畸变。标定可借助已知的参照物或使用算法实现。

本任务以前向车载摄像头为例,根据产品操作手册的安装要求、操作方法,使用相应的工具软件,完成车载摄像头的安装和调试。

3. 任务实施

1) 任务准备

(1) Windows 10 计算机;
(2) 标定靶;
(3) USB 摄像头;
(4) VMware 虚拟机 ubuntu20.04、ROS 系统环境;
(5) 车辆自动驾驶系统应用实训平台 XHV – B0。

2) 步骤与现象

步骤一:安装车载摄像头

车载摄像头安装位置处于车架前部横梁中部,安装前方位置应无遮挡,安装角度为水平面安装,无倾斜角。安装时,固定车载摄像头主体,调节车载摄像头安装螺栓,紧固调节螺母,如图 2 – 1 所示。

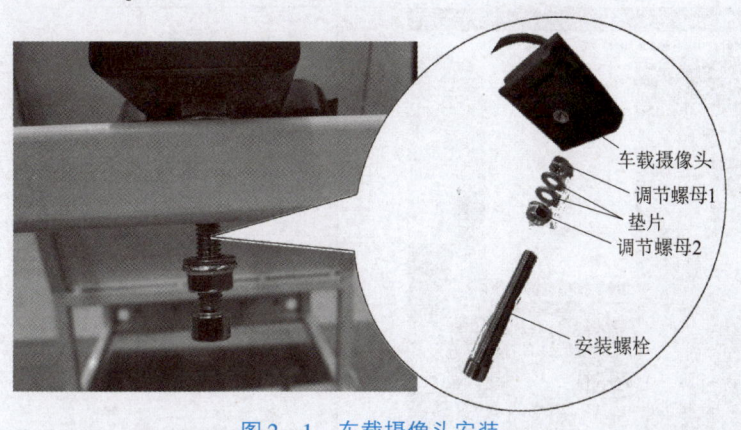

图 2 – 1 车载摄像头安装

安装完成后,通过 USB 线束,将车载摄像头和计算机连接,如图 2-2 所示。

图 2-2　车载摄像头与计算机连接

步骤二:测试车载摄像头功能

首先双击打开 AMCap 软件,如图 2-3 所示。

接着在打开的 AMCap 软件窗口中,单击左上角"设备"菜单,选择车载摄像头"HIK 720P Camera - Audio",如图 2-4 所示。

图 2-3　AMCap 软件　　　　图 2-4　选择车载摄像头

接下来,在 AMCap 软件状态栏中选择"捕捉"→"设置"命令,设置视频捕捉文件名称与路径,如图 2-5 所示。

图 2-5　设置视频捕捉文件名称与路径

然后选择"捕捉"→"开始捕捉"命令，在弹出的对话框中单击"确定"按钮，录制视频。录制结束时，选择"停止捕捉"命令停止录制。在保存文件路径下查看录制的文件，如图2-6所示。

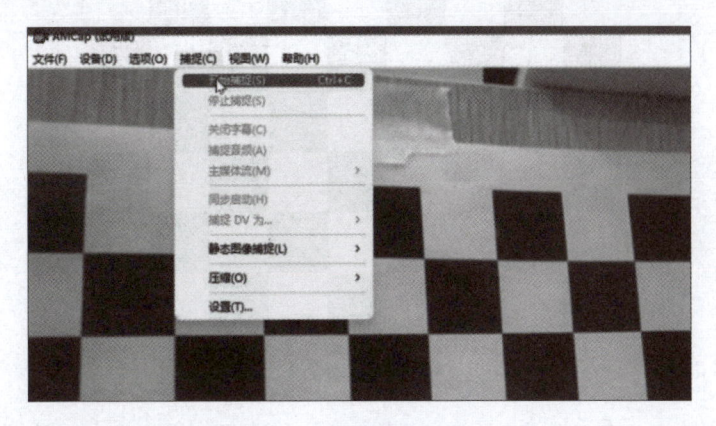

图2-6 录制视频并保存

步骤三：标定车载摄像头

首先使用 apt-get install 命令安装 usb_cam 功能包 ros-noetic-usb-cam，如图2-7所示。

单目摄像头标定（视频）

图2-7 安装 usb_cam 功能包

然后使用 roslaunch 命令执行 usb_cam usb_cam-test.launch 文件，启动车载摄像头进行驱动测试，如图2-8所示。伴随启动文件的打开，车载摄像头显示当前拍摄的图像，将车载摄像头对准标定靶。

图2-8 车载摄像头驱动测试

观察标定靶（图2-9），计算标定靶横向、纵向内部角点数并测量棋盘格边长。

图 2-9　标定靶

接下来使用 rosrun 命令启动 camera_calibration 功能包中的 cameracalibrator.py 节点，运行标定程序，如图 2-10 所示。命令中 size 参数用于标定棋盘格的内部角点个数，square 参数对应每个棋盘格的边长，image 和 camera 参数用于设置摄像头发布的图像话题。

图 2-10　运行标定程序

标定程序运行后，在弹出的"display"窗口中，根据右侧进度条，变换标定靶角度，直至进度条变成绿色，如图 2-11 所示。右侧进度条"X"为标定靶在车载摄像头视野中的左右移动；"Y"为标定靶在车载摄像头视野中的上下移动；"Size"为标定靶在车载摄像头视野中的前后移动；"Skew"为标定靶在车载摄像头视野中的倾斜转动。

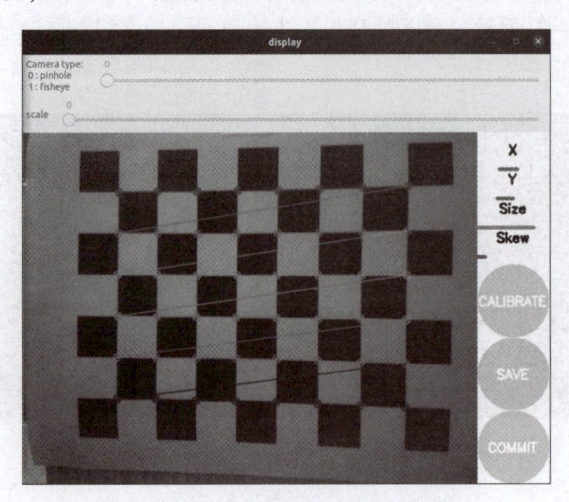

图 2-11　标定靶样本采集进度条

当"display"窗口中"CALIBRATE"按钮变色时,表示标定靶样本采集完成,单击"CALBRATE"按钮,进行标定,如图 2 – 12 所示。

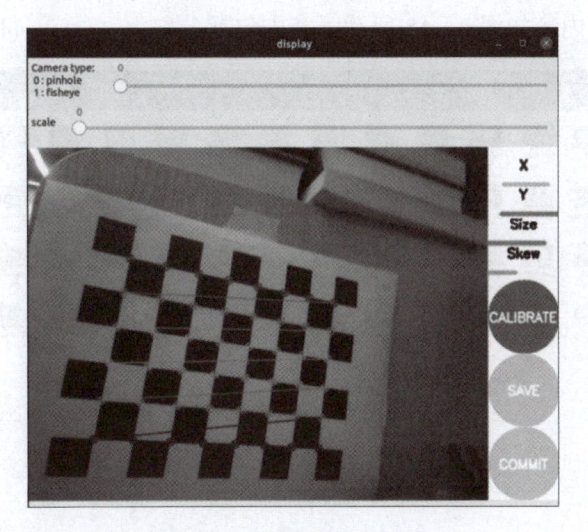

图 2 – 12　标定靶样本采集

标定参数计算完成后界面恢复,终端显示标定结果,如图 2 – 13 所示。

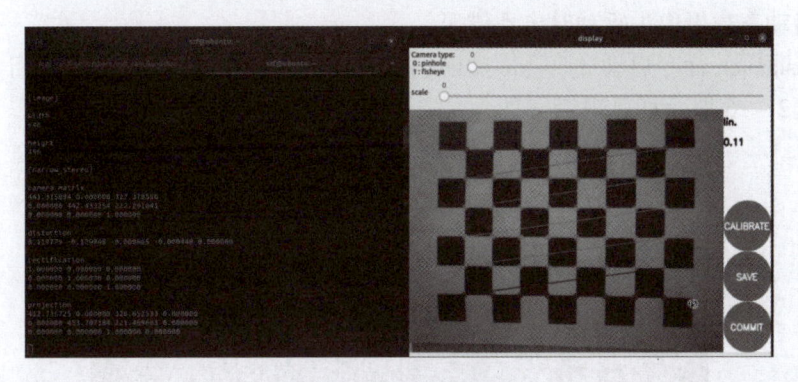

图 2 – 13　标定结果显示

标定完成后,单击"display"窗口中的"SAVE"按钮,将标定参数保存到默认的文件夹中,如图 2 – 14 所示。

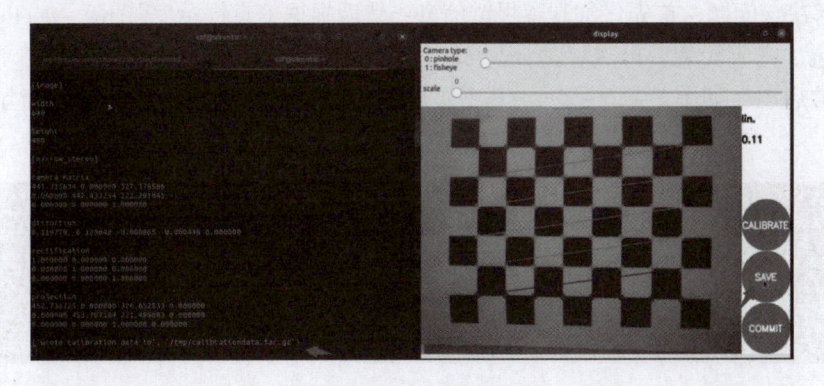

图 2 – 14　标定参数保存

保存完成后，单击"display"窗口中的"COMMIT"按钮，提交数据并退出程序。打开"tmp"文件夹，观察保存的标定结果文件 calibrationdata. tar. gz。解压 calibrationda-ta. tar. gz 文件，其中内容如图 2 – 15 所示，其中包括名称为"ost. yaml"的标定结果文件。

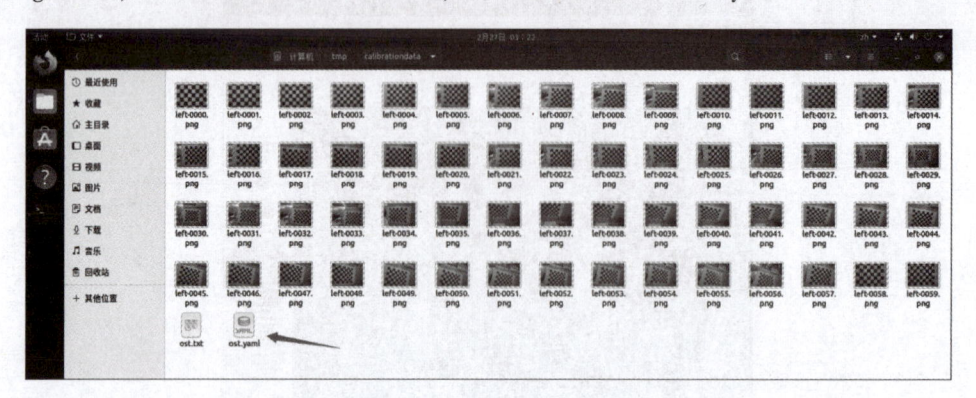

图 2 – 15　标定结果文件

3) 关键点分析

（1）启动车载摄像头驱动时出现错误。

使用 roslaunch 命令启动 usb_cam 功能包中的 usb_cam – test. launch 文件启动车载摄像头，出现图 2 – 16 所示红色报错信息。

图 2 – 16　报错信息（附彩插）

尝试解决该问题。首先仔细观察报错信息，然后根据信息提示安装 ros – noetic – image – view 依赖包。完成安装后再次启动 usb_cam – test. launch 文件，看到报错信息不存在，表示程序正常启动，如图 2 – 17 所示，其中黄色警告信息是车载摄像头启动的自矫正文件输出信息。

图 2 – 17　程序正常启动（附彩插）

(2) usb_cam 功能包。

usb_cam 是针对 V4L 协议 USB 摄像头的 ROS 驱动包,核心节点是 usb_cam_node,相关话题和参数见表 2-3、表 2-4。

表 2-3 usb_cam 话题

名称	类型	描述
~<camera_name>/image	sensor_msgs/Image	发布图像数据

表 2-4 usb_cam 参数

参数	类型	默认值	描述
~video_device	string	/dev/video0	车载摄像头设备号
~image_width	int	640	图像横向分辨率
~image_height	int	480	图像纵向分辨率
~pixel_formal	string	mjpeg	像素编码,可选值为 mjpeg、yuyv、uyvy
~io_method	string	mmap	I/O 通道,可选值为 mmap、read、userptr
~camera_frame_id	string	head_camera	传感器坐标系
~framerate	int	30	帧率
~brightness	int	32	亮度:0~255
~saturation	int	32	饱和度:0~255
~contrast	int	32	对比度:0~255
~sharpness	int	22	清晰度:0~255
~autofocus	bool	false	自动对焦
~focus	int	51	焦点(非自动对焦下有效)
~camera_info_url	string	—	车载摄像头校准文件路径
~camera_name	string	head_camera	车载摄像头名称

(3) PC 端驱动车载摄像头。

usb_cam 功能包中提供启动车载摄像头并显示图像信息的功能。启动车载摄像头可使用 usb_cam-test.launch 文件,该文件核心代码如图 2-18 所示。

```
1  <launch>
2    <node name="usb_cam" pkg="usb_cam" type="usb_cam_node" output="screen">
3      <param name="video_device" value="/dev/video0"/>
4      <param name="image_width" value="640"/>
5      <param name="image_height" value="480"/>
6      <param name="pixel_format" value="yuyv"/>
7      <param name="camera_frame_id" value="usb_cam"/>
8      <param name="io_method" value="mmap"/>
9    </node>
10   <node name="image_view" pkg="image_view" type="image_view" respawn="false" output="screen">
11     <remap from="image" to="/usb_cam/image_raw"/>
12     <param name="autosize" value="true"/>
13   </node>
14 </launch>
```

图 2-18 usb_cam-test.launch 文件核心代码

通过观察代码看到，在运行 usb_cam.launch 时，车载摄像头先启动 usb_cam_node，并配置相应参数，然后运行 image_view 节点订阅图像话题/usb_cam/image_raw，展示车载摄像头采集的图像。

4. 考核评价

根据任务实施过程，结合素养、能力、知识目标，使用表 2-5（任务实施考核评价表），由学生填写具体的任务实施和操作要点，由教师对任务实施情况进行评价。

表 2-5 任务实施考核评价表

评价类别	评价内容		分值	得分
素养	（1）能正确理解并执行通用安全规范，识别车载摄像头装配作业中的安全风险，并采取必要的防范措施 （2）能够在实际操作过程中培养动手实践能力，重视培养质量意识、安全意识、节能环保意识、规范操作意识及创新意识 （3）能树立独立思考、坚韧执着的探索精神		10	
能力	（1）能按照产品操作手册要求，使用工具，完成车载摄像头的安装与角度调试 （2）能按照产品操作手册要求，使用工具软件，完成车载摄像头功能测试、车载摄像头畸变矫正与标定		10	
知识	（1）了解车载摄像头的组成、类型、特点和性能指标，能分析实训车辆车载摄像头的应用场景 （2）了解车载摄像头与车辆坐标系的关系，掌握坐标转换的方法		10	
实施过程	实施内容	操作要点	分值	得分
1. 实训准备	实训平台	□实训车辆　　□实训专用实验台 □虚拟设备	8	
	工具设备	（1） （2） （3） （4）		
	实训资料	（1） （2） （3） （4）		
	安全防护用品与设施	（1） （2） （3） （4）		

续表

实施过程	实施内容		操作要点	分值	得分
2. 安装车载摄像头	安装摄像头主体	安装车载摄像头	(1) 车载摄像头类别：□单目 □双目 □多目 □其他 (2) 安装位置_____	16	
		调节安装螺栓	(1) (2) (3) (4)		
		调节角度	(1) 水平角度_____ (2) 倾斜角度_____		
	车载摄像头接线		(1) 车载摄像头端接线_____ (2) 控制端接线：_____ (3) 布线：_____		
3. 测试车载摄像头功能	测试软件		(1) 软件名称：_____ (2) 平台要求：_____	16	
	连接设置		□正确连接 □连接异常原因：_____；		
	测试设置		(1) 视频路径设置：_____ (2) 截图路径设置：_____		
	查看		□正常查看视频/截图 □查看异常原因：_____		
4. 标定车载摄像头	安装功能包		ROS 版本：_____	10	
	启动车载摄像头		□启动正常 □启动异常原因：_____		
	计算标定靶横向、纵向内部角点数，测量棋盘格边长		纵向内部角点数：_____ 横向内部角点数：_____ 棋盘格边长：_____m	20	
	读取车载摄像头坐标系				
	打印生成文件及路径		路径：_____		
	查看标定结果				
总分					
评语					

考核评价根据任务要求设置评价项目，项目评分包含配分、分值和得分，教师可以根据学生的项目内容完成情况进行评分。

任务目标达成度以任务目标为评价维度，评价项目支撑任务目标。教师根据任务目标评价学生的任务完成情况。任务考核评价表见表2-6。

表2-6 任务考核评价表

任务名称		车载摄像头安装与调试					
评价项目	项目内容	项目评分			任务目标达成度		
		配分	分值	得分	目标O1	目标O2	目标O3
1. 实训准备	实训平台	16	4				
	工具设备		4				
	实训资料		4				
	安全防护用品与设施		4				
2. 安装车载摄像头	车载摄像头固定支架安装	32	8				NC
	车载摄像头安装螺栓调节		8				NC
	摄像头安装角度调节		8				NC
	车载摄像头接线		8				NC
3. 测试车载摄像头功能	测试软件	26	5				
	连接设置		8				
	测试设置		8				
	查看		5				
4. 标定车载摄像头	安装功能包	26	3				
	启动车载摄像头		3				
	计算标定靶横向、纵向内部角点数		6				
	测量棋盘格边长		3				
	读取车载摄像头坐标系		4				
	打印生成文件及路径		3				
	查看标定结果		4				
综合评价							

注：①项目评分请按每项分值打分，填入"得分"栏。

②任务目标达成度根据任务完成情况进行评价，对照任务目标是否达成进行勾选，达成则打"√"。

③任务目标达成度中"NC"表示本行评价内容与对应任务目标无关。

根据任务目标达成度的评价结果，结合任务实施过程、项目评分结果，教师填写表2-7（任务持续改进表）。

表2-7 任务持续改进表

评价项目	上一轮改进措施	本轮改进内容	本轮改进效果	下一轮改进措施
安装车载摄像头				
测试车载摄像头功能				
标定车载摄像头				

5. 知识分析

1）车载摄像头的组成

车载摄像头主要由软件和硬件两个部分组成。图2-19所示是比较常见的车载摄像头的结构。从硬件角度来看，车载摄像头的主要组成部分包括光学镜头（包括光学镜片、滤光片、保护膜等）、光传感器、图像传感器、DSP图像信号处理器、串行器以及连接器等。

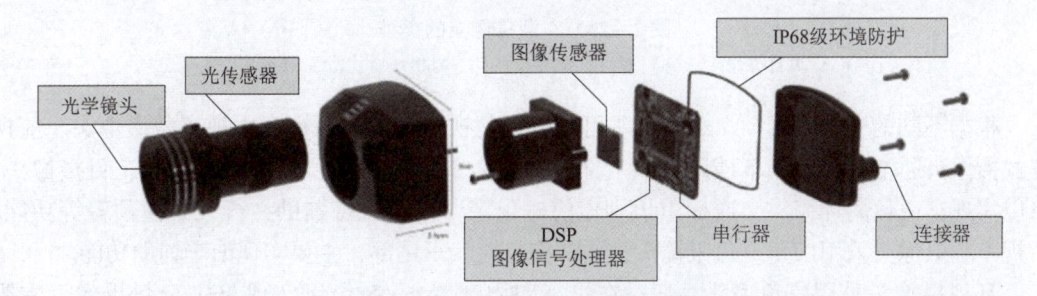

图2-19 比较常见的车载摄像头的结构

光学镜头：该设备的主要功能是聚焦光线，将视野中的物体准确投射到成像介质表面。根据成像效果的不同需求，可能需要使用多层光学镜片以实现更精确的聚焦。

滤光片：该设备具有过滤人眼无法察觉的光波段的功能，只保留人眼实际视野范围内景物的可见光波段。

图像传感器：该设备能将感光面上的光像通过光电转换功能转换为与光像成相应比例关系的电信号。图像传感器主要分为两种类型，分别是CCD和CMOS。

DSP图像信号处理器：该设备主要依赖硬件结构完成图像传感器输入的图像视频源RAW格式数据的前处理，并可转换为YCbCr等格式。此外，它还可以执行多种任务，如图像缩放、自动曝光、自动白平衡以及自动聚焦等。

串行器：该设备可将图像数据输出的MIPICSI标准总线，转换为GMSL等适合在车辆中长距离传输的高速总线标准。

连接器：该设备主要用于连接同轴电缆，为车载摄像头提供图像数据传输和电源供应。

2) 车载摄像头的类型

根据光学镜头和布置方式的差异，车载摄像头可以分为不同的类型，包括单目摄像头、双目摄像头、三目摄像头以及环视摄像头，如图 2-20 所示。这些不同类型的车载摄像头具有各自的特点和优势，适用于不同的场景和需求。

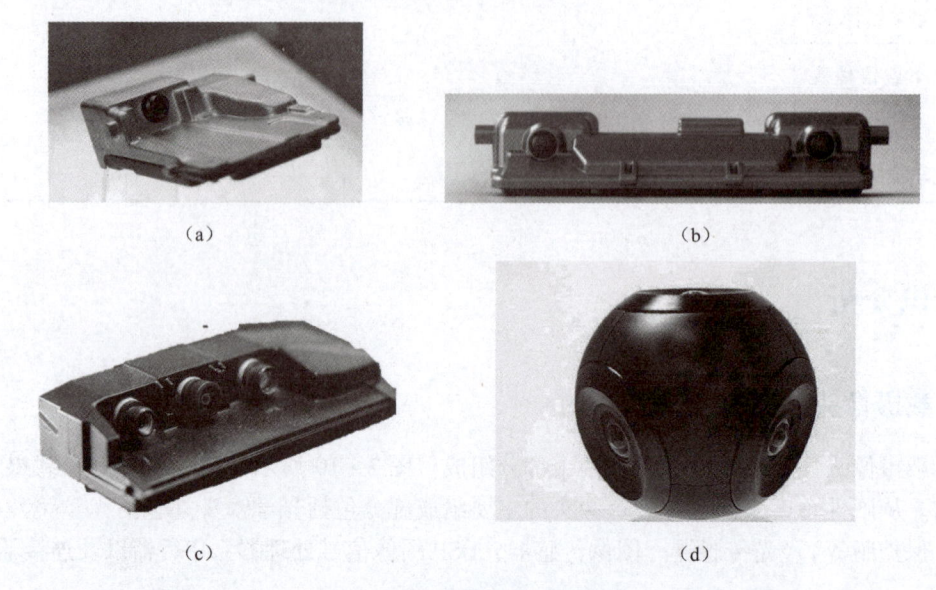

图 2-20 车载摄像头的类型
(a) 单目摄像头；(b) 双目摄像头；(c) 三目摄像头；(d) 环视摄像头

根据不同的安装位置，车载摄像头可以分为前视、后视、环视和内视车载摄像头。前视车载摄像头通常安装在汽车挡风玻璃上部，可分为单目摄像头、双目摄像头和三目摄像头，可以实现车道偏离预警、交通标志识别、前碰预警、车道保持辅助、行人碰撞预警等功能。后视车载摄像头采用广角或鱼眼镜头，通常安装在汽车尾部，主要实现泊车辅助功能。

环视摄像头采用广角镜头，通过在汽车四周配置 4~8 个以实现 360°全景摄像，主要用于车道偏离预警以及全景泊车辅助。内视车载摄像头采用广角镜头，通常安装在车内后视镜处，主要实现疲劳驾驶预警功能。

此外，车载摄像头还有普通摄像头和红外线摄像头之分。由于普通摄像头只能在白天工作，无法满足汽车夜间行驶的需求，所以汽车上常采用具备红外功能的摄像头，例如红外线夜视系统。

3) 车载摄像头关键技术参数

(1) 图像传感器的主要性能参数。

图像传感器的主要性能参数包括像素、帧率、靶面尺寸、感光度、信噪比和电子快门等。

①像素：像素是图像传感器的基本感光单位，其数量决定了图像传感器能够捕捉到的物体细节的丰富程度。像素数量越多，图像传感器捕捉到的图像越清晰。

②帧率：帧率表示单位时间内记录或播放的图像数量。高帧率可以提供更流畅的视频效果。

③靶面尺寸：靶面尺寸代表了图像传感器感光部分的大小，通常以英寸①为单位。较大的靶面尺寸可以提供更好的光灵敏度，而较小的靶面尺寸则更容易获得较大的景深。

④感光度：感光度表示入射光线的强弱。感光度越高，图像传感器对光的敏感度越高，快门速度越快。

⑤信噪比：信噪比是指信号电压与噪声电压的比值，以分贝为单位。信噪比越大，说明对噪声的控制越好，图像质量越高。

⑥电子快门：电子快门用于控制图像传感器的感光时间。电子快门越快，感光度越低，越适合在强光环境下拍摄。

（2）车载摄像头的内部参数。

车载摄像头的内部参数是与相机自身特性相关的参数，主要包括焦距、光心、图像尺寸和畸变系数等。

①焦距是指光学镜头光心到焦点的距离。例如规格书中标记为"f = 8—24 mm"参数的镜头，代表焦距可变，可以在 8～24 mm 范围内变化；标记为"f = 50 mm"参数的镜头，表示焦距是固定 50 mm。车载摄像头的焦距示意如图 2-21 所示。

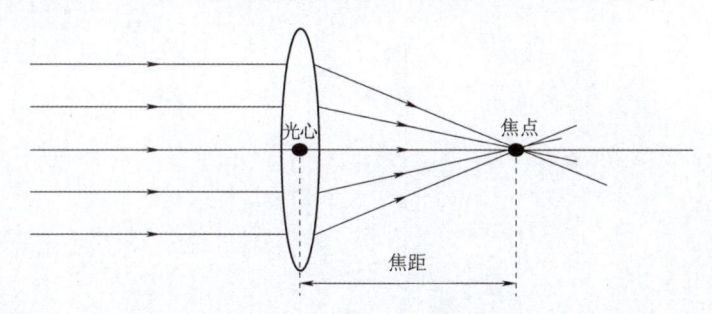

图 2-21 车载摄像头的焦距示意

②光心是透镜中的一个特殊点，凡是通过该点的光，其传播方向不变。车载摄像头的光学镜头就相当于一个凸透镜，图像传感器处在这个凸透镜的焦点附近。

③图像尺寸是指图像的长度与宽度，以像素为单位，有的以厘米为单位。图像尺寸与分辨率有关，图像分辨率越高，所需像素越多，图像越清晰。

④畸变分为径向畸变和切向畸变。径向畸变发生在图像传感器坐标系转向物理坐标系的过程中。切向畸变产生的原因是光学镜不完全平行于图像。

4）车载摄像头标定

（1）车载摄像头标定的作用。

传感器标定是自动驾驶环境感知系统中不可或缺的一环，它作为后续多传感器信息融合的必要步骤和先决条件，旨在将两个或多个传感器映射到统一的时空坐标系，以确保多传感器信息融合的有效性和准确性。这一过程是实现感知决策的关键前提，为自动驾驶汽车的感知和决策提供了可靠的依据。

为了将车载摄像头采集到的环境数据与车辆行驶环境中的真实物体对应，需要进行摄

① 1 英寸 = 0.304 8 米。

像头标定。车载摄像头标定旨在建立传感器输出与现实中值的对应关系,对于单目摄像头而言,这种关系体现为现实物体在图像中的位置。因此,单目摄像头标定本质上是建立物体在世界坐标系中的坐标与图像坐标系中的坐标之间的映射关系。这种映射关系的建立是确保自动驾驶汽车准确感知和识别环境中物体的重要步骤。

(2)建立车载摄像头模型。

车载摄像头在智能网联汽车中扮演着不可或缺的角色。它能够将三维世界中的各种形状、颜色信息转化为二维图像。视觉传感器的感知算法进一步从这些二维图像中提取并还原三维世界中的各种元素和信息,包括车道线、车辆和行人等,并计算出它们与车辆自身的相对位置。图2-22所示是车载摄像头成像模型,其中 $Oxyz$ 代表世界坐标系。假设现实世界中的一个物体 P 在世界坐标系中的位置为(x_w, y_w, z_w)。为了确定 P 在图像上的投影位置,需要建立三个辅助坐标系:传感器坐标系、图像坐标系和像素坐标系。最终,需要计算出 P 点在像素坐标系中的投影位置。

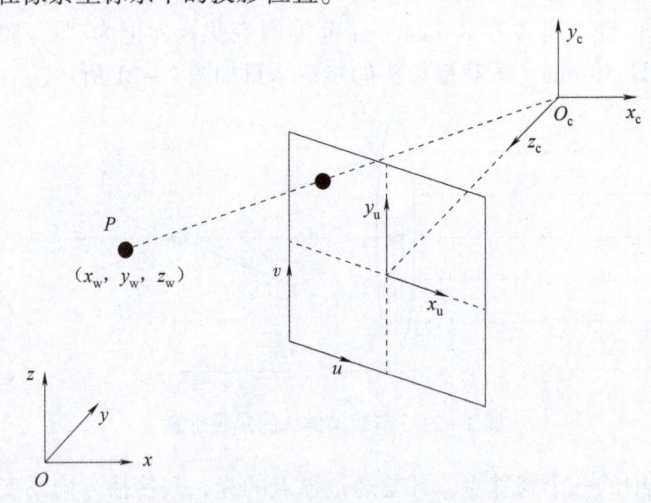

图2-22 车载摄像头成像模型

世界坐标系通常为符合右手坐标系的三维直角坐标系,为用户自定义坐标系,可描述物体相对空间位置关系和传感器的相对位置。图2-22中的 $Oxyz$ 为世界坐标系,用于描述车载摄像头的位置,单位为m。此外还有传感器坐标系,以光学镜头光心为原点,过原点垂直于成像平面的光轴为 z_c,能够建立传感器坐标系 $O_c x_c y_c z_c$,单位为m。

(3)传感器坐标系与世界坐标系的转换。

车载摄像头在空间中有一个位置,可以建立世界坐标系与传感器坐标系之间的关系 $[\boldsymbol{R}, \boldsymbol{T}]$,其中 $\boldsymbol{T}$ 为传感器坐标系原点相对于世界坐标系原点的平移,即车载摄像头的光学镜头光心在世界坐标系的坐标,$\boldsymbol{R}$ 为传感器坐标系相对世界坐标系的旋转矩阵。

空间中的点 P 在传感器坐标系中的坐标可以通过以下公式求解:

$$\begin{bmatrix} x_c \\ y_c \\ z_c \end{bmatrix} = \boldsymbol{R} \begin{bmatrix} x_w \\ y_w \\ z_w \end{bmatrix} + \boldsymbol{T} \qquad (2-1-1)$$

对上述公式进行转换，可得

$$\begin{bmatrix} x_c \\ y_c \\ z_c \\ 1 \end{bmatrix} = \begin{bmatrix} R & T \\ 0 & 1 \end{bmatrix} \begin{bmatrix} x_w \\ y_w \\ z_w \\ 1 \end{bmatrix} \quad (2-1-2)$$

（4）图像坐标系与像素坐标系的转换。

空间中的坐标点必须用带有物理量的单位表示（如厘米、米等），因此引入图像坐标系。定义车载摄像头光轴与图像平面的交点为图像主点，图像坐标系以主点为原点，x 轴与 y 轴分别平行于像素坐标系的 u 轴与 v 轴。

在计算机视觉中，图像常以点阵的方式存储，每个像素对应点阵中的一行与一列。像素坐标系完全对应这种关系。像素坐标系以图像左上角为原点，向右的方向为 u 轴，向下的方向为 v 轴，像素在该坐标系中用二元组 (u, v) 表示。像素坐标系符合计算机图像处理逻辑，但像素坐标系坐标 (u, v) 仅代表像素的列数与行数，不带有任何物理单位，空间中的坐标点则必须用带有单位（如厘米、米等）的量来表示，因此还需要结合图像坐标系，如图 2-23 所示。

设像元底边长为 width，高为 height，主点在像素坐标系中的坐标为 (u_0, v_0)，在不考虑图像畸变的情况下，图像坐标系中的点 (x_1, y_1) 在像素坐标系下的坐标通过如下公式求解：

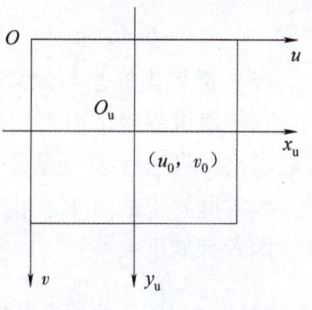

图 2-23 图像坐标系与像素坐标系的转换

$$\begin{bmatrix} u \\ v \\ 1 \end{bmatrix} = \begin{bmatrix} \dfrac{1}{\text{width}} & 0 & u_0 \\ 0 & \dfrac{1}{\text{height}} & v_0 \\ 0 & 0 & 1 \end{bmatrix} \begin{bmatrix} x_1 \\ y_1 \\ 1 \end{bmatrix} \quad (2-1-3)$$

（5）传感器坐标系与图像坐标系的转换。

车载摄像头成像的理论基础是小孔成像，如图 2-24 所示。小孔成像将现实世界中的物体与图像上的投影联系起来。从车载摄像头成像原理来看，图像坐标系的原点与车载摄像头的光学中心重合。当传感器坐标系的 x_c 轴与 y_c 轴与图像坐标系的 x_u 轴与 y_u 轴平行时，就可以构建起图像坐标系与传感器坐标系之间的关系。

在图 2-24 所示小孔成像模型中，对于物体 P，在传感器坐标系下的坐标为 (x_c, y_c, z_c)。根据几何关系，有 $\triangle OAP \sim \triangle O'A'P'$。

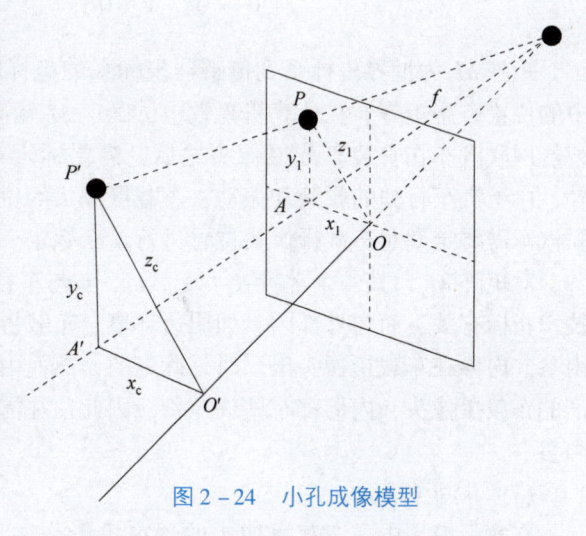

图 2-24 小孔成像模型

因此，有如下关系。

$$\frac{x_1}{x_c}=\frac{y_1}{y_c}=\frac{f}{z_c} \tag{2-1-4}$$

由上式可得

$$x_1=\frac{1}{z_c}\cdot f\cdot x_c$$
$$y_1=\frac{1}{z_c}\cdot f\cdot y_c \tag{2-1-5}$$

令 $s=z_c$，根据前述公式，可推导出传感器坐标系到图像物理坐标系之间的转换关系：

$$s\cdot\begin{bmatrix}x_1\\y_1\\1\end{bmatrix}=\begin{bmatrix}f&0&0&0\\0&f&0&0\\0&0&1&0\end{bmatrix}\begin{bmatrix}x_c\\y_c\\z_c\\1\end{bmatrix} \tag{2-1-6}$$

（6）世界坐标系与像素坐标系的转换。

在得到世界坐标系与传感器坐标系、传感器坐标系与图像坐标系之间转换关系后，便可以求出世界坐标系与像素坐标系之间的转换关系。

现实世界中的点 P 在世界坐标系中的坐标为 (x_w, y_w, z_w)，在图像中的位置为 (u, v)，两者有如下关系：

$$s\cdot\begin{bmatrix}u\\v\\1\end{bmatrix}=\begin{bmatrix}\frac{1}{\text{width}}&0&u_0\\0&\frac{1}{\text{height}}&v_0\\0&0&1\end{bmatrix}\cdot\begin{bmatrix}f&0&0&0\\0&f&0&0\\0&0&1&0\end{bmatrix}\begin{bmatrix}\boldsymbol{R}&\boldsymbol{T}\\0&1\end{bmatrix}\begin{bmatrix}x_w\\y_w\\z_w\\1\end{bmatrix}$$

$$=\begin{bmatrix}a_x&0&u_0&0\\0&a_y&v_0&0\\0&0&1&0\end{bmatrix}\begin{bmatrix}\boldsymbol{R}&\boldsymbol{T}\\0&1\end{bmatrix}\begin{bmatrix}x_w\\y_w\\z_w\\1\end{bmatrix}=M_1M_2X_w \tag{2-1-7}$$

矩阵 $\boldsymbol{M}_2$ 为世界坐标系到传感器坐标系的坐标转换关系，是车载摄像头在世界坐标系中的位置姿态矩阵。在计算机视觉中，确定 $\boldsymbol{M}_2$ 矩阵的过程通常称为视觉定位或外参标定。智能网联汽车在安装车载摄像头之后，需要标定在车辆坐标系下的车载摄像头位置。此外，由于汽车行驶的颠簸和振动，车载摄像头的位置会随着时间缓慢地变化，因此智能网联汽车需要定期对车载摄像头位置进行重新标定。

对矩阵 $\boldsymbol{M}_1$，其 4 个常量 a_x、a_y、u_0、v_0 与车载摄像头的焦距、主点以及传感器等设计技术指标有关，而与外部因素如周边环境、车载摄像头位置无关，因此称为车载摄像头的内参。内参在车载摄像头出厂时是确定的，然而由于制作工艺等问题，即使同一生产线生产的车载摄像头，内参都有些许差别，因此往往需要通过试验的方式来确定车载摄像头的内参。

（7）畸变矫正。

在实际应用中，车载摄像头的透视投影往往无法完全准确地符合理想的小孔成像模型，存在畸变。这种畸变具体表现为物点在车载摄像头实际成像平面上形成的图像与理想成像之间存在一定的光学畸变误差。光学畸变误差主要包括径向畸变误差和切向畸变误差，如图 2 – 25 所示。其中，径向畸变是光线在透镜半径方向上分布的畸变，产生原因是光线在远离透镜中心的地方比靠近透镜中心的地方更加弯曲；切向畸变是由透镜本身与图像传感器平面（成像平面）或图像平面不平行所导致的，这种情况多数是由透镜被粘贴到镜头模组上的安装偏差所引起的。

图 2 – 25　光学畸变

对一般的车载摄像头来讲，图像的径向畸变往往描述为一个低阶多项式模型。设观测到的图像中的某个像素 (u, v) 在没有畸变的情况下的像素坐标为 (u', v')，则二者之间的变换可以通过以下公式确定：

$$\begin{cases} u = u'\ (1 + k_1 r_c^2 + k_2 r_c^4) \\ v = v'\ (1 + k_3 r_c^2 + k_4 r_c^4) \end{cases} \quad (2-1-8)$$

其中，

$$r_c^2 = u'^2 + v'^2 \quad (2-1-9)$$

k_1，k_2，k_3，k_4 称为径向畸变系数，属于车载摄像头内参。

（8）常见的车载摄像头标定方法。

车载摄像头标定的研究起源于摄像测量学，其最初的标定方法需要在宽阔的场地中观察远处预先通过测量工具确定好位置的目标，这种方式的成本较高，对技术要求也较高。为了解决这个问题，人们希望能够找到一种更加简单的标定方法。随着摄影测量学和计算机视觉的发展，以及室内机器人应用的需求，平面标定模式与自标定这种全新的标定方法被开发出来。

平面标定模式是指制作一块标定板，并在工作区内以可控的方式移动标定板。这种方法被称为"N – 平面标定法"。在一系列平面标定模式中，目前应用最广泛的是张正友于 2000 年提出的张正友标定法。该方法通过在不同位置拍摄棋盘标定板的方式，在每个图像中找到棋盘标定板的内角点，并建立内角点之间的对应关系来约束矩阵 $B = K(-T)K(-1)$，从而恢复内参矩阵 K。

另外，当没有标定板时，也可以通过车载摄像头的运动进行标定，这种不使用已知目标进行标定的方法称为自标定。自标定方法往往需要大量精准的图像。在智能网联汽车系统中，通常可以在程序中设定一个周期，当使用时间到达这个周期时，车载摄像头开始执行自标定。

6. 思考与练习

1）选择题

（1）车载摄像头包括（　　）。
A. 单目摄像头　　B. 双目摄像头　　C. 三目摄像头　　D. 环视摄像头

（2）使用车载摄像头可以实现（　　）。
A. 车辆检测　　　　　　　　　　　　B. 行人检测
C. 交通标志识别　　　　　　　　　　D. 交通信号灯识别

2）判断题

（1）车载摄像头不可以识别交通标志。（　　）
（2）仅使用单目摄像头就可以获得距离信息。（　　）
（3）双目摄像头基线越大，可检测的距离越远。（　　）
（4）信噪比是噪声电压与信号电压的比值。（　　）
（5）信噪比越大，图像质量越高。（　　）
（6）在车载摄像头中，单位时间内采集的图像数量越多，帧率越低。（　　）

3）思考题

（1）思考与讨论实训车辆车载摄像头的应用场景有哪些。
（2）思考与讨论车载摄像头的主要性能指标有哪些。
（3）思考与讨论车摄像头标定时启动车载摄像头驱动失败的原因有哪些。

任务二　毫米波雷达安装与调试

1. 任务目标

基于 OBE 教育理念，结合智能网联汽车技术专业毕业要求与任务特点，建立任务目标支撑毕业要求和培养规格的对应关系，确定任务目标如下。

（1）目标 O1：能正确理解并执行通用安全规范，识别毫米波雷达装配作业中的安全风险，并采取必要的防范措施。

（2）目标 O2：能识读毫米波雷达产品操作手册中接线图，理解毫米波雷达装配要求，正确进行毫米波雷达的安装与角度调试。

（3）目标 O3：能使用 CANTestV2.5、雷达参数配置等软件，完成毫米波雷达 CAN 数

毫米波雷达
（微课）

据采集功能测试和联机调试操作。

任务目标与毕业要求支撑对照见表2-8，任务目标与培养规格对照表见表2-9。

表2-8 任务目标与毕业要求支撑对照表

毕业要求	二级指标点	任务目标
1. 工程知识	毕业要求1-2：能针对确定的、实用的对象进行求解	目标02 目标03
2. 问题分析	毕业要求2-1：能运用适用于所属学科或专业领域的分析工具，识别与判断广义工程问题的关键环节	目标02
5. 使用现代工具	毕业要求5-3：能针对具体的对象，选择与使用满足特定需求的现代工具，模拟和预测专业问题，并能分析其局限性	目标03
8. 职业规范	毕业要求8-3：理解工程师对公众的安全、健康和福祉，以及环境保护的社会责任，能在工程实践中自觉履行责任	目标01

表2-9 任务目标与培养规格对照表

培养规格	规格要求	任务目标
素养	（1）能正确理解并执行通用安全规范，识别毫米波雷达装配作业中的安全风险，并采取必要的防范措施； （2）能在实际操作过程中培养动手实践能力，重视培养质量意识、安全意识、节能环保意识、规范操作意识及创新意识； （3）能树立独立思考、坚韧执着的探索精神	目标01
能力	（1）能按照产品操作手册要求，使用工具，完成毫米波雷达的安装与角度调试； （2）能按照产品操作手册要求，使用工具软件，完成米波雷达CAN数据采集功能测试和联机调试操作	目标02 目标03
知识	（1）掌握毫米波雷达的定义、系统原理，了解毫米波雷达的性能指标，能够分析实训车辆毫米波雷达的应用场景； （2）能识读产品操作手册中的接线图，理解毫米波雷达装配要求，正确识别和使用传感器； （3）了解毫米波雷达测距、测速和测角度的原理	目标02 目标03

2. 任务描述

智能网联汽车环境感知系统通常由多样化的传感器和计算机组成，这些传感器包括激光雷达、车载摄像头、毫米波雷达以及超声波传感器等。它们的主要功能是探测和识别车辆周围的环境。

毫米波雷达（视频）

然而，激光雷达、车载摄像头和超声波雷达在面临恶劣天气环境时容易受到影响而性能降低甚至失效，这使它们都存在显著的缺陷。毫米波雷达能够穿透尘雾、雨雪等，配合其他传感器使用，能有效地弥补其他传感器的不足，因此成为汽车不可或缺的核心传感器之一。

为了确保毫米波雷达采集的数据能够真实反映实际情况，必须严格遵循产品操作手册的指引，正确安装毫米波雷达并调整其角度，以确保其达到预期的性能指标。在安装完成后，还需进行调试以确保毫米波雷达的功能正常。本任务以前向毫米波雷达和角毫米波雷达为例，使用适当的工具和软件，完成毫米波雷达的安装和调试。

3. 任务实施

1）任务准备

（1）Windows 10 计算机；
（2）车辆自动驾驶系统应用实训平台 XHV – B0；
（3）前向毫米波雷达套件；
（4）角毫米波雷达套件；
（5）安装工具套件；
（6）数显测角仪；
（7）角度尺；
（8）CAN 总线分析仪套件；
（9）CANTestV2.5 软件；
（10）雷达参数配置软件；
（11）车辆自动驾驶应用实训平台操作手册。

2）步骤与现象

步骤一：安装毫米波雷达

（1）安装前向毫米波雷达。

首先根据表 2 – 10 所示的安装要求，测量前向毫米波雷达安装高度，安装固定支架，将前向毫米波雷达模块天线面对探测区域且不要被任何金属物体覆盖；然后安装前向毫米波雷达，调整固定支架位置并固定，满足安装参数和误差范围要求，如图 2 – 26 所示。

表 2 – 10　前向毫米波雷达安装要求

名称	安装参数	误差范围
H 安装高度/cm	40 ~ 90	±10
Yaw 角度/（°）	0	±3
Pitch 角度/（°）	0	±2
Roll 角度/（°）	0	±2

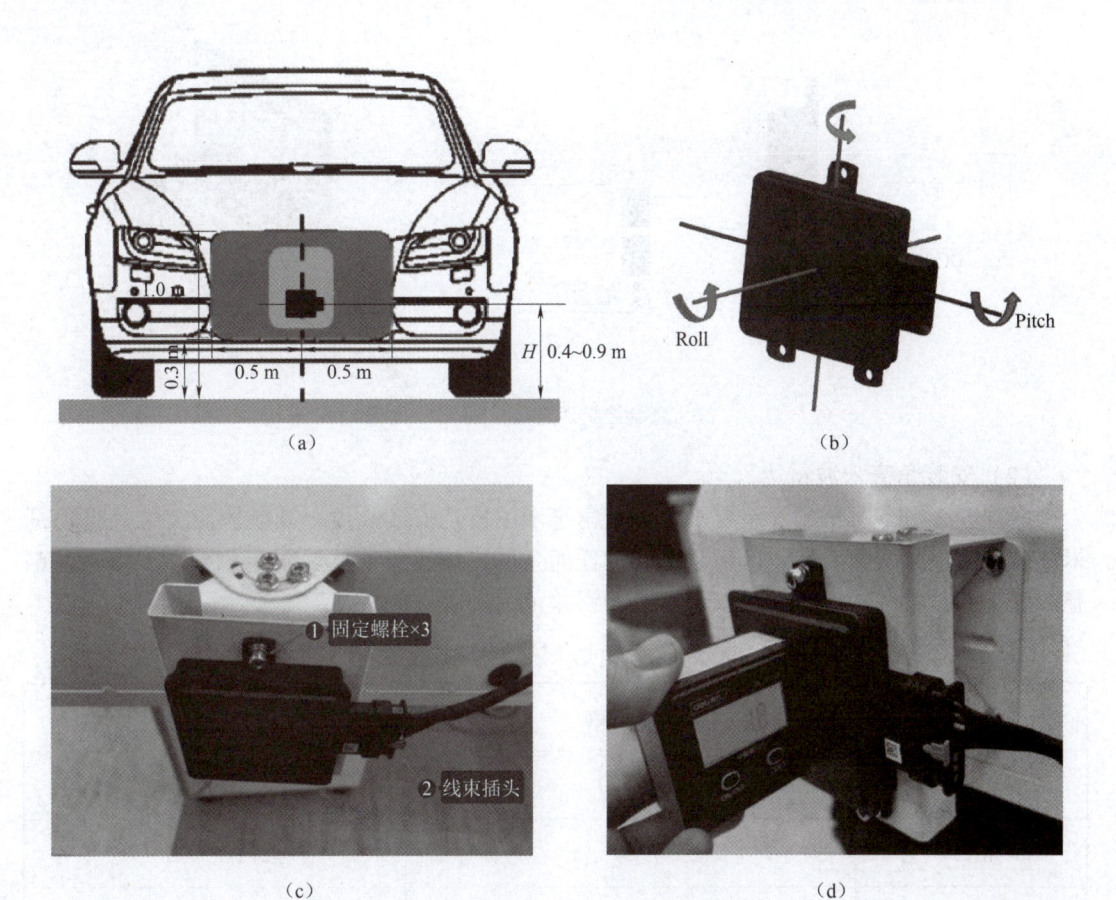

图 2-26 前向毫米波雷达安装

根据表 2-11 所示的前向毫米波雷达针脚定义，将前向毫米波雷达连接 USB CAN 分析仪 CAN1 接口，USB CAN 分析仪通过 USB 线束连接计算机，如图 2-27 所示。

表 2-11 前向毫米波雷达针脚定义

针脚号	雷达端针脚	功能
1	预留	预留
2	预留	预留
3	预留	预留
4	HMI	HMI 硬线输出，预留
5	GND	接地
6	VCANH	车身 CANH
7	VCANL	车身 CANL
8	KL15	供电

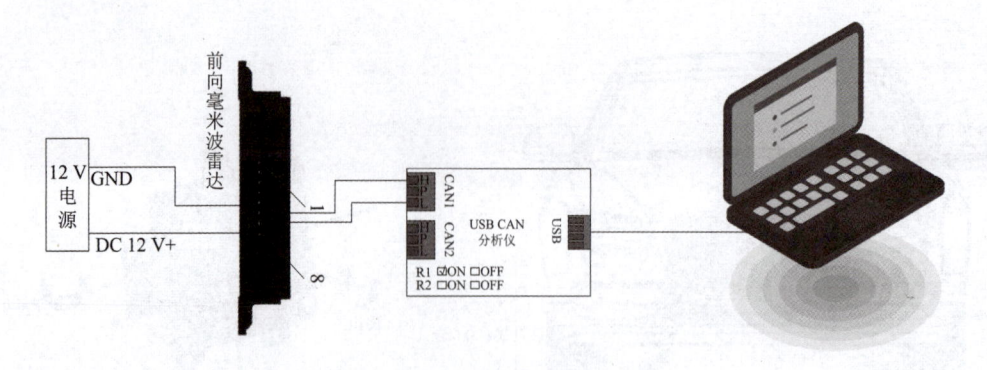

图 2-27 毫米波雷达连接 USB CAN 分析仪

（2）安装角毫米波雷达。

根据表 2-12 所示的安装要求，测量角毫米波雷达安装高度，安装固定支架，将角毫米波雷达模块天线面对探测区域且不要被任何金属物体覆盖；然后固定角毫米波雷达，调整固定支架位置并固定，满足安装参数和误差范围要求，如图 2-28 所示。

表 2-12 角毫米波雷达安装要求

名称	安装参数	误差范围
H 安装高度/cm	40~90	±10
Yaw 角度/（°）	0	±3
Pitch 角度/（°）	0	±2
Roll 角度/（°）	0	±2

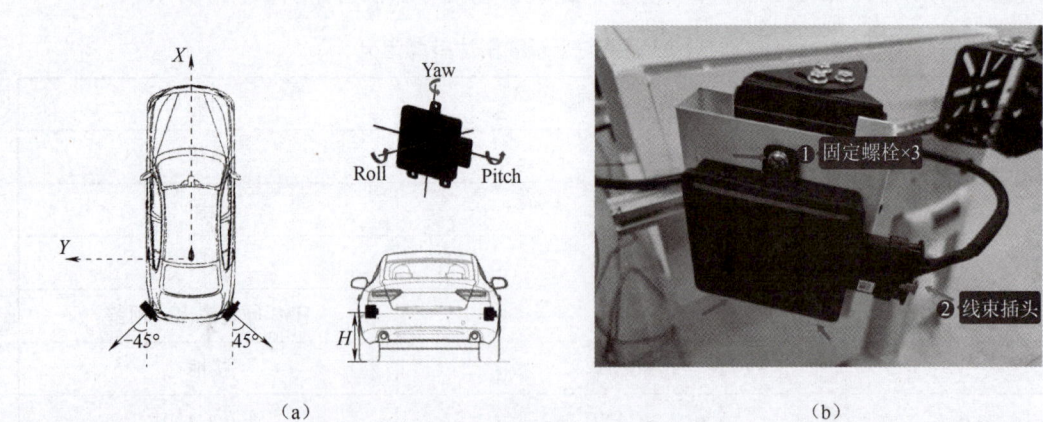

(a)　　　　　　　　　　　　　(b)

图 2-28 角毫米波雷达安装

(c)　　　　　　　　　　　　(d)

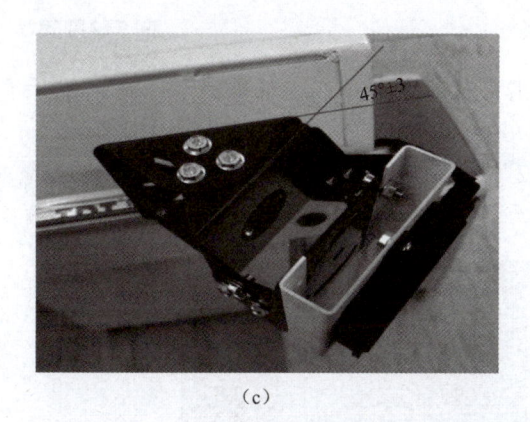

图 2－28　角毫米波雷达安装（续）

根据表 2－13 所示的角毫米波雷达针脚定义，将角毫米波雷达连接 USB CAN 分析仪 CAN1/CAN2 接口，USB CAN 分析仪通过 USB 线束连接计算机，如图 2－29 所示。

表 2－13　角毫米波雷达针脚定义

针脚号	雷达端针脚	功能
1	预留	预留
2	预留	预留
3	预留	预留
4	HMI	HMI 硬线输出，预留
5	GND	接地
6	VCANH	车身 CANH
7	VCANL	车身 CANL
8	KL15	供电

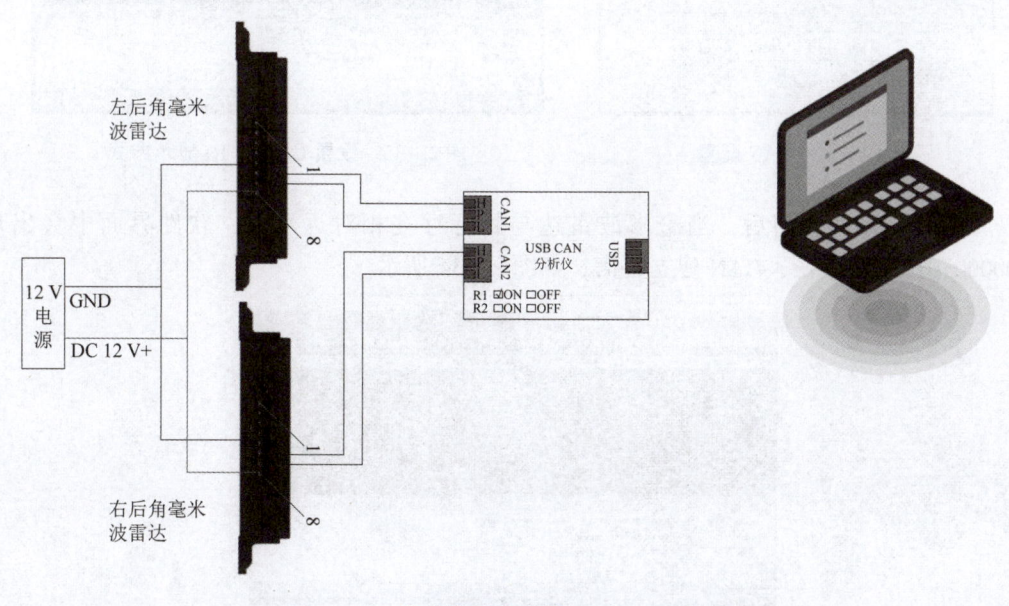

图 2－29　毫米波雷达连接 USB CAN 分析仪

步骤二：测试毫米波雷达功能

接下来测试毫米波雷达的功能。首先双击打开 CANTestV2.5 软件，如图 2-30 所示。

在"选择设备"菜单中选择"USBCAN2"设备类型，如图 2-31 所示。

毫米波雷达数据采集操作（视频）

图 2-30　CANTestV2.5 软件　　图 2-31　选择"USBCAN2"设备类型

设置设备类型后，需要在弹出的对话框中设置"波特率"为"500 kbps"，"设备索引号"和"通道号"默认为"0"，"工作模式"设置为"正常"，单击"确定"按钮，如图 2-32 所示。

在软件的主界面打开后，设置"帧 ID 显示方式"为"十六进制"，然后单击"启动"按钮即可启动设备，如图 2-33 所示。

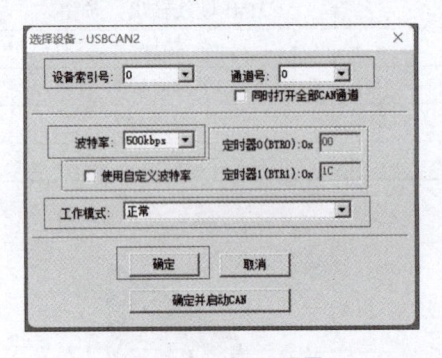

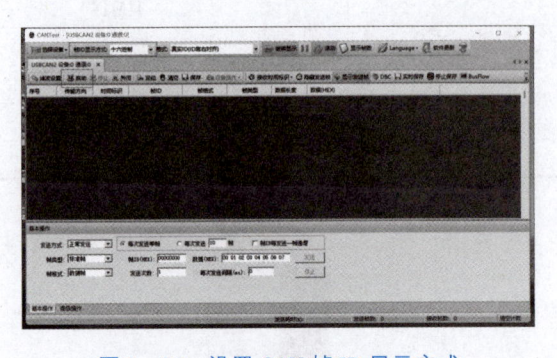

图 2-32　CAN 配置　　　　　　图 2-33　设置 CAN 帧 ID 显示方式

单击"启动"按钮后，当毫米波雷达与目标存在相对运动时，软件界面中会出现 0x0000070B 序列，表示 CAN 建立通信，如图 2-34 所示。

图 2-34　CAN 建立通信

步骤三：调试毫米波雷达

首先使用 CAN 总线分析仪 CANalyst-Ⅱ设备连接计算机，然后打开雷达参数配置软件，如图 2-35 所示。

毫米波雷达配置（视频）

在打开的雷达参数配置软件中，在"启动 CAN"下拉菜单选择"CANalyst"选项即可启动 CAN 设备，如图 2-36 所示。单击"停止 CAN"按钮即可关闭 CAN 设备。

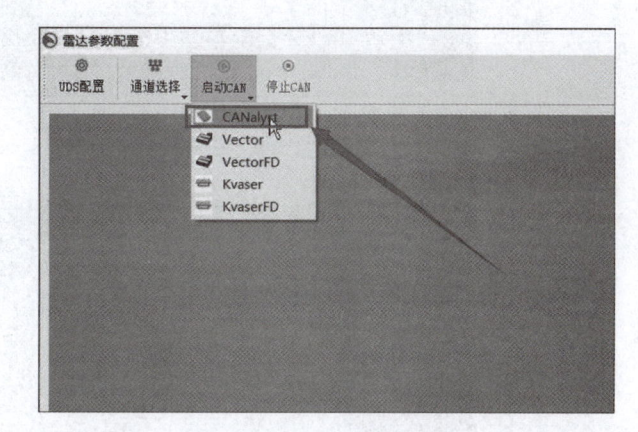

图 2-35　雷达参数配置软件　　　　　图 2-36　启动 CAN 设备

在打开的雷达参数配置软件状态栏中，单击"UDS 配置"按钮。在弹出的"UDS 配置"界面进行雷达安装参数获取，如图 2-37 所示。首先选择设备"雷达 ID 0"，然后选择列表中的 ECU 序列号，再单击"Execute"按钮，即可在信息显示中看到雷达内部当前写入的安装参数。

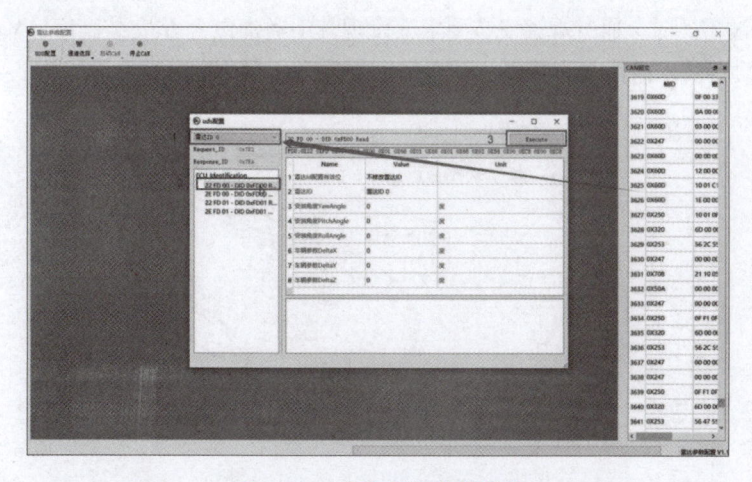

图 2-37　获取雷达安装参数

接下来，在"UDS 配置"界面中写入雷达安装参数，如图 2-38 所示。首先选择设备为"雷达 ID 0"，然后选择列表中的 ECU 序列号，再在对话框中填写雷达安装角度与车辆参数，完成后单击"Execute"按钮，完成雷达安装参数写入。

再次使用雷达安装参数获取方法，查看雷达安装参数，如图 2-39 所示。

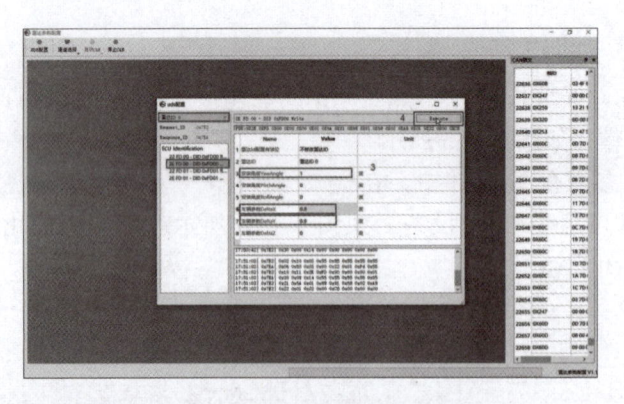

图 2-38　写入雷达安装参数

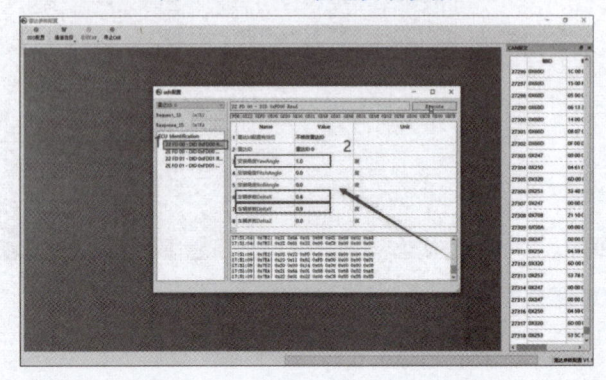

图 2-39　查看雷达安装参数

3) 关键点分析

安装毫米波雷达时，通过观察安装要求，发现其中通常包含 H 安装高度、Yaw 角度、Pitch 角度、Roll 角度等要求。这与车辆坐标系有一定的关系，车辆坐标系定义如图 2-40 所示。

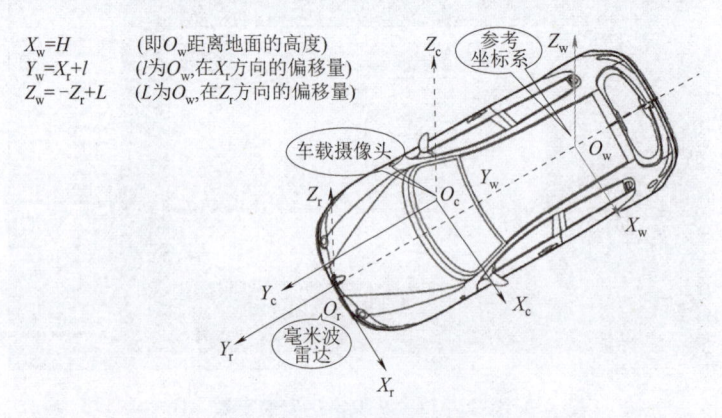

$X_w = H$　　（即 O_w 距离地面的高度）
$Y_w = X_r + l$　　（l 为 O_w 在 X_r 方向的偏移量）
$Z_w = -Z_r + L$　　（L 为 O_w 在 Z_r 方向的偏移量）

图 2-40　车辆坐标系定义

根据车辆坐标系定义，Yaw 角度为雷达法线与车身纵轴线的夹角，以 0.5° 为步进。车身参数 DeltaX 为车身纵向的偏移量，车身参数 DeltaY 为车身横向的偏移量，这两个参数根据车辆坐标系进行设置，以 0.1 m 为步进。

4. 考核评价

根据任务实施过程，结合素养、能力、知识目标，使用表 2-14 任务实施考核评价表，由学生填写具体的任务实施和操作要点，由教师对任务实施情况进行评价。

表 2-14 （任务实施考核评价表）

评价类别	评价内容	分值	得分
素养	（1）能正确理解并执行通用安全规范，识别毫米波雷达装配作业中的安全风险，并采取必要的防范措施 （2）能在实际操作过程中培养动手实践能力，重视培养质量意识、安全意识、节能环保意识、规范操作意识及创新意识 （3）能树立独立思考、坚韧执着的探索精神	10	
能力	（1）能按照产品操作手册要求，使用工具，完成毫米波雷达的安装与角度调试 （2）能按照产品操作手册要求，使用工具软件，完成米波雷达 CAN 数据采集、功能测试和联机调试操作	10	
知识	（1）掌握毫米波雷达的定义、系统原理，了解毫米波雷达的性能指标，能分析实训车辆毫米波雷达的应用场景 （2）能识读产品操作手册中的接线图，理解毫米波雷达装配要求，正确识别和使用传感器。 （3）了解毫米波雷达测距、测速和测角度的原理	10	

实施过程	实施内容	操作要点			分值	得分
1. 实训准备	实训平台	□实训车辆	□实训专用实验台	□虚拟设备	8	
	工具设备	（1）				
		（2）				
		（3）				
		（4）				
	实训资料	（1）				
		（2）				
		（3）				
		（4）				
	安全防护用品与设施	（1）				
		（2）				
		（3）				
		（4）				

续表

实施过程	实施内容	操作要点			分值	得分
2. 安装毫米波雷达	安装前向毫米波雷达	固定支架安装	安装位置：		30	
		前向毫米波雷达安装	H 安装高度：			
			Yaw 角度：			
			Pitch 角度：			
			Roll 角度			
		前向毫米波雷达接线	针脚号	功能	接线端	
			1	预留		
			2	预留		
			3	预留		
			4	HMI		
			5	GND		
			6	VCANH		
			7	VCANL		
			8	KL15		
	安装角毫米波雷达	固定支架安装	安装位置：			
		左侧角毫米波雷达安装	H 安装高度：			
			Yaw 角度：			
			Pitch 角度：			
			Roll 角度			
		右侧角毫米波雷达安装	H 安装高度：			
			Yaw 角度：			
			Pitch 角度：			
			Roll 角度			
		左侧角毫米波雷达接线	针脚号	功能	接线端	
			1	预留		
			2	预留		
			3	预留		
			4	HMI		
			5	GND		
			6	VCANH		
			7	VCANL		
			8	KL15		
		右侧角毫米波雷达接线	针脚号	功能	接线端	
			1	预留		
			2	预留		
			3	预留		
			4	HMI		
			5	GND		
			6	VCANH		
			7	VCANL		
			8	KL15		

续表

实施过程	实施内容		操作要点	分值	得分
3. 测试毫米波雷达功能	测试软件安装		平台要求：正确安装测试软件	16	
	CAN 配置		□正确配置　□配置异常原因：_____		
	CAN 建立通信		□正常建立通信　□通行异常原因：_____		
4. 调试毫米波雷达	毫米波雷达参数配置上位机软件		正确启动 CAN	16	
	UDS 配置	雷达安装参数写入	Yaw 角度：_____ Pitch 角度：_____ Roll 角度：_____		
		雷达安装参数写入	车辆参数 DeltaX：_____		
			车辆参数 DeltaY：_____		
			车辆参数 DeltaZ：_____		
总分					
评语					

考核评价根据任务要求设置评价项目，项目评分包含配分、分值和得分，教师可以根据学生的项目内容完成情况进行评分。

任务目标达成度以任务目标为评价维度，评价项目支撑任务目标。教师根据任务目标评价学生的任务完成情况。任务考核评价表见表 2-15。

表 2-15　任务考核评价表

任务名称		毫米波雷达安装与调试					
评价项目		项目内容	项目评分			任务目标达成度		
			配分	分值	得分	目标O1	目标O2	目标O3
1. 实训准备		实训平台	16	4				
		工具设备		4				
		实训资料		4				
		安全防护用品与设施		4				

续表

评价项目	项目内容	项目评分 配分	项目评分 分值	项目评分 得分	任务目标达成度 目标O1	任务目标达成度 目标O2	任务目标达成度 目标O3
2. 安装毫米波雷达	前向毫米波雷达固定支架安装	52	4				NC
	前向毫米波雷达安装		4				NC
	前向毫米波雷达安装角度调节		8				NC
	前向毫米波雷达接线		4				NC
	角毫米波雷达固定支架安装		8				NC
	角毫米波雷达安装		8				NC
	角毫米波雷达安装角度调节		8				NC
	角毫米波雷达接线		8				NC
3. 测试毫米波雷达功能	测试软件	16	4				
	CAN 配置		6				
	CAN 建立通信		6				
4. 调试毫米波雷达	毫米波雷达参数配置上位机软件操作	16	4				
	前向毫米波雷达安装参数写入		6				
	前向毫米波雷达安装参数写入		6				
综合评价							

注：①项目评分请按每项分值打分，填入"得分"栏。
②任务目标达成度根据任务完成情况进行评价，对照任务目标是否达成进行勾选，达成则打"√"。
③任务目标达成度中"NC"表示本行评价内容与对应任务目标无关。

根据任务目标达成度的评价结果，结合任务实施过程、项目评分结果，教师填写表2-16（任务持续改进表）。

表2-16 任务持续改进表

评价项目	上一轮改进措施	本轮改进内容	本轮改进效果	下一轮改进措施
安装毫米波雷达				
测试毫米波雷达功能				
调试毫米波雷达				

5. 知识分析

1）毫米波雷达的组成及分类

毫米波雷达定义与组成（视频）

毫米波雷达是一种使用天线发射波长为 1~10 mm、频率为 30~300 GHz 的毫米波（作为放射波）的雷达传感器。毫米波雷达利用无线电波对物体进行探测和定位，通过处理目标反射信号获取汽车与其他物体的相对距离、相对速度，角度及运动方向等物理环境信息。它主要用于自适应巡航控制、自动制动辅助、盲区监测、行人检测等。

毫米波雷达的外形及内部结构如图 2-41 所示，包含雷达前盖、PCB 散热片、PCB 主板、PCB 支架、雷达外壳等。其核心功能部件主要由天线、发射机、接收机、信号处理器等组成。

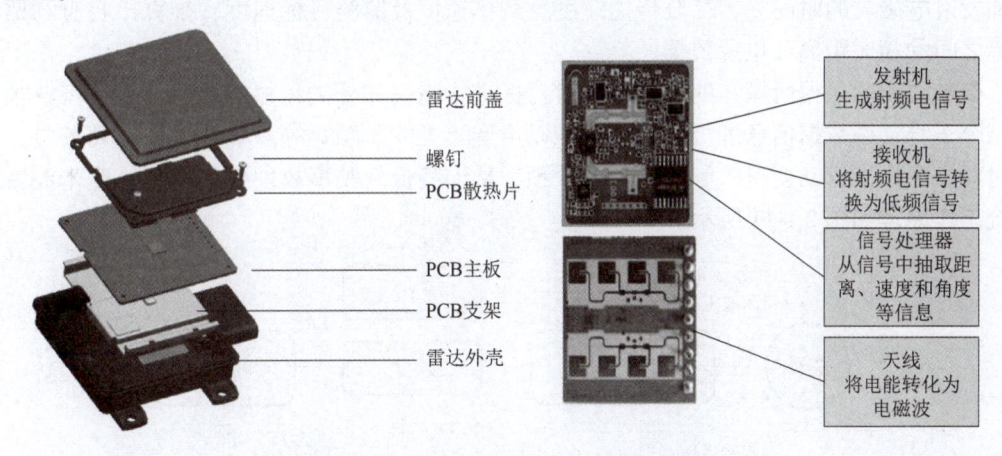

图 2-41　毫米波雷达的外形及内部结构

毫米波雷达可以按照工作原理、探测距离和频段进行分类。毫米波雷达按工作原理的不同可以分为脉冲式毫米波雷达与调频式连续毫米波雷达两类。脉冲式毫米波雷达通过发射脉冲信号与接收脉冲信号之间的时间差来计算目标距离。调频式连续毫米波雷达是利用多普勒效应测量不同距离的目标的速度。脉冲式毫米波雷达测量原理简单，但受技术、元器件等方面的影响，在实际应用中很难实现。目前，大多数车载毫米波雷达都采用调频式连续毫米波雷达。

毫米波雷达按探测距离的不同可以分为短程（SRR）、中程（MRR）和远程（LRR）毫米波雷达，如图 2-42 所示。短程毫米波雷达探测距离一般小于 60 m，装在车身周围，实现停车辅助、十字交通报警。中程毫米波雷达探测距离一般为 100 m 左右，用作角雷达，装在车辆后部和前部两侧，前角雷达主要实现横穿车辆预警、行人和自行车识别，后角雷达主要实现 BSD、变道辅助功能。远程毫米波雷达探测距离一般大于 200 m，装在车辆前方和后方，实现 ACC/AEB/LDW 功能。

毫米波雷达按所采用毫米波频段的不同可以分为 24 GHz、60 GHz、77 GHz 和 79 GHz 毫米波雷达。主流可用频段为 24 GHz 和 77 GHz，其中 24 GHz 适合近距离探测，77 GHz 适合远距离探测。

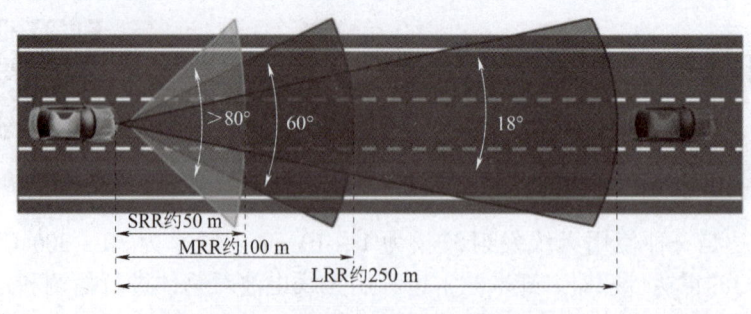

图 2-42 毫米波雷达探测距离

2）毫米波雷达的工作原理

毫米波雷达通过天线向外发射电磁波并以光速传播电磁波，根据接收到的目标反射信号和发射电磁波的时间差，结合传播速度、载体速度及监测目标速度，推算出自身与监测目标之间的相对距离和位置数据。

毫米波雷达根据所探知的物体信息对目标进行追踪和分类，根据这些信息，车辆控制器结合车身动态数据信息进行智能决策，以声音、光线及触觉等多种方式告知驾驶员，或及时对汽车做出自动变速、制动处理的干预，从而降低驾驶事故发生的概率。毫米波雷达系统工作原理如图 2-43 所示。

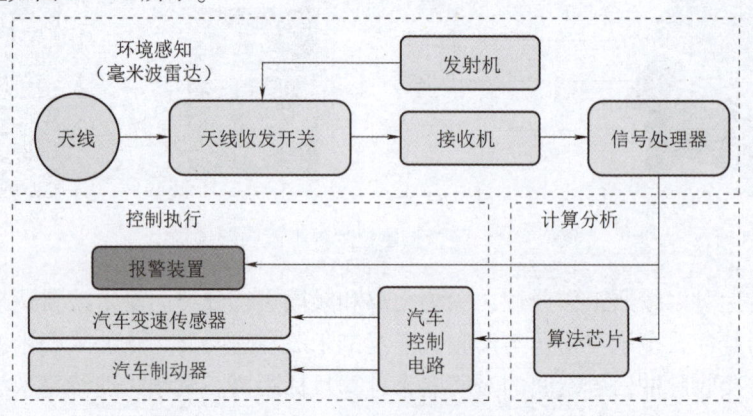

图 2-43 毫米波雷达系统工作原理

毫米波雷达根据测量原理的不同，一般分为脉冲式毫米波雷达和调频式连续毫米波雷达。毫米波雷达测距原理如图 2-44 所示，图中 R 表示天线与被测目标之间的垂直距离。

在毫米波雷达测距过程中，毫米波雷达的振荡器产生一个频率随时间逐渐增高的电磁波，这个电磁波遇到障碍物后会反射并被毫米波雷达接收，电磁波来回一次所用的时间为 t_d。在 t_d 时间内，电磁波传播的距离为 $2R$，c 为光速（$c = 3 \times 10^8$ m/s），由此可知毫米波雷达天线与目标之间的垂直距离求解公式为

$$R = \frac{1}{2} \cdot c \cdot t_d \qquad (2-2-1)$$

图 2-44 毫米波雷达测距原理

调频式连续毫米波雷达测距和测速时,通过天线向外发射调频锯齿波,如图 2-45 所示。发射的电磁波在空气中传播时遇到被测目标后将会发生散射,反射回来的电磁波被天线接收。回波信号与本振信号被一同送入混频器内进行混频。由于在发射信号遇到被测目标并返回至天线的这段时间内,回波信号的频率相较毫米波雷达此时发射信号的频率已发生了改变,所以在混频器的输出端产生一个包含发射频率与回波频率之差的信号,称为差频信号。该差频信号包含被测目标的距离信息,因此经过滤波、放大、A/D 转换和测频等处理后就可以获得天线至被测目标的距离值。

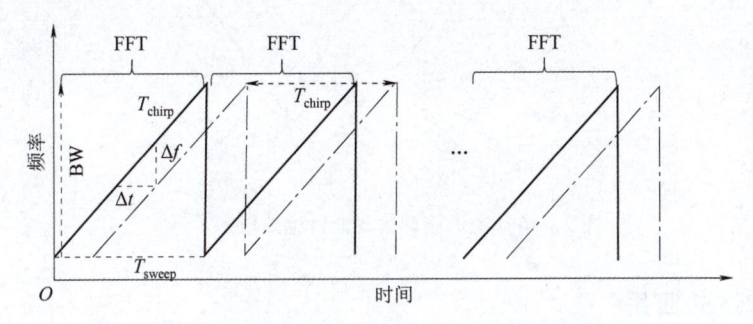

图 2-45 调频式连续毫米波雷达测距和测速原理

但是,为了获得被测目标的速度信息,毫米波雷达通常以帧为单位,均匀等时间间隔地发出一串 chirp 信号,然后利用信号相位差来测量被测目标的速度。对每个 chirp 信号进行等间隔采样,将采样点的数据进行 FFT 处理,输出的结果以连续行的形式存储在矩阵中。处理器接收并处理一帧中所有单个 chirp 信号后,按列对 chirp 序列进行 FFT 处理。

距离 FFT(逐行)和多普勒 FFT(逐列)的联合操作可视作对每帧对应数字化采样点的二维 FFT,二维 FFT 可同时分辨出目标的距离和速度。

距离及距离分辨率表达式为

$$R = \frac{cT_{\text{sweep}}}{2\text{BW}} f_{\text{IF}} \qquad (2-2-2)$$

$$R_{\text{res}} = \frac{c}{2\text{BW}} \qquad (2-2-3)$$

上式中,BW 为扫频带宽,T_{sweep} 为扫频周期,f_{IF} 为差频频率,c 为光速。

速度及速度分辨率表达式为

$$V = \frac{c}{2f} f_{\text{d}} \qquad (2-2-4)$$

$$V_{\text{res}} = \frac{c}{2f \cdot N \cdot T_{\text{chirp}}} \qquad (2-2-5)$$

上式中,c 为光速,f_{d} 为多普勒频率,f 为 chirp 中心频率,N 为 chirp 数量,T_{chirp} 为 chirp 周期。

毫米波雷达测量角度时,一般通过发射天线发射毫米波,毫米波遇到测量目标后反射回来,再通过毫米波雷达内部的多个接收天线,接收到同一测量目标反射回来的若干毫米波的相位差,最后通过相位差就可以计算出被测量目标的方位角,如图 2-46 所示。图中方位角为 α_{AZ},使用毫米波雷达接收天线 RX1 和接收天线 RX2 之间的几何距离 d,以及两根毫米波雷达天线所收到反射回波的相位差 b,通过三角函数计算得到方位角的值。

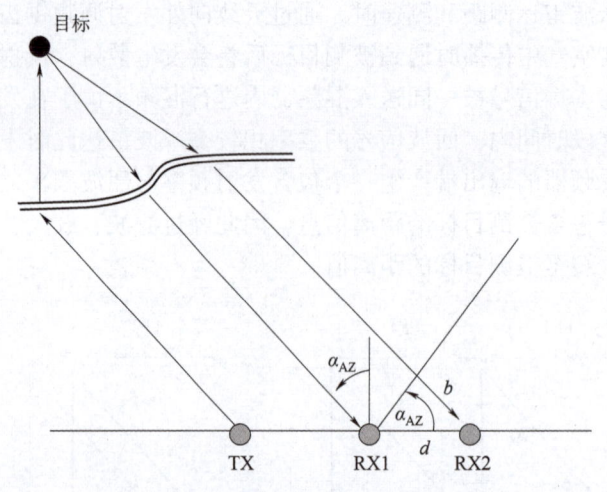

图 2-46 毫米波雷达测量目标方位角示意

3) 毫米波雷达的应用

毫米波雷达具有探测性能稳定、作用距离较长、识别精度高、环境适应性好等特点，但毫米波雷达分辨力不高，对行人探测时反射波较弱，无法精确识别行人、交通标志和交通信号灯，需要与视觉传感器互补使用。

为了满足不同探测距离的需要，车内安装大量的短程、中程和远程毫米波雷达，如图 2-47 所示。不同的毫米波雷达在车辆的前部、车身侧面和后部起着不同的作用。

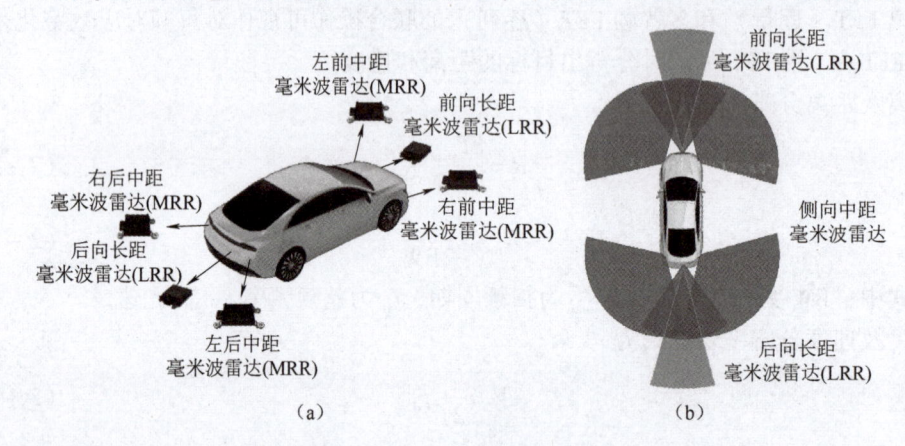

图 2-47 毫米波雷达的应用

前向、侧向、后向毫米波雷达广泛应用于智能网联汽车的各类辅助驾驶系统。前向毫米波雷达常用于自适应巡航控制、自动紧急制动、前向防撞预警，侧向和后向毫米波雷达常用于盲点检测、变道辅助、后撞预警、倒车碰撞预警、后方十字交通报警、开门报警。

6. 思考与练习

1）选择题

（1）波长为 1 ~（   ）mm 的电磁波称为毫米波。
A. 5　　　　　　B. 10　　　　　　C. 15　　　　　　D. 20

（2）下列关于毫米波雷达的描述不正确的是（   ）。
A. 是工作在毫米波波段的探测雷达。通常频率是 30 ~ 300 GHz
B. 可检测车辆与其他物体的相对距离、相对速度、角度及运动方向等物理环境信息
C. 毫米波雷达按探测距离可分为短程（SRR）、中程（MRR）和远程（LRR）毫米波雷达
D. 其核心功能部件主要由天线、发射机、接收机、信号处理器等组成

（3）目前车载毫米波雷达主流可用频段为（   ）。
A. 24 GHz、77 GHz　　　　　　　　B. 24 GHz、60 GHz
C. 77 GHz、79 GHz　　　　　　　　D. 60 GHz、79 GHz

2）判断题

（1）安装在车辆正前方的毫米波雷达可用于前向自动紧急制动。（   ）
（2）调频式连续毫米波雷达使用多普勒效应测量车辆与目标之间的距离。（   ）
（3）毫米波雷达能同时识别多个目标，能够在烟雾、灰尘、恶劣天气、夜晚等环境中使用。（   ）

3）思考题

（1）思考与讨论毫米波雷达的工作原理是什么。
（2）思考与讨论毫米波雷达在智能网联汽车中如何应用。
（3）思考与讨论安装毫米波雷达时应注意哪些事项。

任务三　激光雷达安装与调试

1. 任务目标

基于 OBE 教育理念，结合智能网联汽车技术专业毕业要求与任务特点，建立任务目标支撑毕业要求和培养规格的对应关系，确定任务目标如下：

（1）目标 O1：能正确理解并执行通用安全规范，识别激光雷达装配作业中的安全风险，并采取必要的防范措施。

（2）目标 O2：能识读激光雷达产品操作手册中的接线图，理解激光雷达装配要求，正确进行激光雷达的安装与角度调试。

（3）目标 O3：能使用 PandarView2 软件，完成激光雷达点云录制功能测试和激光雷达外参标定。

任务目标与毕业要求支撑对照表见表 2-17，任务目标与培养规格对照表见表 2-18。

表 2-17　任务目标与毕业要求支撑对照表

毕业要求	二级指标点	任务目标
1. 工程知识	毕业要求 1-2：能针对确定的、实用的对象进行求解	目标 O2 目标 O3
2. 问题分析	毕业要求 2-1：能运用适用于所属学科或专业领域的分析工具，识别与判断广义工程问题的关键环节	目标 O2
5. 使用现代工具	毕业要求 5-3：能针对具体的对象，选择与使用满足特定需求的现代工具，模拟和预测专业问题，并能够分析其局限性	目标 O3
8. 职业规范	毕业要求 8-3：理解工程师对公众的安全、健康和福祉，以及环境保护的社会责任，能在工程实践中自觉履行责任	目标 O1

表 2-18　任务目标与培养规格对照表

培养规格	规格要求	任务目标
素养	（1）能正确理解并执行通用安全规范，识别激光雷达装配作业中的安全风险，并采取必要的防范措施； （2）能在实际操作过程中培养动手实践能力，重视培养质量意识、安全意识、节能环保意识、规范操作意识及创新意识； （3）能树立独立思考、坚韧执着的探索精神	目标 O1
能力	（1）能按照产品操作手册要求，使用工具，完成激光雷达及其组件的安装与角度调试； （2）能按照产品操作手册要求，使用工具软件，完成激光雷达功能测试、激光雷达姿态标定	目标 O2 目标 O3
知识	（1）掌握激光雷达的定义、原理，了解激光雷达的性能指标，能够分析实训车辆激光雷达的应用场景； （2）能识读产品操作手册中的接线图，理解激光雷达装配要求，正确识别和使用传感器； （3）了解激光雷达与车辆坐标系的关系，掌握坐标转换的方法	目标 O2 目标 O3

2. 任务描述

激光雷达在自动驾驶汽车环境感知和定位方面具有关键作用，它还能与超声波雷达、毫米波雷达、车载摄像头等传感器进行功能融合，实现更多功能。激光雷达的安装是其强大功能实现的基础。本任务以某款自动驾驶汽车为例，激光雷达需要安装在车辆顶部的万向节底座上。激光雷达通过线控底盘上的 12 V 直流电源获取电力，其采集的点云数据将通过网线传输至计算机。值得注意的是，车辆在使用过程中会受到振动等因素的影响，可能导致激光雷达位置与原设定位置产生偏差。因此，为了确保激光雷达数据的准确性和可靠性，需要定期对激光雷达进行调试和标定。

本任务依据激光雷达产品手册，根据其安装要求和注意事项，利用 PandarView2 等软件完成自动驾驶汽车激光雷达的安装与调试。

激光雷达（微课）

3. 任务实施

1）任务准备

(1) Windows 10 计算机；
(2) 车辆自动驾驶系统应用实训平台 XHV – B0；
(3) PandarView2 软件；
(4) 激光雷达套件；
(5) 数显测角仪；
(6) 手持激光测距仪；
(7) 维修工具套件；
(8) 激光雷达安装角度与四元数转换工具（网址：https：//quaternions.online/）。

2）步骤与现象

步骤一：安装激光雷达及其组件

首先安装万向节支架。万向节支架安装在车辆自动驾驶系统应用实训平台顶部预留位置，如图 2 – 48 所示。安装时万向节支架带弧形安装孔的一面向下，使用 4 个 M4 × 10 mm 螺栓和螺母固定车架与万向节支架。

接下来安装激光雷达，如图 2 – 49 所示，使用 4 个 M4 × 10 mm 螺栓，将激光雷达固定在万向节支架上，安装时激光雷 x 轴面向车辆前方。

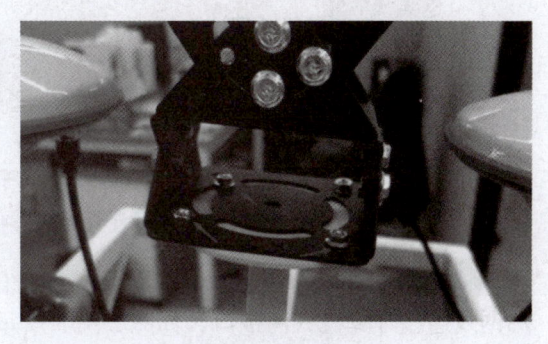

图 2 – 48　安装万向节支架

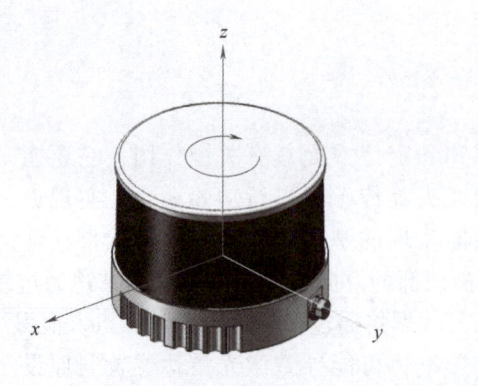

图 2 – 49　安装激光雷达

然后安装激光雷达接线盒，如图 2 – 50 所示，使用 2 个 M5×10 mm 螺栓，将激光雷达接线盒固定在车辆自动驾驶系统应用实训平台支架上。

接着为激光雷达及其组件接线。关闭车辆自动驾驶系统应用实训平台电源开关，如图 2 – 51 所示。

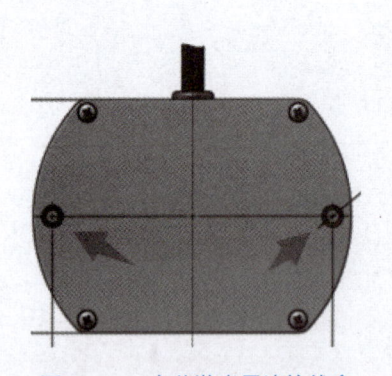

图 2 – 50　安装激光雷达接线盒 　　图 2 – 51　关闭车辆自动驾驶系统应用实训平台电源开关

将激光雷达接线盒与激光雷达 Lemo 接口连接，如图 2 – 52 所示。

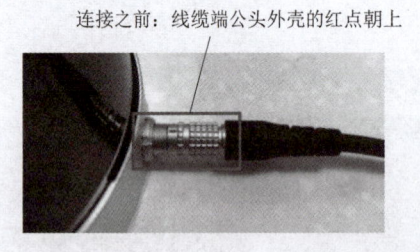

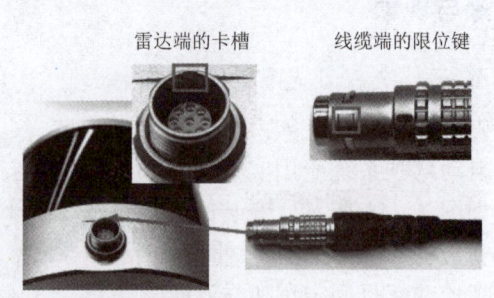

连接之前：线缆端公头外壳的红点朝上　　雷达端的卡槽　　线缆端的限位键

图 2 – 52　将激光雷达接线盒与激光雷达 Lemo 接口连接

将激光雷达接线盒电源端口连接线控底盘 12 V 电源，激光雷达接线盒以太网端口使用网线连接计算机太网接口，如图 2 – 53 所示。

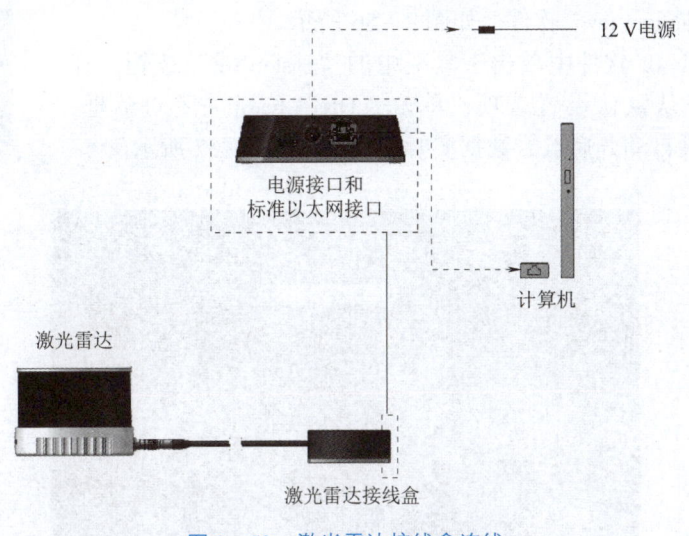

图 2-53　激光雷达接线盒连线

步骤二：测试激光雷达点云功能

首先打开车辆自动驾驶系统应用实训平台电源，然后将计算机 IP 地址设置为 192.168.1.100，将子网掩码设置为 255.255.255.0，如图 2-54 所示。

激光雷达点云功能测试

图 2-54　设置计算机 IP 地址和子网掩码

使用 ping 命令测试激光雷达 IP 地址 192.168.1.201，检查计算机与激光雷达网络连通情况，如图 2-55 所示。

图 2-55　检查计算机与激光雷达网络连通情况

双击打开 PandarView2 软件，如图 2-56 所示。

在 Pandar View2 软件中单击工具栏中的"ListenNet"按钮，在弹出对话框中确认默认设置选项，单击"OK"按钮关闭对话框，PandarView2 软件自动开启点云数据实时接收，如图 2-57 所示。

图 2-56　PandarView2 软件

图 2-57　开启点云数据实时接收

在点云数据接收过程中，通过单击播放控制区的"Record"按钮，在弹出的对话框中指定文件路径和文件名，单击"保存"按钮后开始录制，如图 2-58 所示。录制文件以".pcap"后缀名保存。

图 2-58　录制点云

步骤三：测量激光雷达外参

首先，使用测角仪测量激光雷达 X 轴向角度与 Y 轴向角度，并调整 X 轴向角度、Y 轴向角度均为 0°，如图 2-59 所示。

(a)　　　　　　　　　(b)

图 2-59　测量激光雷达 X 轴向角度、Y 轴向角度
(a) X 轴向角度；(b) Y 轴向角度

然后，打开激光雷达安装角度与四元数转换工具网址，进行激光雷达安装角度与四元数转换，如图2-60所示。将测量的激光雷达安装角度填入"Euler Angles"区域的xyz轴数据栏，单击"Apply Rotation"按钮，即能生成对应四元数。

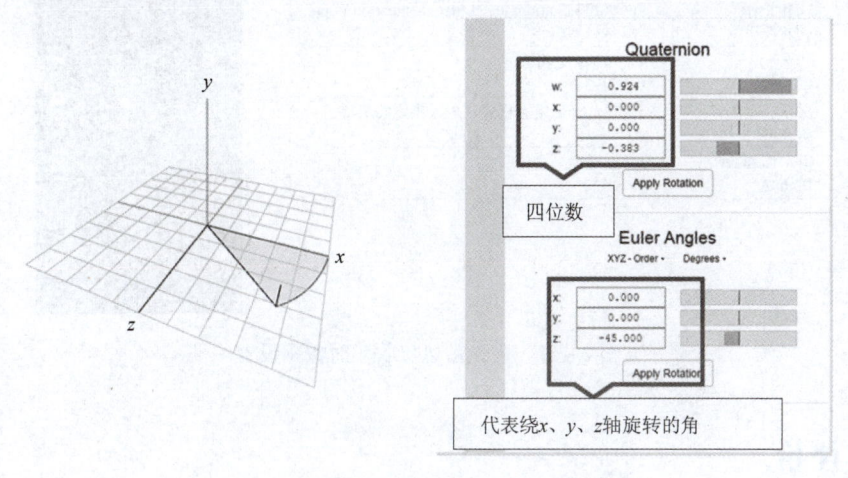

图2-60　激光雷达安装角度与四元数转换

3）关键点分析

（1）计算机IP地址设置方法。

①在"Windows设置"→"网络和Internet"界面选择"更改适配器设置"选项，用鼠标右键单击"以太网"选项，选择"以太网属性"选项。

②双击"Internet协议版本4（TCP/IPv4）"选项，更改Internet协议版本4（TCP/IPv4）的IP地址。

（2）通过ping命令检查本地网络连接。

①按下"Win+R"组合键，打开运行窗口，输入"cmd"，单击"确定"按钮，打开命令提示符窗口。

②每台激光雷达均有唯一的MAC地址。PandarXT-16型号激光雷达默认源IP地址为192.168.1.201。在命令提示符窗口输入"ping 192.168.1.201"，按Enter键，ping 4次后自动停止，停止后可以查看ping的统计结果，ping的时间单位是ms（毫秒），数值越小代表网络数据交互响应越好，网络越稳定。

（3）接收激光雷达实时数据。

通过PandarView2软件开启激光雷达接收实时数据设置，如图2-61所示。

（4）激光雷达配置与标定。

激光雷达通常需要水平安装，只需要更改航向角即可，航向角为激光雷达绕Z轴旋转的角度，取值范围为（-180°，180°）。激光雷达出线口朝向车辆前进方向时角度为0°，逆时针旋转为正。激光雷达安装在航向角-45°的方向，需要更改四元数参数以适配硬件安装角度。

Product Model 激光雷达产品型号	Default (默认)
Host Address 发送端IP地址	Any (任意)
UDP Port UDP端口号	与网页控制Settings页的Lidar Destination Port一致默认为2368
PTC Port PTC端口号	用于传输PTC指令 默认为9347
Multicast IP 组播IP	勾选后，开启组播模式，加入指定的组播组
IPv6 Domain IPv6域	部分雷达型号支持

图 2-61　激光雷达接收实时数据设置

4. 考核评价

根据任务实施过程，结合素养、能力、知识目标，使用表 2-19（任务实施考核评价表），由学生填写具体的任务实施和操作要点，由教师对任务实施情况进行评价。

表 2-19　任务实施考核评价表

评价类别	评价内容	分值	得分
素养	（1）能正确理解并执行通用安全规范，识别激光雷达装配作业中的安全风险，并采取必要的防范措施 （2）能在实际操作过程中培养动手实践能力，重视培养质量意识、安全意识、节能环保意识、规范操作意识及创新意识 （3）能树立独立思考、坚韧执着的探索精神	10	
能力	（1）能按照产品操作手册要求，使用工具，完成激光雷达及其组件的安装与角度调试 （2）能按照产品操作手册要求，使用工具软件，完成激光雷达功能测试	10	
知识	（1）掌握激光雷达的定义、原理，了解激光雷达的性能指标，能分析实训车辆激光雷达的应用场景 （2）能识读产品操作手册中的接线图，理解激光雷达装配要求，正确识别和使用传感器 （3）了解激光雷达与车辆坐标系的关系，掌握坐标转换方法	10	

续表

实施过程	实施内容		操作要点	分值	得分
1. 实训准备	实训平台		□实训车辆　□实训专用实验台　□虚拟设备	5	
	工具设备		（1） （2） （3） （4）		
	实训资料		（1） （2） （3） （4）		
	安全防护用品与设施		（1） （2） （3） （4）		
2. 安装激光雷达及其组件	安装万向节支架	安装位置		25	
		固定螺栓	（1）螺栓规格：_____ （2）螺栓数量：_____		
	安装激光雷达	安装位置	□车辆顶部　□车辆前侧 □车辆后侧　□车辆左侧 □车辆右侧		
		固定螺栓	（1）螺栓规格：_____ （2）螺栓数量：_____		
	安装激光雷达接线盒	安装位置	□车辆支架前部顶部 □车辆支架前部 □车辆支架后部		
		固定螺栓	（1）螺栓规格：_____ （2）螺栓数量：_____		
	激光雷达及其组件接线	供电电源状态			
		供电电压			
		激光雷达与接线盒接线			
		接线盒与电源适配器接线			
		接线盒与计算机接线			

续表

实施过程	实施内容		操作要点		分值	得分
3. 测试激光雷达点云功能	软件测试	软件名称			20	
		平台要求				
	连接设置	计算 IP 设置				
		ping 检查结果				
	点云接收设置	激光雷达产品型号				
		发送端 IP 地址				
		UDP 端口号				
		PTC 端口号				
		组播 IP				
	点云录制	IPv6 域				
		pcap 文件保存路径:				
4. 测量激光雷达外参	激光雷达坐标系	Translation$x$:	激光雷达四元数	Rotation$x$:	20	
		Translation$y$:		Rotation$y$:		
		Translation$z$:		Rotation$z$:		
				Rotation$w$:		
总分						
评语						

考核评价根据任务要求设置评价项目,项目评分包含配分、分值和得分,教师可以根据学生的项目内容完成情况进行评分。

任务目标达成度以任务目标为评价维度,评价项目支撑任务目标。教师根据任务目标评价学生的任务完成情况。任务考核评价表见表 2-20。

表 2-20 任务考核评价表

任务名称		激光雷达安装与调试					
评价项目		项目内容	项目评分			任务目标达成度		
			配分	分值	得分	目标O1	目标O2	目标O3
1. 实训准备		实训平台	5	1				
		工具设备		2				
		实训资料		1				
		安全防护用品与设施		1				

续表

评价项目	项目内容	项目评分 配分	分值	得分	任务目标达成度 目标O1	目标O2	目标O3
2. 安装激光雷达及其组件	安装万向节支架	25	4				NC
	安装激光雷达		4				NC
	安装激光雷达接线盒		4				NC
	断开供电电源		5				
	激光雷达与接线盒接线		1				
	接线盒与供电电源接线		3				
	接线盒与计算机接线		1				
3. 测试激光雷达点云功能	测试软件	20	2				
	连接设置		4				
	点云接收设置		3				
	点云录制		3				
4. 测量激光雷达外参	测量激光雷达坐标系	20	12				
	激光雷达四元数		8				
综合评价							

注：①项目评分请按每项分值打分，填入"得分"栏。

②任务目标达成度根据任务完成情况进行评价，对照任务目标是否达成进行勾选，达成则打"√"。

③任务目标达成度中"NC"表示本行评价内容与对应任务目标无关。

根据任务目标达成度的评价结果，结合任务实施过程、项目评分结果，教师填写表2-21（任务持续改进表）。

表2-21 任务持续改进表

评价项目	上一轮改进措施	本轮改进内容	本轮改进效果	下一轮改进措施
安装激光雷达及其组件				
测试激光雷达点云功能				
测量激光雷达外参				

5. 知识分析

1) 激光雷达的定义与组成

激光雷达（Light Detection and Ranging，LiDAR）是工作在光波频段的雷达，激光波段介于 0.5~10 pm。激光雷达利用光波频段的电磁波，向被测目标发射探测信号（激光束），根据接收反射激光的时间间隔、强弱程度等参数，确定目标物体的实际距离。激光雷达根据距离及激光发射的角度，通过几何变化推导目标、物体的位置信息，通过激光雷达点云图表示，如图 2-62 所示。激光雷达能够确定目标物体的位置、大小、形貌、材质，相比于毫米波，激光的波长更短、频率更高，具有更高的分辨率。

图 2-62 激光雷达点云图

激光雷达主要由 4 个模块组成，如图 2-63 所示，分别为激光发射模块、激光接收模块、激光扫描模块和信息处理模块。

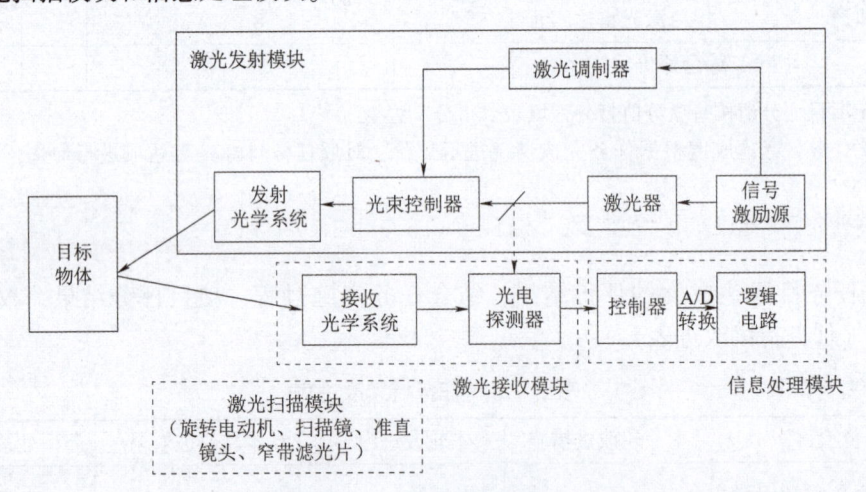

图 2-63 激光雷达的组成

激光发射模块由信号激励源、激光器、激光调制器、光束控制器和发射光学系统 5 个部分组成。激光发射模块中信号激励源周期性地驱动激光器，发射激光脉冲，激光调制器通过光束控制器控制发射激光的方向和线数，最后通过发射光学系统，将激光发射至目标物体。

激光接收模块由接收光学系统、光电探测器等器件组成，负责接收目标物反射的激光信号，将其转换为电信号。

激光扫描模块由旋转电动机、扫描镜、准直镜头、窄带滤光片等器件组成，负责控制激光发射接收的朝向，从而实现 360°扫描。

信息处理模块由控制器、逻辑电路组成，对激光接收模块转换而来的模拟信号进行放大处理和 A/D 转换，然后进行计算，获取目标物体的表面形态、物理属性等特性，最终得到激光雷达点云数据。

2）激光雷达的分类

（1）按扫描方式分类。

激光雷达根据其扫描方式的不同，可分为机械激光雷达、混合固态激光雷达和固态激光雷达。

机械激光雷达外表最大的特点是有机械旋转机构，如图 2-64 所示。机械激光雷达技术目前相对成熟，其发射系统和接收系统通过旋转发射头，实现激光由线到面的转变，并且形成竖直方向的多面激光排布，达到动态扫描并动态接收的目的。

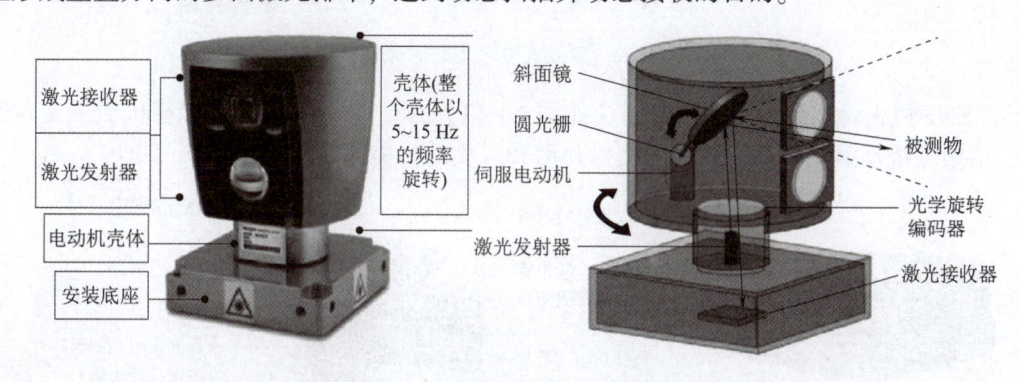

图 2-64 机械激光雷达结构示意

混合固态激光雷达可以分为转镜式、棱镜式与 MEMS 微振镜式。混合固态激光雷达更加小巧，可以隐藏在外壳中，外观上看不到机械旋转机构，使用 MEMS 等半导体器件代替机械扫描的选准装置，兼具固态和机械的特性。

转镜式混合固态激光雷达如图 2-65 所示，它固定发射和接收端，激光通过旋转镜面系统进行扫描，通过较少光源的机械光路实现收发，并且可以控制扫描区域，提高关键区域的扫描密度，但电动机驱动的方式具有一定不稳定性，光源能量分散也对光源功率提出一定要求。

图 2-65 转镜式混合固态激光雷达

棱镜式混合固态激光雷达采取非重复扫描技术，如图 2-66 所示。它与转镜式混合固态激光雷达相似，主要通过两个旋转的棱镜改变光路，从而减少激光发射和接收的线束，随之降低对焦与标定的复杂度，大幅提升生产效率与良率。

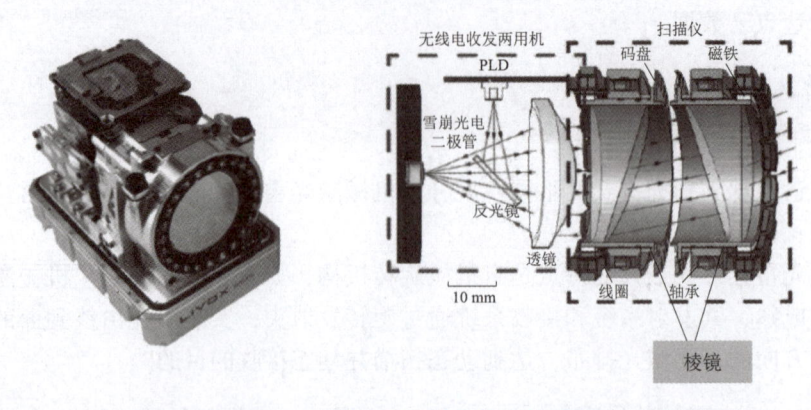

图 2-66　棱镜式混合固态激光雷达

MEMS 微振镜式混合固态激光雷达如图 2-67 所示。它通过微振镜代替机械式旋转装置，由微振镜反射激光形成较广的扫描角度和较大的扫描范围。

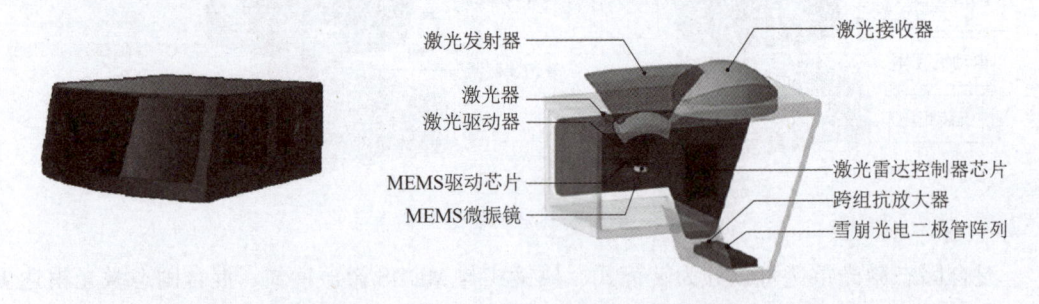

图 2-67　MEMS 微振镜式混合固态激光雷达

固态激光雷达包括光学相控阵（OPA）和 Flash 两种。相比于混合固态激光雷达，固态激光雷达在结构中去除旋转部件，在实现较小体积的同时保证高速的数据采集以及高清的分辨率。但是，固态激光雷达在不良天气条件下检测性能较差，不能实现全天候工作。固态式激光雷达一般以 120°的范围向前扫描。

光学相控阵固态激光雷达运用相干原理，如图 2-68 所示。它通过多个光源形成矩阵，不同的光束在相互叠加后在有的方向会相互抵消，而在有的方向则会增强，从而实现在特定方向上的主光束，并且控制主光束在不同方向进行扫描。

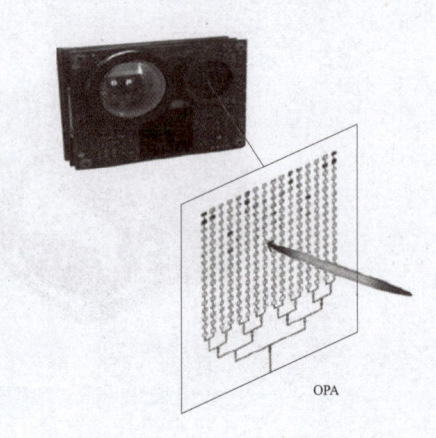

Flash 固态激光雷达通常使用 VCSEL 光源组成二维矩阵，形成面光源泛光成像，其可以在短时间内快速发出大面积的激光区域，并通过高灵敏度的激光接收器进行接收，完成对周围环境的绘制，如图 2-69 所示。

图 2-68　光学相控阵固态激光雷达技术原理示意

· 102 ·

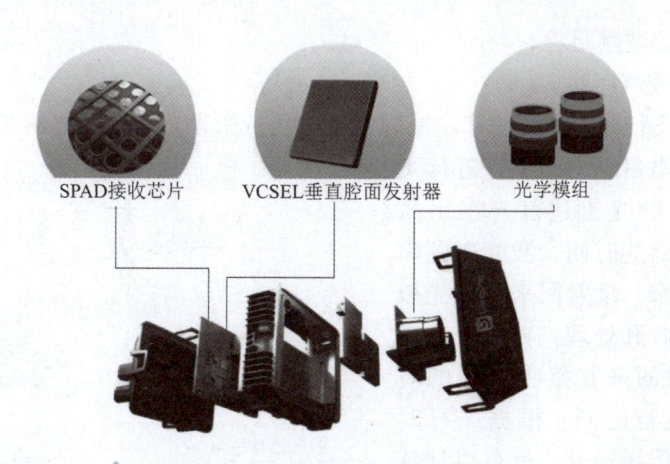

图 2-69　Flash 固态激光雷达

(2) 按线数分类。

根据线数的多少，激光雷达分为单线激光雷达与多线激光雷达。单线激光雷达扫描一次只产生一条扫描线，其所获得的数据为二维数据，因此无法区别有关目标物体的三维信息，如图 2-70 所示。

多线激光雷达扫描一次可产生多条扫描线，主要应用于障碍物的雷达成像，相比单线激光雷达在维度提升和场景还原上有了质的改变，可以识别物体的高度信息，如图 2-71 所示。

图 2-70　单线激光雷达

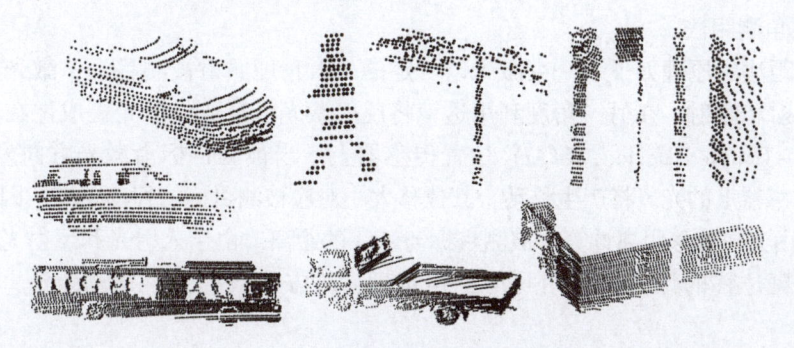

图 2-71　多线激光雷达扫描效果示意

3）激光雷达的测距原理

激光雷达通过测量激光信号的时间差和相位差来确定距离，但其最大优势在于能够利用多普勒成像技术，创建出目标清晰的三维图像。激光雷达通过发射和接收激光束，分析激光遇到目标对象后的折返时间，计算出到目标对象的相对距离，并利用此过程中收集到的目标对象表面大量密集的点的三维坐标、反射率和纹理等信息，快速得到被测目标的三维模型以及线、面、体等各种相关数据，建立三维点云图，绘制出环境地图，以达到环境感知的目的。

根据激光雷达测距基本原理，实现激光测距的方法有飞行时间（TOF）测距法、三角测距法和调频连续波测距法。

(1) 飞行时间测距法。

激光雷达的飞行时间测距法基本原理是通过测量激光发射信号与激光回波信号的往返时间,从而计算出目标的距离。进行飞行时间测距时,激光雷达首先发出激光,记录激光发出的时间,激光碰到障碍物后被反射回来,反射回来的激光被激光接收系统接收和处理,再记录激光从发射至被反射回来并接收之间的时间,即激光的飞行时间。根据飞行时间,结合光波的传播速度,就可以计算出障碍物的距离。飞行时间测距法原理示意如图 2-72 所示。

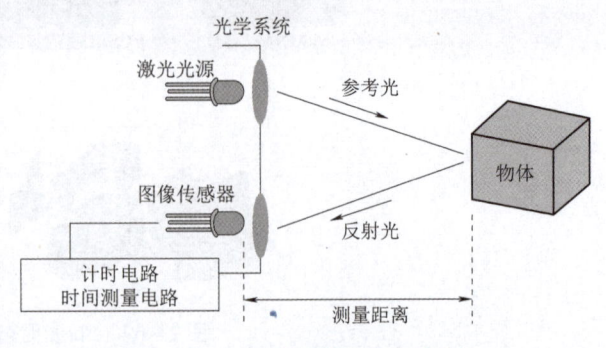

图 2-72 飞行时间测距法原理示意

飞行时间测距法中测量距离的计算公式可表示为

$$L = \frac{c\Delta t}{2} \tag{2-3-1}$$

式中,L 为测量距离,Δt 为激光的飞行时间,c 为光在空气中的传播速度。一般在非精密测量中,光在空气中的传播速度取 3×10^8 m/s(现代物理学通过对光频率和波长的测量推导出的精确值为 2.99792458×10^8 m/s),在精密测量中可参考空气的状态进行修正得到精确值。

(2) 三角测距法。

三角测距法的原理如下。一束激光以一定的入射角度照射被测目标,激光在被测目标表面发生反射和散射,在另一角度利用透镜将反射激光汇聚成像,光斑成像在感光耦合组件(Charge-Coupled Device,CCD)位置传感器上。当被测目标沿激光方向发生移动时,CCD 位置传感器上的光斑将产生移动,其位移大小对应被测目标的移动距离。因此,可通过算法设计,由光斑位移距离计算出被测目标与基线的距离。由于入射光和反射光构成一个三角形,对光斑位移的计算可运用几何三角定理,故方法被称为三角测距法,如图 2-73 所示。

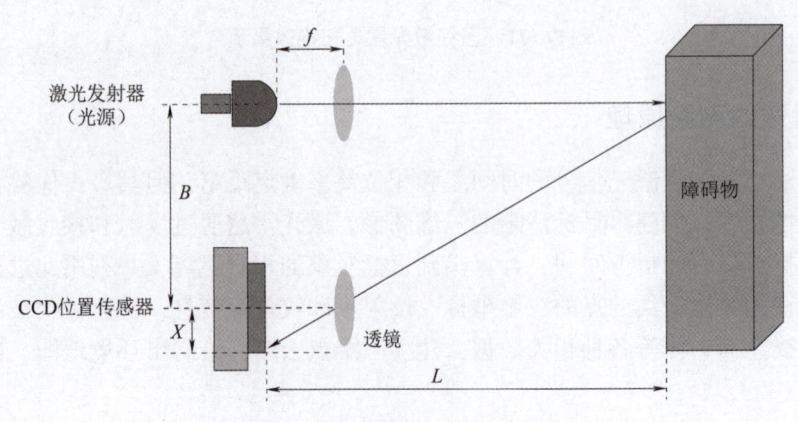

图 2-73 三角测距法原理示意

其中测量距离可表示为

$$L = \frac{f(B+X)}{X} \tag{2-3-2}$$

式中，L 为 ccd 位置测量距离，f 为 CCD 位置传感器与透镜中心之间的距离，X 为反射光斑与 CCD 位置传感器中心之间的距离，B 为发射光与 CCD 位置传感器中心之间的距离。

三角测距法具有结构简单、测量速度快、使用灵活方便等诸多优点，但由于三角测距系统中光接收器件接收的是待测目标面的散射光，所以对器件灵敏度要求很高。另外，如激光亮度高、单色性好、方向性强，在近距离的测量中较为容易测量出光斑的位置。因此，三角测距法的应用范围主要是微位移测量，测量范围主要在微米、毫米、厘米数量级，已经研发的具有相应功能的测距仪广泛应用于物体表面轮廓、宽度、厚度等量值的测量，例如汽车工业中车身模型曲面设计、激光切割、扫地机器人等。

（3）调频连续波测距法。

在调频连续波测距法中，对发射激的频率使用三角波进行调制，通过回波信号与参考光相干并利用混频探测技术可得到频率差，间接得到飞行时间从而计算出目标物体距离，若目标物体正在移动，则结合多普勒效应可测出目标物体的速度，如图 2-74 所示。激光经过三角波调制后，调制频率 f_0 分为两个光路，一路照射在目标物体上，经过反射回到探测器，记作 E_a，另一路直接送到探测器，记作 E_0。两束光在探测器产生干涉，利用探测器接收干涉后的信号。

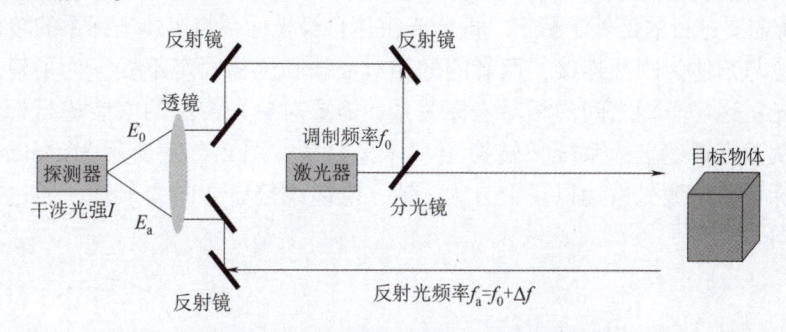

图 2-74　调频连续波测距法原理示意

以三角波调频连续波为例，如图 2-75 所示，当激光雷达和目标物体处于相对静止状态时，f_t 为发射频率，f_r 为反射频率，f_b 为发射频率与反射频率的频率差，t_s 为频率生成器产生的调频波的周期的一半，f_{DEV} 为调频波扫频带宽。

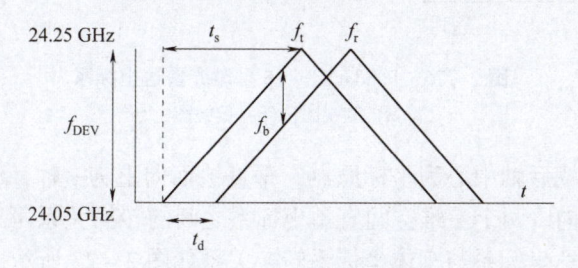

图 2-75　三角波调频连续波

根据三角形相似原理,有

$$\frac{f_b}{t_d} = \frac{f_{DEV}}{t_s}$$

(2-3-3)

$$D = \frac{f_b \cdot c \cdot t_s}{2 \cdot f_{DEV}}$$

因此

$$f_b = \frac{2 \cdot f_{DEV}}{t_s} D$$

(2-3-4)

式中,D 为探测距离,f_b 为频率差,c 为光速,t_s 为三角波调频的半周期,f_{DEV} 为调频范围,因此测量距离在其他值确定的情况下是频率差的函数。激光雷达的分辨率的公式为

$$R_{res} = \frac{c}{2 \cdot f_{DEV}}$$

(2-3-5)

由上式可知,激光雷达的分辨率由扫频带宽决定,扫频带宽越大,精度越高。

4) 激光雷达标定

激光雷达是自动驾驶平台的主要传感器之一,在感知、定位方面发挥着重要作用。与车载摄像头一样,激光雷达在使用之前也需要对其内、外参数进行标定。内参标定指的是其内部激光发射器坐标系与激光雷达自身坐标系的转换,在出厂之前已经完成,可以直接使用。自动驾驶系统需要进行的是外参标定,即激光雷达自身坐标系与车体坐标系的转换。

激光雷达与车体为刚性连接,两者间的相对姿态和位移固定不变。为了建立激光雷达之间以及激光雷达与车辆之间的相对坐标关系,需要对激光雷达的安装进行标定,并使激光雷达数据从激光雷达坐标系统一转换至车体坐标系。图 2-76 所示为 PandarXT-16 型激光雷达坐标系,该激光雷达以正上方为 z 轴,电缆线接口方向为 y 轴,通过右手坐标系确定 x 轴方向。

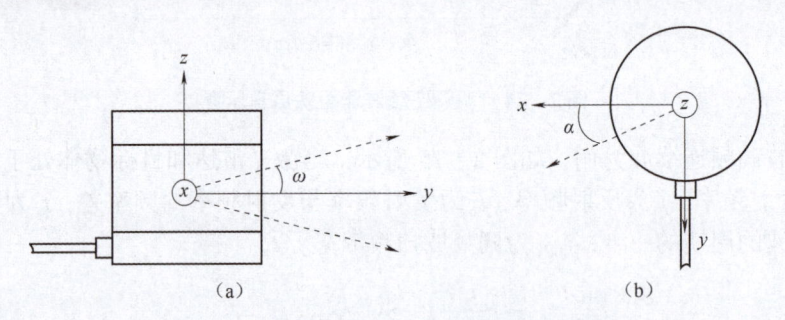

图 2-76 PandarXT-16 型激光雷达坐标系
(a)侧视图;(b)俯视图

车体坐标系以车辆后轴中心为坐标原点,垂直地面向上为 z 轴,朝前为 x 轴,按照右手坐标系确定 y 轴方向。两个三维空间直角坐标系之间的转换关系可以用旋转矩阵加平移矩阵来表示。激光雷达坐标系与车体坐标系转换关系如图 2-77 所示。

P 点在 $Oxyz$ 坐标系下的坐标为 $P(x, y, z)$,在 $Ox'y'z'$ 坐标系下的坐标为 $P'(x', y', z')$。P' 点和 P 点的坐标转换关系可以表示为

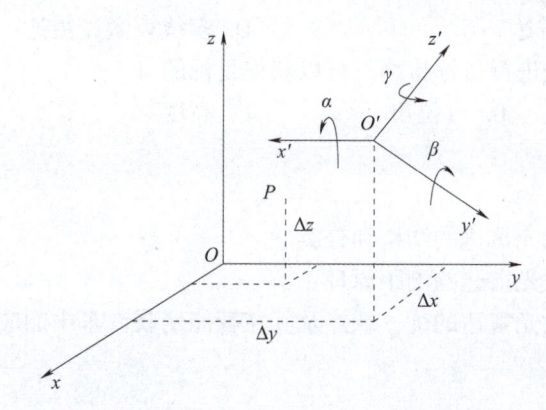

图 2-77 激光雷达坐标系与车体坐标系的转换关系

$$\begin{bmatrix} x \\ y \\ z \end{bmatrix} = \boldsymbol{R} \begin{bmatrix} x' \\ y' \\ z' \end{bmatrix} + \boldsymbol{T} \tag{2-3-6}$$

式中，R 表示旋转矩阵，T 表示平移矩阵。结合激光雷达坐标系与车体坐标系的转换关系可见，如果已知 α，β，γ 三个角度以及 x，y，z 三个平移量，就可以求得两个坐标系的旋转、平移矩阵，实现坐标转换。当然直接测量这些物理量可能有困难，为此进一步推导坐标转换方程，可得

$$\begin{bmatrix} x \\ y \\ z \\ 1 \end{bmatrix} = \begin{bmatrix} \cos\beta\cos\gamma & \cos\alpha\cos\gamma - \cos\gamma\sin\alpha\sin\beta & \sin\alpha\sin\gamma + \cos\alpha\cos\gamma\sin\beta & \Delta x \\ -\cos\beta\sin\gamma & \cos\alpha\cos\gamma + \sin\alpha\sin\beta\sin\gamma & \cos\alpha\sin\beta\sin\gamma & \Delta y \\ -\sin\beta & -\cos\beta\sin\alpha & \cos\alpha\cos\beta & \Delta z \\ 0 & 0 & 0 & 1 \end{bmatrix} \begin{bmatrix} x' \\ y' \\ z' \\ 1 \end{bmatrix}$$

$$(2-3-7)$$

通过试验采集同一个点在两个坐标系下的真实坐标，即同名点，建立一系列方程组，可以求出这 16 个未知参数。

6. 思考与练习

1）判断题

（1）混合固态激光雷达无机械旋转部件。（　　）

（2）激光雷达的成像范围与视场角无关。（　　）

（3）激光雷达检测目标属于主动探测，不依赖外界光照条件。（　　）

2）多项选择题

（1）激光雷达可以识别（　　）。

A. 车辆　　　　　　B. 行人　　　　　　C. 红绿灯　　　　　　D. 交通标志

（2）激光雷达按照有无机械旋转部件分为（　　）。

A. 机械激光雷达　　　　　　　　　　B. 固态激光雷达

C. 混合固态激光雷达　　　　　　　　D. 多线束激光雷达

(3) 通过激光雷达进行目标检测，可以获得目标的（　　）。

A. 距离　　　　　B. 方位角　　　　　C. 高度　　　　　D. 速度

3) 思考题

(1) 思考与讨论激光雷达的结构和分类。

(2) 思考与讨论激光雷达的测距原理。

(3) 思考与讨论激光雷达的优、缺点及其在智能网联汽车中的应用。

任务四　超声波雷达安装与调试

1. 任务目标

基于 OBE 教育理念，结合智能网联汽车技术专业毕业要求与任务特点，建立任务目标支撑毕业要求和培养规格的对应关系，确定任务目标如下。

超声波雷达（视频）

(1) 目标 O1：能正确理解并执行通用安全规范，识别超声波雷达装配作业中的安全风险，并采取必要的防范措施。

(2) 目标 O2：能识读超声波雷达产品操作手册中的接线图，理解超声波雷达装配要求，正确进行超声波雷达的安装与角度调试。

(3) 目标 O3：能使用 CANTestV2.5、雷达参数配置等软件，完成超声波雷达 CAN 数据采集功能测试和联机调试操作。

任务目标与毕业要求支撑对照表见表 2-22，任务目标与培养规格对照表见表 2-23。

表 2-22　任务目标与毕业要求支撑对照表

毕业要求	二级指标点	任务目标
1. 工程知识	毕业要求 1-2：能针对确定的、实用的对象进行求解	目标 O2 目标 O3
2. 问题分析	毕业要求 2-1：能运用适用于所属学科或专业领域的分析工具，识别与判断广义工程问题的关键环节	目标 O2
5. 使用现代工具	毕业要求 5-3：能针对具体的对象，选择与使用满足特定需求的现代工具，模拟和预测专业问题，并能够分析其局限性	目标 O3
8. 职业规范	毕业要求 8-3：理解工程师对公众的安全、健康和福祉，以及环境保护的社会责任，能在工程实践中自觉履行责任	目标 O1

表 2-23　任务目标与培养规格对照表

培养规格	规格要求	任务目标
素养	（1）能正确理解并执行通用安全规范，识别超声波雷达装配作业中的安全风险，并采取必要的防范措施； （2）能在实际操作过程中，培养动手实践能力，重视培养质量意识、安全意识、节能环保意识、规范操作意识及创新意识； （3）能树立独立思考、坚韧执着的探索精神	目标 O1
能力	（1）能按照产品操作手册要求，使用工具，完成超声波雷达的安装与接线； （2）能按照产品操作手册要求，使用工具软件，完成超声波雷达 CAN 数据采集与报文解析	目标 O2 目标 O3
知识	（1）掌握超声波雷达的组成、类型、特点和性能指标，能分析实训车辆超声波雷达的应用场景； （2）能识读产品操作手册中的接线图，理解超声波雷达装配要求，正确识别和使用传感器； （3）了解超声波雷达测距原理	目标 O2 目标 O3

2. 任务描述

在车辆倒车时，会听到"滴滴滴"的提示音，这是超声波雷达检测到车辆与后方障碍物的距离时，为驾驶员提供的一种反馈信息，它提示驾驶员注意车辆周围的障碍物，避免车辆与障碍物发生碰撞。超声波雷达具有如此重要的作用，那么它在智能网联汽车中是如何安装和测试的呢？

本任务通过查阅产品操作手册，根据超声波雷达的安装要求和注意事项，利用相关的工具软件进行超声波雷达的安装、数据采集和测试。本任务包括选择合适的安装位置、固定超声波雷达设备、连接电缆、配置软件参数、进行数据采集和测试，最终确保超声波雷达能够正常工作并提供准确的距离信息。

3. 任务实施

1）任务准备

（1）Windows 10 计算机；
（2）车辆自动驾驶系统应用实训平台 XHV-B0；
（3）8 通道超声波雷达套件；
（4）安装工具套件；

(5) 测试工具套件；
(6) CAN 总线分析仪套件；
(7) USB – CAN Tool 软件；
(8) 车辆自动驾驶系统应用实训平台操作手册。

2) 步骤与现象

步骤一：安装超声波雷达及其控制器

车辆自动驾驶系统应用实训平台 XHV – B0 车架的四周预留安装超声波雷达的螺孔，安装孔位置和布线如图 2 – 78 所示。

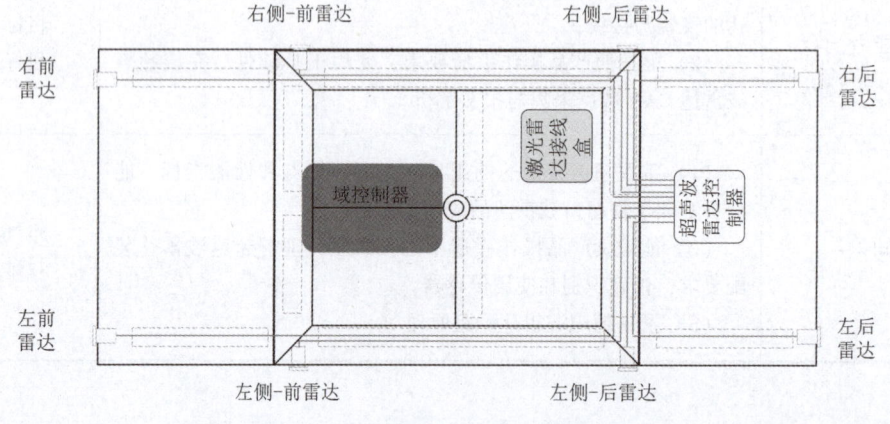

图 2 – 78　超声波雷达安装孔位置和布线

进行超声波雷达接线。断开超声波雷达线束接口"– 1 –"，将超声波雷达线束穿过预留孔，按照角度标志，将超声波雷达固定在预留孔内，再连接超声波雷达线束接口"– 1 –"，如图 2 – 79 所示。

图 2 – 79　超声波雷达接线

图2-79 超声波雷达接线（续）

将超声波雷达控制器使用螺栓固定在车身后部区域，并按照图2-80所示顺序，连接超声波雷达与控制器。

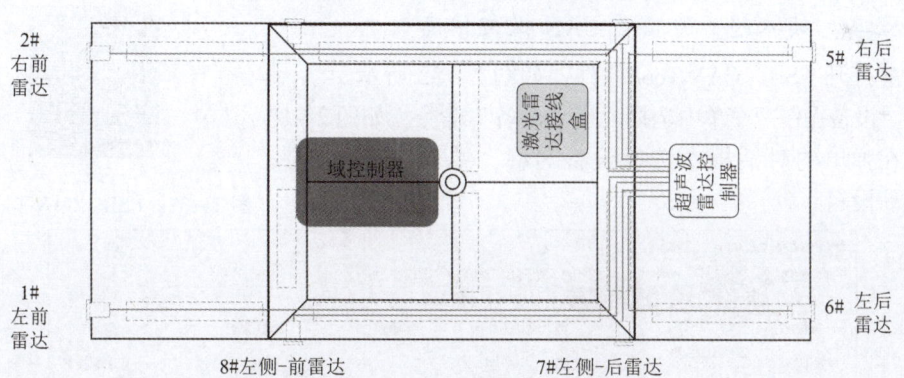

图2-80 连接超声波雷达与控制器

根据表2-24所示的超声波雷达控制器针脚定义，将超声波雷达控制器连接USB CAN分析仪CAN1接口，USB CAN分析仪通过USB线束连接计算机，如图2-81所示。

表2-24 超声波雷达控制器针脚定义

针脚号	线束颜色	功能
1	红色	电源12~24 V输入
2	预留	预留

续表

针脚号	线束颜色	功能
3	预留	预留
4	预留	预留
5	蓝色	电源负极
6	绿色	CAN L
7	黄色	CAN H

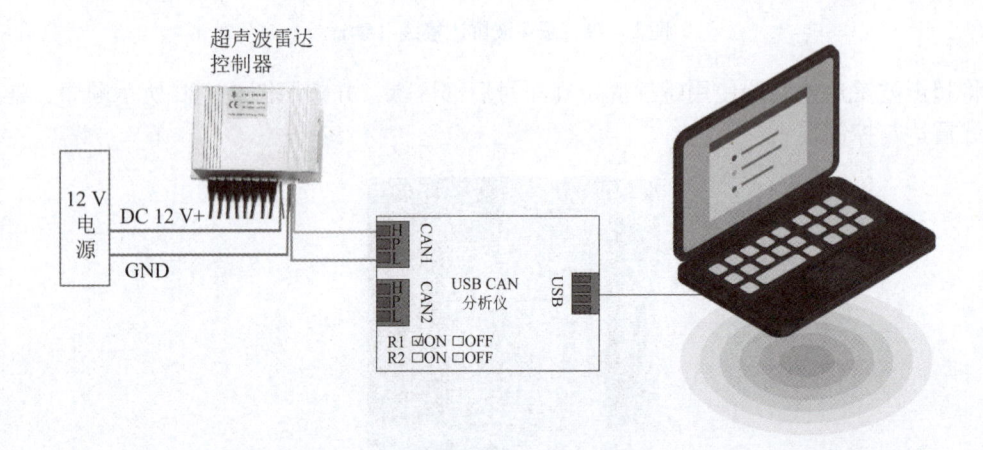

图 2-81　超声波雷达控制器连接 USB CAN 分析仪

步骤二：读取超声波雷达 CAN 报文信息

双击打开 USB-CAN Tool 软件，如图 2-82 所示。

在"设备操作"菜单中选择"启动设备"命令，如图 2-83 所示，在弹出的对话框中选择设备名称，单击"确定"按钮，启动设备。

图 2-82　USB-CAN Tool 软件

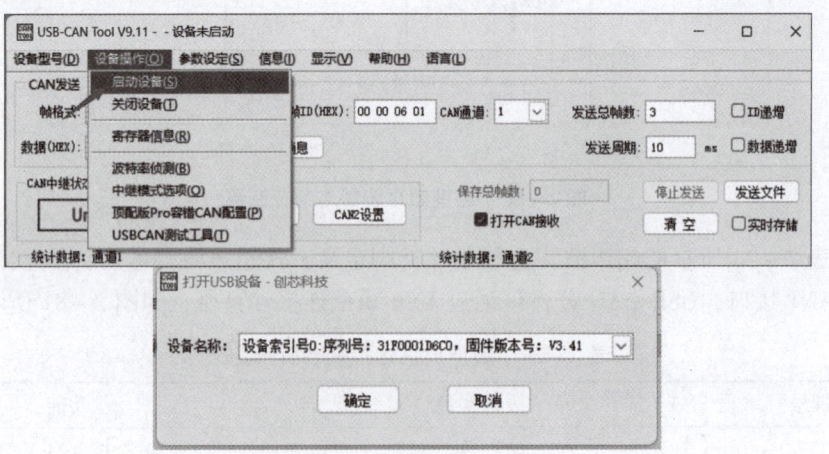

图 2-83　启动设备

在弹出的对话框中进行 CAN 设备配置，如图 2 – 84 所示。将"波特率"设置为"500 kbps"，"设备索引号"为"0"，"选择 CAN 通道号"为"通道 1"，"工作模式"为"正常工作"，单击"确定"按钮。

在 USB – CAN Tool 软件主界面中进行 CAN 控制指令设置，如图 2 – 85 所示。在"CAN 发送"区域，"帧格式"设置为"标准帧"，"帧类型"设置为"数据帧"，"帧 ID（HEX）"设置为"00 00 06 01"，"CAN 通道"设置为"1"，"数据（HEX）"设置为"b1 10 ff"，单击右侧的"实时存储"按钮，在弹出的"File Save As"对话框中设置保存路径、文件名称与保存类型后，单击"OK"按钮保存数据文件。

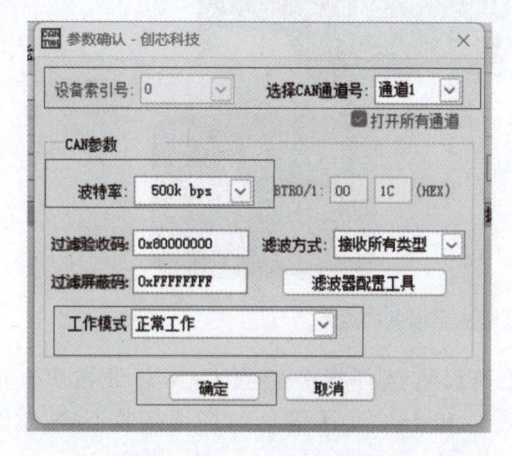

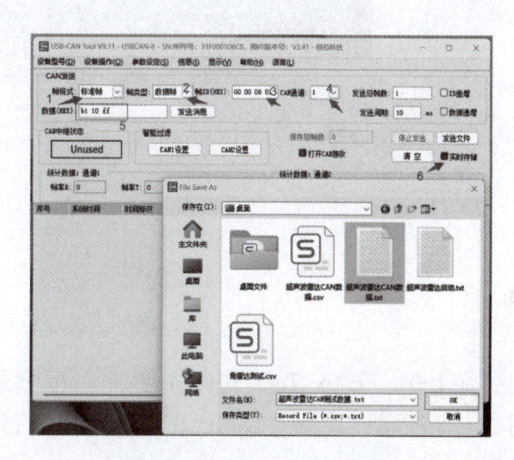

图 2 – 84　CAN 设备配置　　　　　　图 2 – 85　CAN 控制指令设置

在 USB – CAN Tool 软件主界面配置接收 CAN 总线数据，如图 2 – 86 所示。在"CAN 发送"区域，单击"发送信息"按钮即可接收 CAN 总线数据。将"数据（HEX）"设置为"b1 10 00"，单击"发送信息"按钮即可停止接收 CAN 总线数据。

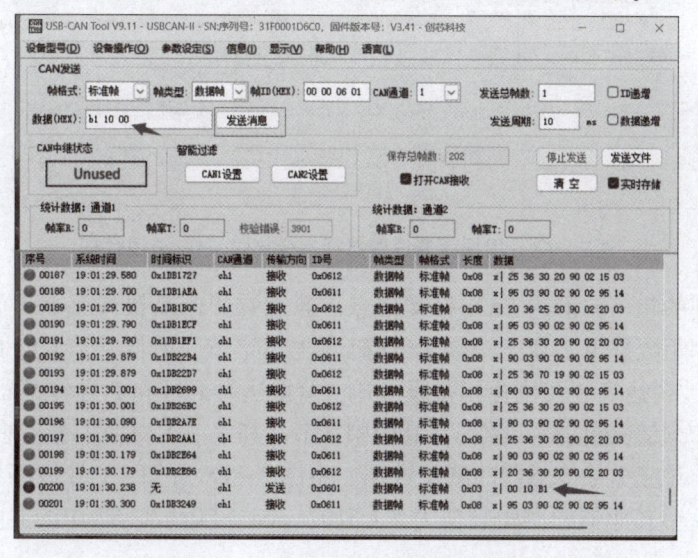

图 2 – 86　配置接收 CAN 总线数据

步骤三：测试超声波雷达

移动车辆，使车辆的超声波雷达距离墙壁 1 510 mm 左右，如图 2 - 87 所示。

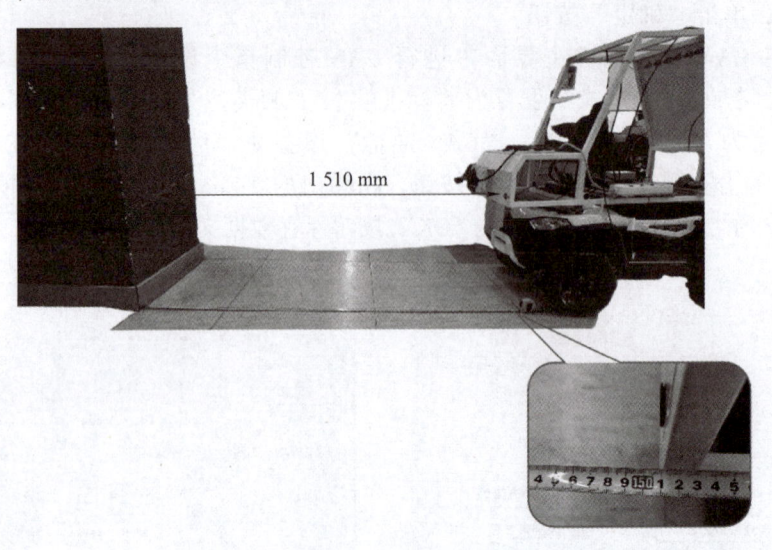

图 2 - 87　设置超声波雷达至墙壁的距离

在 USB - CAN Tool 软件主界面，根据距离设置选择指令接收 CAN 总线数据，如图 2 - 88 所示。使用"b8 10 ff"启动控制指令，单击"发送信息"按钮接收 CAN 总线数据。

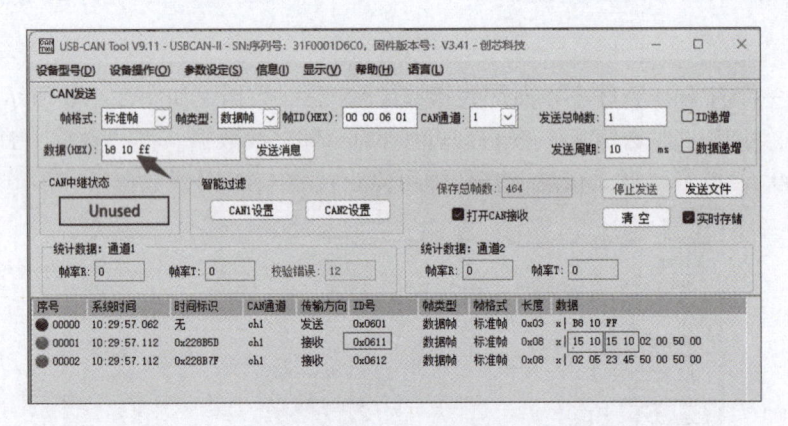

图 2 - 88　根据距离设置选择指令接收 CAN 总线数据

查看接收到的超声波雷达 CAN 报文信息。通过查阅产品操作手册可知，每个超声波雷达传感器的测距数据由 2 位十进制 BCD 码（先高字节，后低字节）组成，长度单位为 mm。根据超声波雷达安装孔位置和布线可知，前雷达为 1 号和 2 号传感器，发送的 ID 号 0x0611 为 1～4 号传感器的测距数据，其中中字节 0 和字节 1 对应 1 号传感器的测距数据，字节 2 和字节 3 对应 2 号传感器的测距数据。由图 2 - 88 可知，1 号传感器的测距数据为"1 510"mm，2 号传感器的测距数据为"1 510"mm，与图 2 - 87 中的实际距离相符。

3) 关键点分析

超声波雷达安装要求与实际环境息息相关，其中的关键点需要重点关注。通常超声波雷达的安装高度应为 500~700 mm，以满足车辆在满载状态及 10°的坡道情况下不探测到地，并满足检测到低矮的障碍物如路沿的要求。另外，如图 2-89 所示，两个超声波雷达的安装间距在 30 cm 以内，水平方向上超声波雷达应尽量满足覆盖要求。

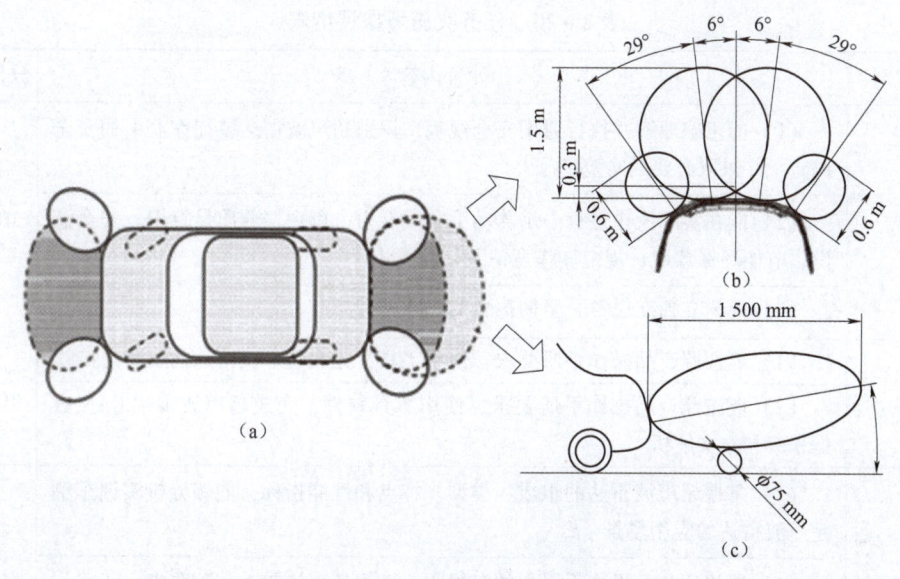

图 2-89 超声波雷达安装要求

(a) 超声波雷达覆盖范围的要求；(b) 超声波雷达水平方向深测范围示意；(c) 超声波雷达垂直方向探测范围示意

超声波雷达通常安装在与地面垂直的表面，若必须安装在与地面不垂直的表面（斜面），则必须在结构上做角度补偿，以使超声波雷达发送声波的中轴线和地面平行，见表 2-25。垂直方向上探测范围应避免探测到地。

表 2-25 超声波雷达安装角度补偿要求

安装高度/mm	保险杠倾斜角度/(°) 0	-15	+15
62	4	10	×
50	0	10	10
40	4	×	10

4. 考核评价

根据任务实施过程，结合素养、能力、知识目标，使用表 2-26（任务实施考核评价表），由学生填写具体的任务实施和操作要点，由教师对任务实施情况进行评价。

表 2-26　任务实施考核评价表

评价类别	评价内容	分值	得分
素养	（1）能正确理解并执行通用安全规范，识别超声波雷达装配作业中的安全风险，并采取必要的防范措施 （2）能在实际操作过程中培养动手实践能力，重视培养质量意识、安全意识、节能环保意识、规范操作意识及创新意识 （3）能树立独立思考、坚韧执着的探索精神	10	
能力	（1）能按照产品操作手册要求，使用工具，完成超声波雷达的安装与接线 （2）能按照产品操作手册要求，使用工具软件，完成超声波雷达 CAN 数据采集与报文解析	10	
知识	（1）掌握超声波雷达的组成、类型、特点和性能指标，能够分析实训车辆超声波雷达的应用场景 （2）能识读产品操作手册中的接线图，理解超声波雷达装配要求，正确识别和使用传感器 （3）了解超声波雷达测距原理	10	

实施过程	实施内容	操作要点	分值	得分
1. 实训准备	实训平台	□实训车辆　　□实训专用实验台 □虚拟设备	10	
	工具设备	（1） （2） （3） （4）		
	实训资料	（1） （2） （3） （4）		
	安全防护用品与设施	（1） （2） （3） （4）		

续表

实施过程	实施内容	操作要点			分值	得分
2. 安装超声波雷达及其控制器	安装超声波雷达	超声波雷达角度标志方向			24	
		前雷达安装	左安装高度：			
			右安装高度：			
			两雷达间距：			
		后雷达安装	左安装高度：			
			右安装高度：			
			两雷达间距：			
		左侧雷达安装	前安装高度：			
			后安装高度：			
			两雷达间距：			
		右侧雷达安装	前安装高度：			
			后安装高度：			
			两雷达间距：			
		超声波雷达与控制器接线	接口号	超声波雷达位置		
			1			
			2			
			3			
			4			
			5			
			6			
			7			
			8			
	安装超声波雷达控制器	安装位置				
		超声波雷达控制器接线	针脚号	功能	接线端	
			1	电源 12～24 V		
			2	预留		
			3	预留		
			4	预留		
			5	电源负极		
			6	CAN L		
			7	CAN H		
3. 读取超声波雷达 CAN 报文信息	软件操作	波特率			16	
		工作模式				
	CAN 发送设置	帧格式				
		帧类型				
		帧 ID（HEX）				
		CAN 通道				
		启动控制指令				
		停止控制指令				

续表

实施过程	实施内容		操作要点	分值	得分
4. 测试超声波雷达	障碍物距离设置与测量			20	
	启动控制指令				
	输出结果解析	左前雷达数据			
		右前雷达数据			
总分					
评语					

考核评价根据任务要求设置评价项目,项目评分包含配分、分值和得分,教师可以根据学生的项目内容完成情况进行评分。

任务目标达成度以任务目标为评价维度,评价项目支撑任务目标。教师根据任务目标评价学生的任务完成情况。任务考核评价表见表 2–27。

表 2–27 任务考核评价表

任务名称		认识环境感知系统					
评价项目	项目内容	项目评分			任务目标达成度		
		配分	分值	得分	目标 O1	目标 O2	目标 O3
1. 实训准备	实训平台	16	4				
	工具设备		4				
	实训资料		4				
	安全防护用品与设施		4				
2. 安装超声波雷达及其控制器	雷达角度标志方向	40	4				NC
	前雷达安装		4				NC
	后雷达安装		4				NC
	左侧雷达安装		4				NC
	右侧雷达安装		4				NC
	超声波雷达与控制器接线		6				NC
	安装超声波雷达控制器		4				NC
	超声波雷达控制器接线		10				NC
3. 读取超声波雷达 CAN 报文信息	USB–CAN Tool 软件操作	24	8				
	CAN 发送设置		16				
4. 调试超声波雷达	障碍物距离设置与测量	20	4				
	启动控制指令		8				
	输出结果解析		8				
综合评价							

注:①项目评分请按每项分值打分,填入"得分"栏。

②任务目标达成度根据任务完成情况进行评价,对照任务目标是否达成进行勾选,达成则打"√"。

③任务目标达成度中"NC"表示本行评价内容与对应任务目标无关。

根据任务目标达成度的评价结果,结合任务实施过程、项目评分结果,教师填写

表 2-28 所示的任务持续改进表。

表 2-28 任务持续改进表

评价项目	上一轮改进措施	本轮改进内容	本轮改进效果	下一轮改进措施
安装超声波雷达及其控制器				
读取超声波雷达 CAN 报文信息				
测试超声波雷达				

5. 知识分析

1) 超声波雷达的定义与组成

超声波雷达是一种利用超声波测算距离的传感器装置,是在超声波频率范围内将交变的电信号转换成声信号或将外界声场中的声信号转换为电信号的能量转换器件,如图 2-90 所示。超声波雷达具备防水、防尘特性,即使有少量的泥沙遮挡也不影响工作,探测范围为 0.1~3 m,且精度较高,多用作倒车雷达,以声音或直观显示方式反馈驾驶员周围障碍物的情况,解决驻车、倒车和起动车辆时视野盲区和视线模糊的问题。

图 2-90 超声波雷达

车载超声波雷达一般由超声波雷达、控制器和显示器等组成,如图 2-91 所示。超声波雷达是发射以及接收超声波信号的装置,可以测量距离和探测位置。超声波雷达一般分为两大类,一类是用电气方式产生超声波,一类是用机械方式产生超声波。控制器控制脉冲调制电路产生一定频率的脉冲,处理探头发送的信号,换算出距离值后将数据发送给显示器或其他设备。显示器接收控制器传输的距离数据或报警信息,并根据设定的距离值提供不同级别的距离提示和报警提示。

图 2-91 车载超声波雷达的组成

2）车载超声波雷达的类型

超声波雷达的工作频率分为 3 种：40 kHz、48 kHz 和 58 kHz。工作频率越高，灵敏度越高，水平与垂直方向的探测角度就越小，因此，40 kHz 为最常用的工作频率。

按照车载超声波雷达的探测距离，车载超声波雷达可分 UPA 和 APA 两大类，如图 2-92 所示。UPA 超声波雷达是一种短程超声波雷达，安装在汽车前、后保险杠上，是用于测量汽车前、后障碍物的倒车雷达，其检测范围为 25 cm~2.5 m，由于检测距离小、多普勒效应和温度干扰小，所以其检测更准确。APA 超声波雷达是一种远程超声波雷达，安装在汽车侧面，用于测量侧方障碍物距离，其检测范围为 35 cm~5 m，可覆盖一个停车位，方向性强，探头的波传播性能优于 UPA 超声波雷达，不易受到其他 APA 超声波雷达和 UPA 超声波雷达的干扰。超声波雷达主要应用在倒车测距、泊车库位检测、高速横向辅助等场景，其中倒车测距为最基础的应用场景，仅需 UPA 超声波雷达就可实现相应功能，后两种场景对传感器的要求更高，需辅以 APA 超声波雷达实现。

3）超声波雷达测距原理

超声波雷达测距一般采用飞行时间测距法，如图 2-93 所示。超声波发射器发出的超声波脉冲，经媒质（空气）传到障碍物表面，反射后通过媒介（空气）传到超声波接收器，测出超声波脉冲从发射到接收所需的时间，根据媒介中的声速，即可求得从探头到障碍物表面之间的距离。

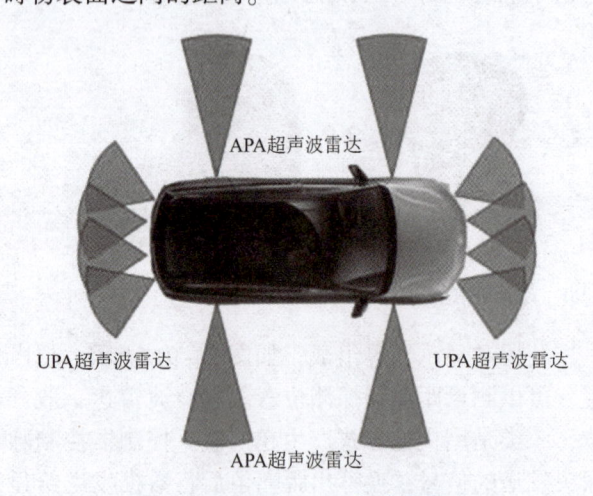

图 2-92 UPA、APA 超声波雷达

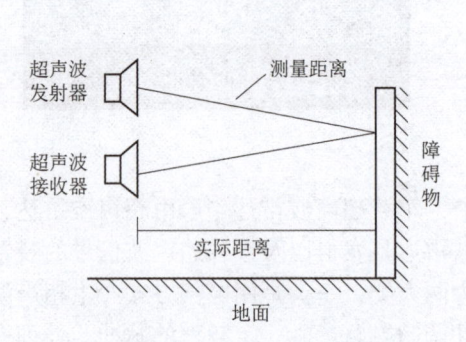

图 2-93 超声波雷达测距原理示意

首先测出超声波从发射到遇到障碍物返回所经历的时间，再乘以超声波在媒介中的传播速度就得到 2 倍的超声波雷达与障碍物之间的距离，即

$$D = ct/2 \qquad (2-4-1)$$

式中，D 为超声波雷达与障碍物之间的距离；c 为超声波在媒介中的传播速度，空气中超声波的传播速度约为 340 m/s；t 为时间，单位为 s。

4）超声波雷达报文解析

超声波雷达 CAN 通信采用标准数据帧，传输波特率为 500 kbit/s，终端 ID 号为 0x0601，超声波雷达 1~4 号探头 ID 号为 0x0611，5~8 号探头 ID 号为 0x0612。

超声波雷达的 CAN 报文结构主要由 ID、DLC（数据长度）和数据场组成，报文类型分为控制指令报文和数据输出报文。控制指令报文和控制指令报文定义分别见表 2-29、表 2-30。

超声波雷达报文解析（视频）

表 2-29 控制指令报文

序号	传输方向	接收时间标识	帧 ID	帧格式	帧类型	数据长度	数据
0	发送	19：01：20.373.0	0x00000601	数据帧	标准帧	0x03	B1 10 FF

表 2-30 控制指令报文定义

ID	DLC	Byte0	Byte1	Byte2
0x601	0x03	0xb1~0xbe	0x1f	0xff

控制指令报文中，首字节（Byte0）用于确定超声波雷达的工作模式。

0xb1 表示远距离（建议最远探测距离需要大于 2.5 m 时使用该指令）索要测量距离数据指令，不间断返回距离数据，盲区 290 mm，最远显示距离 5 000 mm。

0xb2 表示远距离（建议最远探测距离需要大于 2.5 m 时使用该指令）索要测量距离数据指令，返回一次距离数据，盲区 290 mm，最远显示距离 5 000 mm。

0xb3 表示较远距离（建议最远探测距离需要大于 2 m 时使用该指令）索要测量距离数据指令，不间断返回距离数据，盲区 250 mm，最远显示距离 5 000 mm。

0xb4 表示较远距离（建议最远探测距离需要大于 2 m 时使用该指令）索要测量距离数据指令，返回一次距离数据，盲区 250 mm，最远显示距离 5 000 mm。

0xb5 表示稍远距离（建议最远探测距离需要大于 1.5 m 时使用该指令）索要测量距离数据指令，不间断返回距离数据，盲区 205 mm，最远显示距离 5 000 mm。

0xb6 表示稍远距离（建议最远探测距离需要大于 1.5 m 时使用该指令）索要测量距离数据指令，返回一次距离数据，盲区 205 mm，最远显示距离 5 000 mm。

0xb7 表示近距离（建议最远探测距离只需要大于 1 m 时使用该指令）索要测量距离数据指令，不间断返回距离数据，盲区 200 mm，最远显示距离 5 000 mm。

0xb8 表示近距离（建议最远探测距离只需要大于 1 m 时使用该指令）索要测量距离数据指令，返回一次距离数据，盲区 200 mm，最远显示距离 5 000 mm。

0xb9 表示极近距离（建议最远探测距离只需要在 0.3 m 内时使用该指令）索要测量距离数据指令，不间断返回距离数据，盲区 130 mm，最远显示距离 5 000 mm。该指令探头线长不能大于 2.5 m，一般情况下不建议使用该指令。

0xba 表示极近距离（建议最远探测距离只需要在 0.3 m 内时使用该指令）索要测量距离数据指令，返回一次距离数据，盲区 130 mm，最远显示距离 5 000 mm。该指令探头线长不能大于 2.5 m，一般情况下不建议使用该指令。

0xbb 表示雨天工作模式（建议雨天时使用该指令）索要测量距离数据指令，不间断返回距离数据，盲区 290 mm，最远探测距离 2 500 mm 左右，最远显示距离 5 000 mm。

0xbc 表示雨天工作模式（建议雨天时使用该指令）索要测量距离数据指令，返回一次距离数据，盲区 290 mm，最远探测距离 2 500 mm 左右，最远显示距离 5 000 mm。

0xbd 表示低温工作模式（建议温度低于 -10 ℃ 时使用该指令）索要测量距离数据指令，不间断返回距离数据，盲区 290 mm，最远显示距离 5 000 mm。

0xbe 表示低温工作模式（建议温度低于 -10 ℃ 时使用该指令）索要测量距离数据指令，返回一次距离数据，盲区 290 mm，最远显示距离 5 000 mm。

控制指令 2~3 字节（Byte1、Byte2）用于选择对应的超声波雷达进行工作，一般使用时都是全部工作（0x1f、0xff）或者全部停止工作（0x10、0x00）。超声波雷达上电后，只有控制器发送控制指令，才能有数据输出。

8 通道超声波雷达数据输出报文见表 2-31。其中，帧 ID 有两种情况，1~4 号传感器 ID 号为 0x0611，5~8 号传感器 ID 号为 0x0612。超声波雷达发送报文数据长度是固定的 8 字节，每个传感器数据由 2 位十进制 BCD 码（先高字节，后低字节）组成，长度单位为 mm。

表 2-31 数据输出报文

序号	传输方向	接收时间标识	帧 ID	帧格式	帧类型	数据长度	数据
1	接收	0x1D9B24C	0x00000611	数据帧	标准帧	0x08	14 95 02 90 02 90 03 90
2	接收	0x1D9B26F	0x00000612	数据帧	标准帧	0x08	03 15 02 90 20 05 36 15

如表 2-31 所示，当超声波雷达发送的 ID 号为 0x0611 时，1~4 号传感器测距数据中字节 0 和字节 1 对应 1 号传感器的测距数据，字节 2 和字节 3 对应 2 号传感器的测距数据，依此类推，可知 1 号传感器的测距数据为 1 495 mm，2 号传感器的测距数据为 290 mm，3 号传感器的测距数据为 290 mm，4 号传感器的测距数据为 390 mm。

当超声波雷达不接电或者传感器线路出现断路时，恒定输出 5 005 数据；当超声波雷达探测不到物体时，恒定输出 5 000 数据。

6. 思考与练习

1）不定项选择题

（1）车辆上所使用的超声波雷达的工作频率为（　　）。
A. 30 kHz　　　　B. 40 kHz　　　　C. 48 kHz　　　　D. 58 kHz

（2）车载超声波雷达由（　　）组成。
A. 超声波雷达　　B. 显示部分　　　C. 控制部分　　　D. 电源部分

（3）在超声波雷达按照探测距离可分为（   ）。
A. UPA 超声波雷达　　　　　　　　B. APA 超声波雷达
C. SRR 超声波雷达　　　　　　　　D. MRR 超声波雷达

2）判断题

（1）频率高于 10 kHz 的声波为超声波。（   ）
（2）超声波雷达发出的超声波的波长越长，频率越高，检测距离越大。（   ）
（3）超声波雷达需要先发送控制指令，才能接收到数据。（   ）
（4）超声波雷达可以通过发送和接收的超声波的飞行时间差计算出距离。（   ）
（5）采集的超声波雷达 CAN 总线数据为十六进制的 BCD 码。（   ）

3）思考题

（1）思考与讨论超声波雷达的测距原理是什么。
（2）思考与讨论超声波雷达的报文数据如何解析，并以数据"05 01 08 00 50 00 50 05"为例进行解析。
（3）思考与讨论实训车辆超声波雷达的应用场景有哪些。

任务五　组合导航系统安装与调试

1. 任务目标

基于 OBE 教育理念，结合智能网联汽车技术专业毕业要求与任务特点，建立任务目标支撑毕业要求和培养规格的对应关系，确定任务目标如下。

（1）目标 O1：能正确理解并执行通用安全规范，识别组合导航系统装配作业中的安全风险，并采取必要的防范措施。
（2）目标 O2：能识读组合导航系统产品操作手册中的接线图，理解组合导航系统装配要求，正确进行组合导航系统的安装与接线。
（3）目标 O3：能使用惯导地面站软件 IBCAHRS、串口调试助手软件，完成组合导航系统功能测试和数据采集。

任务目标与毕业要求支撑对照表见表 2-32，任务目标与培养规格对照表见表 2-33。

表 2-32　任务目标与毕业要求支撑对照表

毕业要求	二级指标点	任务目标
1. 工程知识	毕业要求 1-2：能针对确定的、实用的对象进行求解	目标 O2 目标 O3

续表

毕业要求	二级指标点	任务目标
2. 问题分析	毕业要求 2-1：能运用适用于所属学科或专业领域的分析工具，识别与判断广义工程问题的关键环节	目标 O2
5. 使用现代工具	毕业要求 5-3：能针对具体的对象，选择与使用满足特定需求的现代工具，模拟和预测专业问题，并能够分析其局限性	目标 O3
8. 职业规范	毕业要求 8-3：理解工程师对公众的安全、健康和福祉，以及环境保护的社会责任，能在工程实践中自觉履行责任	目标 O1

表 2-33　任务目标与培养规格对照表

培养规格	规格要求	任务目标
素养	（1）能正确理解并执行通用安全规范，识别组合导航系统装配作业中的安全风险，并采取必要的防范措施； （2）能在实际操作过程中培养动手实践能力，重视培养质量意识、安全意识、节能环保意识、规范操作意识及创新意识； （3）能树立独立思考、坚韧执着、追求卓越的探索精神	目标 O1
能力	（1）能按照产品操作手册要求，使用工具，完成组合导航系统的安装与接线； （2）能按照产品操作手册要求，使用工具软件，完成组合导航系统功能测试、组合导航系统数据采集	目标 O2 目标 O3
知识	（1）了解导航定位的意义、分类与原理，组合导航系统和惯性导航系统的特点； （2）了解组合导航系统 GPS 导航电文解析的方法	目标 O2 目标 O3

2. 任务描述

交通运输是国民经济、社会发展和人民生活的命脉，卫星导航系统是助力实现交通运输信息化和现代化的重要手段，对建立畅通、高效、安全、绿色的现代交通运输体系具有十分重要的意义。卫星导航系统硬件在车辆上的安装位置非常重要，是确定车辆与各传感器环境坐标的关键设备，需要每隔一定的时间对卫星导航系统进行校准与调试。

本任务以组合导航系统用户段为例，根据产品操作手册的安装要求、操作方法和注意事项，使用工具软件，完成组合导航系统的安装、功能测试和数据采集。

3. 任务实施

1）任务准备

（1）Windows 10 计算机；
（2）车辆自动驾驶系统应用实训平台 XHV – B0；
（3）组合导航设备套件；
（4）RS232 转 USB 线束；
（5）惯导地面站软件 IBCAHRS；
（6）串口调试助手软件；
（7）安装工具套件；
（8）车辆自动驾驶应用实训平台操作手册。

2）步骤与现象

步骤一：安装组合导航系统

首先安装组合导航系统，进行 J30J – 9ZK 型插座接线，如图 2 – 94 所示。将 J30J – 9ZK 型插座的 1 号针脚线束与 DC 12V 电源正极连接，2 号针脚线束与 DC 12V 电源负极连接，3 号、4 号和 5 号针脚线束分别与 RS232 型母插头的 2 号、3 号和 5 号针脚连接。

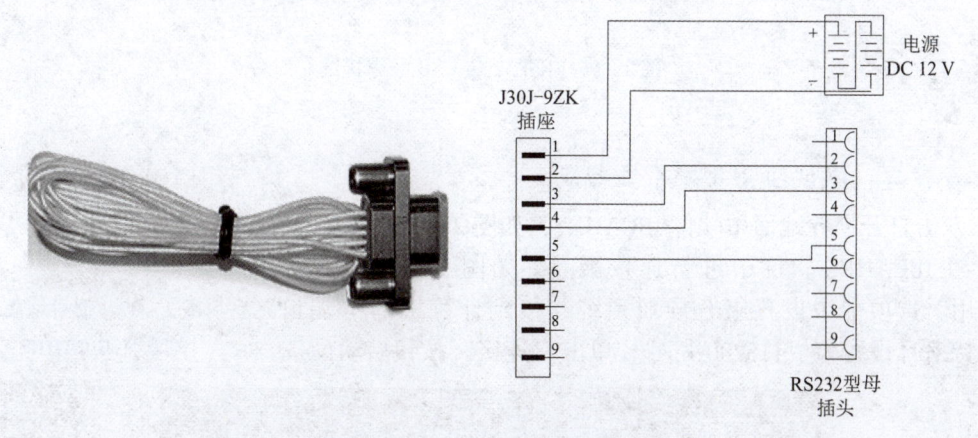

图 2 – 94　J30J – 9ZK 型插座接线

接着进行组合导航系统安装，如图 2 – 95 所示。将 GPS 接收天线连接到组合导航系统 ANT 接口，GPS 接收天线使用 3M 胶固定在车辆前部靠近中轴线的无遮挡位置；将 J30J – 9ZK 型插座连接组合导航系统 MAIN 接口，使用 3M 胶将组合导航系统固定在部件舱靠近车辆中轴线的位置，组合导航系统 Y 轴方向指向车辆前进方向。

然后进行 RS232 转 USB 线束接线，如图 2 – 96 所示，使用 RS232 转 USB 线束连接组合导航系统 RS232 型母插头与计算机。

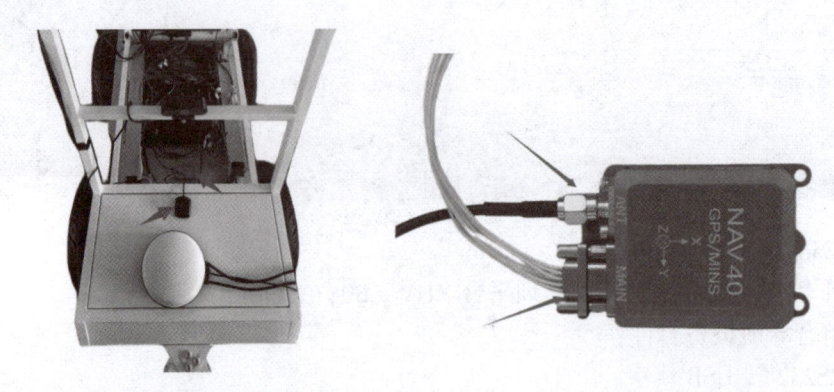

图 2-95 组合导航系统安装

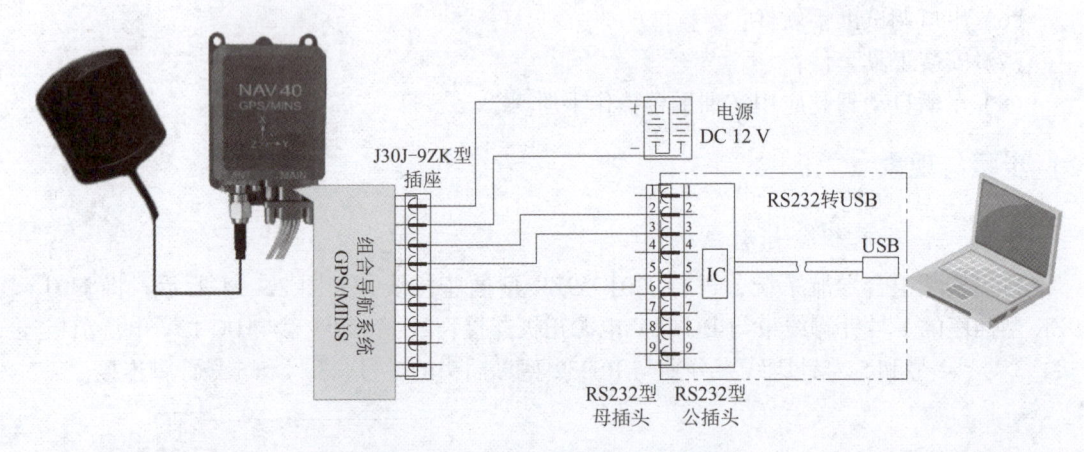

图 2-96 RS232 转 USB 线束接线

步骤二：测试组合导航系统功能

双击打开惯导地面站软件 IBCAHRS，如图 2-97 所示。

在 IBCAHRS 软件中进行连接配置，如图 2-98 所示，在"通用"选项卡中设置组合导航系统连接到计算机的"端口"，"波特率"设置为"115200 bps"，单击"连接"按钮启动设备。

图 2-97 惯导地面站软件 IBCAHRS

组合导航测试（视频）

图 2-98 连接配置

在"配置"选项卡中单击右下角"读取"按钮,在读取到的数据中,将"输出格式"配置为"BIN",其他选采用默认配置,单击"写入"按钮,配置组合导航系统设备,如图 2-99 所示。

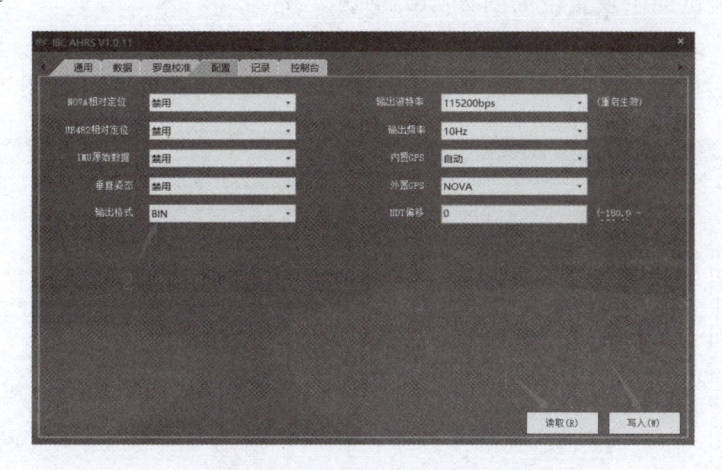

图 2-99 配置组合导航系统设备

配置写入完成后,读取组合导航系统数据。如图 2-100 所示,在"数据"选项卡中,读取组合导航系统输出的数据信息。

图 2-100 读取组合导航系统数据

返回"通用"选项卡,观察组合导航系统姿态,如图 2-101 所示,可以看到飞控姿态模型随着组合导航系统姿态进行调整。

图 2-101 观察组合导航系统姿态

步骤三：采集组合导航系统数据

双击打开串口调试助手软件，如图 2-102 所示。

进行串口调试助手设置，如图 2-103 所示，完成"串口设置"和"接收设置"。

图 2-102 打开串口调试助手软件

设置完成后打开串口，在"数据日志"框中观察设备采集数据，如图 2-104 所示。

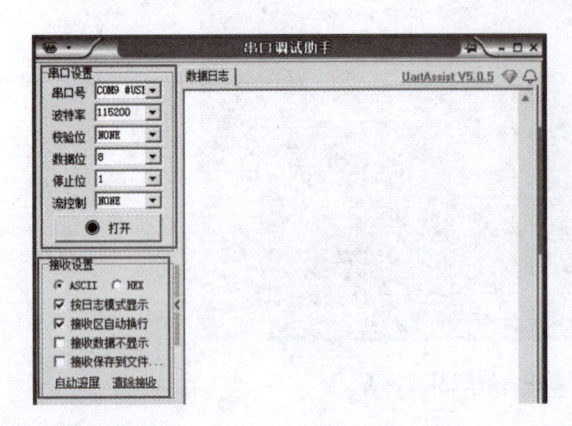

图 2-103 串口调试助手设置

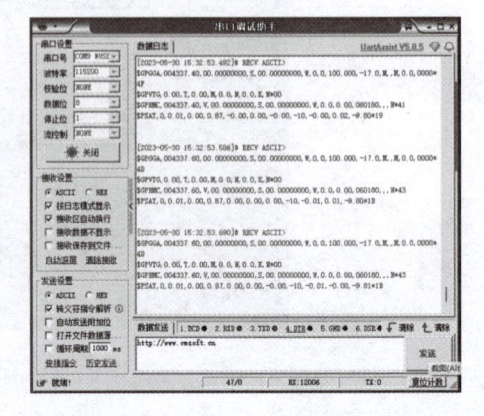

图 2-104 在"数据日志"观察设备采集数据

3) 关键点分析

有时惯导地面站软件 IBCAHRS 设置连接后可能无数据。

打开计算机"设备管理器"，找到组合导航系统连接的"USB Serial Port"端口，该端口若显示感叹号图标，需要通过更新端口驱动解决。

完成驱动更新后端口正常，双击打开端口属性页面，在"端口设置"选项卡中设置"每秒位数（B）"参数与惯导地面站软件 IBCAHRS 的波特率相同，如图 2-105 所示。

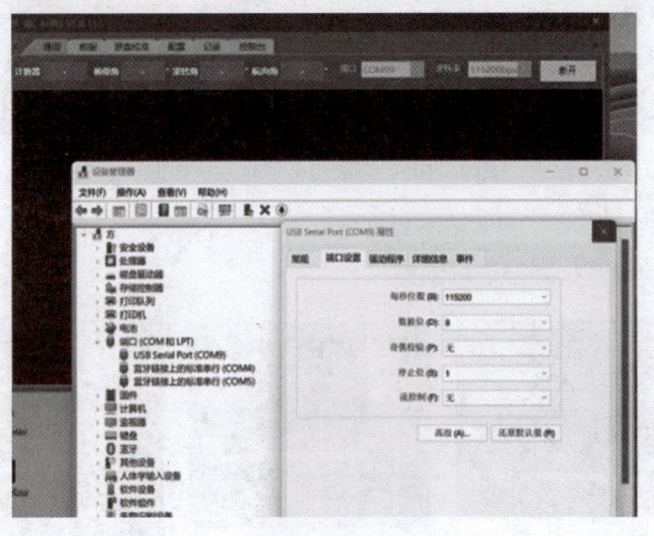

图 2-105 波特率设置

4. 考核评价

据任务实施过程，结合素养、能力、知识目标，使用表 2-34（任务实施考核评价表），由学生填写具体的任务实施和操作要点，由教师对任务实施情况进行评价。

表 2-34 任务实施考核评价表

评价类别	评价内容	分值	得分
素养	（1）能正确理解并执行通用安全规范，识别组合导航系统装配作业中的安全风险，并采取必要的防范措施 （2）能在实际操作过程中培养动手实践能力，重视培养质量意识、安全意识、节能环保意识、规范操作意识及创新意识 （3）能树立独立思考、坚韧执着、追求卓越的探索精神	10	
能力	（1）能按照产品操作手册要求，使用工具，完成组合导航系统的安装与接线 （2）能按照产品操作手册要求，使用工具软件，完成组合导航系统功能测试、组合导航系统数据采集	10	
知识	（1）了解导航定位的意义、分类与原理，组合导航系统和惯性导航系统的特点 （2）了解组合导航系统 GPS 导航电文解析的方法	10	

实施过程	实施内容	操作要点	分值	得分
1. 实训准备	实训平台	□实训车辆　□实训专用实验台 □虚拟设备	10	
	工具设备	1 2 3 4		
	实训资料	1 2 3 4		
	安全防护用品与设施	1 2 3 4		

续表

评价类别	评价内容				分值	得分
2. 安装组合导航系统	安装组合导航系统	电源接线	功能	接线端1	接线端2	20	
			正极接线端子：				
			负极接线端子：				
		信号线接线	RX232_1				
			TX232_1				
			信号地				
		GPS接收天线	GPS接收				
		RS232转USB线束					
		GPS接收天线安装	安装位置				
		组合导航系统安装	安装位置				
			Y轴方向				
3. 测试组合导航系统功能	计算机端串口设置	串口驱动	□正常 □异常			16	
		串口输出每秒位数					
		数据位					
	软件设置	波特率					
		端口设置					
		输出格式					
		数据查询					
4. 采集组合导航系统数据	数据采集工具软件					24	
	串口设置						
	接收设置						
	输出结果解析	Pitch角度					
		Roll角度					
		Yaw角度					
		经度					
		纬度					
总分							
评语							

考核评价根据任务要求设置评价项目，项目评分包含配分、分值和得分，教师可以根据学生的项目内容完成情况进行评分。

任务目标达成度以任务目标为评价维度，评价项目支撑任务目标。教师根据任务目标评价学生的任务完成情况。任务考核评价表见表2–35。

表2-35 任务考核评价表

任务名称		组合导航系统安装与调试					
评价项目	项目内容	项目评分			任务目标达成度		
		配分	分值	得分	目标O1	目标O2	目标O3
1. 实训准备	实训平台	16	4				
	工具设备		4				
	实训资料		4				
	安全防护用品与设施		4				
2. 安装组合导航系统	电源接线	32	6				NC
	信号线接线		8				NC
	GPS 接收天线		4				NC
	RS232 转 USB 线束		4				NC
	GPS 接收天线安装		4				NC
	组合导航系统安装		6				NC
3. 测试组合导航系统功能	计算机端串口设置	28	8				
	软件设置		20				
4. 采集组合导航系统数据	数据采集工具软件	24	2				
	串口设置		6				
	接收设置		6				
	输出结果解析		10				
综合评价							

注：①项目评分请按每项分值打分，填入"得分"栏。
②任务目标达成度根据任务完成情况进行评价，对照任务目标是否达成进行勾选，达成则打"√"。
③任务目标达成度中"NC"表示本行评价内容与对应任务目标无关。

根据任务目标达成度的评价结果，结合任务实施过程、项目评分结果，教师填写表2-36（任务持续改进表）。

表2-36 任务持续改进表

评价项目	上一轮改进措施	本轮改进内容	本轮改进效果	下一轮改进措施
安装组合导航系统				
测试组合导航系统功能				
采集组合导航系统数据				

5. 知识分析

1) 导航定位的意义

高精度导航定位是自动驾驶车辆一切理想实现的前提。它用于判断自动驾驶功能是否处于可激活的设计运行条件下；用于支撑自动驾驶车辆的全局路径规划；用于辅助自动驾驶车辆的变道、避障策略；提供智能网联汽车实时的位置、速度、姿态、加速度、角速度等运动信息。

智能网联汽车的导航定位通过全球卫星定位系统（Global Position System，GPS）、北斗卫星导航系统（BeiDou Navigation Satellite System，BDS）、组合导航系统、视觉 SLAM、激光雷达 SLAM 等，获取车辆的位置和航向信息。

2) 全球导航卫星系统的分类

全球导航卫星系统（Global Navigation Satellite System，GNSS）是能够在地球表面或近地空间的任何地点，为用户提供全天候的三维坐标和速度以及时间信息的空基无线电导航定位系统。当前，投入运作的全球导航卫星系统主要包括美国的 GPS、俄罗斯的格洛纳斯卫星导航系统（GLONASS）、欧洲的伽利略系统（GALILEO）和我国的 BDS，如图 2-106 所示。

图 2-106　全球导航定位系统
(a) GPS；(b) BDS；(c) GLONASS；(d) GALILEO

GPS 是由美国国防部研制的全球首个定位导航服务系统，1990—1999 年 GPS 建成并进入完全运作阶段，1993 年实现 24 颗在轨卫星满星运行。其中，24 颗导航卫星平均分布在 6 个轨道面上，保证在地球的任何地方可同时见到 4~12 颗卫星，使地球上任何地点、任何时刻均可实现三维定位、测速和测时。GPS 使用世界大地坐标系（WGS-84）。

GPS 是一种相对精准的定位传感器，能为车辆提供精度为米级的绝对定位，差分 GPS 更可以为车辆提供精度为厘米级的绝对定位，但 GPS 的更新频率低（10 Hz），在车辆快速行驶时很难给出精准的实时定位。在隧道或者建筑物遮挡严重的区域，也不能实时获得良好的 GPS 信号。因此，必须借助其他传感器来辅助定位，提高定位的精度，其中最常用的就是惯性传感器（Inertial Measurement Unit，IMU）。

GLONASS 的空间星座由 27 颗工作星和 3 颗备用星组成，均匀地分布在 3 个近圆形的轨道平面上，这 3 个轨道平面两两相隔 120°，使用苏联地心坐标系（PZ-90）。

GALILEO 是欧盟于 2002 年批准建设的卫星定位系统，计划由分布在 3 个轨道平面上的 30 颗中等高度轨道卫星构成，每个轨道平面上有 10 颗卫星，其中 9 颗卫星正常工作，1 颗卫星运行备用，轨道平面倾角为 56°，轨道高度为 24 126 km，其民用精度较高，使用世界大地坐标系（WGS – 84）。

BDS 是由我国自主研发、独立运行的全球卫星定位与通信系统，其空间段包括 5 颗静止轨道卫星和 30 颗非静止轨道卫星，采用我国独立建设使用的 CGCS2000 坐标系。

GPS、GLONASS、GALILEO、BDS 四大卫星导航系统的性能对比见表 2 – 37。

表 2 – 37　四大卫星导航系统的性能对比

卫星导航系统	GPS	GLONASS	GALILEO	BDS
国家/地区	美国	俄罗斯	欧盟	中国
组网卫星数/个	24 ~ 30	30	30	24 ~ 30
轨道平面数/个	3	3	6	3
轨道高度/km	26 560	25 510	23 222	21 150
轨道倾角/ (°)	55	64.8	56	55
运行周期	11 h 58 min	11 h 15 min	13 h	12 h 55 min
测地坐标系	WGS – 84	PZ – 90	WGS – 84	CGCS2000
使用频率/GHz	1.228	1.597 ~ 1.617	1.164 ~ 1.300	1.207 ~ 1.269

3）全球导航卫星系统定位原理

GPS 采用卫星基本三角定位原理，以 GPS 接收装置测量无线电信号的传输时间来测量距离。由于每颗卫星的位置精确可知，所以在 GPS 观测中，可得到每颗卫星到 GPS 接收机的距离，利用三维坐标中的距离公式以及 3 颗卫星的位置，就可以组成 3 个方程式，解出观测点的位置坐标 (X, Y, Z)。考虑到卫星的时钟与 GPS 接收机时钟之间存在误差，实际上有 4 个未知数，即 X、Y、Z 和时钟偏差，因此需要引入第 4 颗卫星，组成 4 个方程式进行求解，从而得到观测点的经纬度和高程。GPS 定位原理如图 2 – 107 所示。

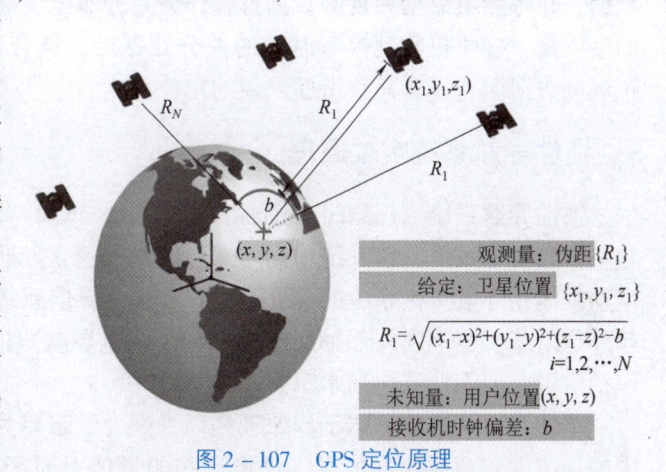

观测量：伪距 $\{R_1\}$
给定：卫星位置 $\{x_1, y_1, z_1\}$
$R_1 = \sqrt{(x_1-x)^2+(y_1-y)^2+(z_1-z)^2} - b$
$i = 1, 2, \cdots, N$
未知量：用户位置 (x, y, z)
接收机时钟偏差：b

图 2 – 107　GPS 定位原理

事实上，GPS 接收机往往可以锁住 4 颗以上的卫星，这时，GPS 接收机可将卫星按星座分布分成若干组，每组 4 颗，然后通过算法挑选出误差最小的一组用于定位，从而提高精度。由于卫星运行轨道、卫星时钟存在误差，大气对流层、电离层对信号存在影响，所以民用 GPS 的定位精度最高只有 5 m。

4）实时动态差分定位原理

实时动态差分（Real-Time Kinematic，RTK）定位技术是地基增强系统的关键技术，能够有效提高 GPS 定位精度，差分 GPS 通常包括位置差分和距离差分。其中距离差分又分为两类，即伪距差分和载波相位差分。RTK 技术就是实时动态载波相位差分技术。RTK 技术是实时处理两个基站载波相位观测量的差分方法，即将基站采集的载波相位发送给用户接收机，通过求差解算得到坐标。RTK 系统组成和通信链路示意如图 2-108 所示。

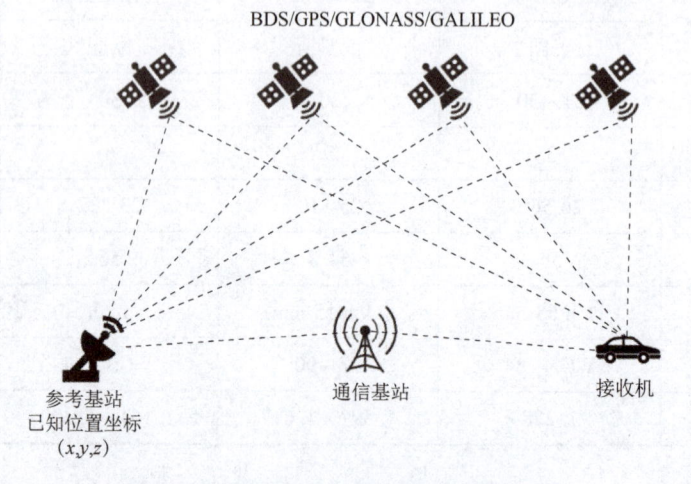

图 2-108 RTK 系统组成和通信链路示意

通过在地面建立参考基准站并进行测绘，能够获知该参考基准站的位置数据，并将这个位置数据写入参考基站控制器。参考基站内部接收机同时接收卫星载波信号来获取观测数据，并将测绘数据和观测数据打包作为差分数据，通过无线通信网络广播给覆盖范围内的接收机。接收机收到参考基站的差分数据后，结合自身观测数据，调用 RTK 算法，修正观测数据误差，从而获得厘米级的定位精度。

5）惯性导航系统定位原理

惯性导航系统（Inertial Navigation System，INS）是以陀螺仪和加速度计为敏感器件的导航参数解算系统，该系统根据陀螺仪的输出建立导航坐标系，根据加速度的输出解算出运动载体在导航坐标系中的速度和位置。惯性导航系统也称作惯性参考系统，是一种不依赖外部信息，也不向外部辐射能量（如无线电导航）的自主式导航系统。其工作环境不仅包括空中、地面，还包括水下。

惯性导航系统的基本工作原理是以牛顿力学定律为基础，测量运动载体在惯性参考系中的加速度和角加速度信息，再将这些测量值对时间进行一次积分，求得运动载体的速度、角速度，之后进行二次积分求得运动载体的位置信息，然后将其变换到导航坐标系，得到运动载体在导航坐标系中的速度、偏航角和位置等信息，如图 2-109 所示。一般情况下惯性导航系统会结合 GPS 使用，融合经纬度信息以提供更精确的位置信息。

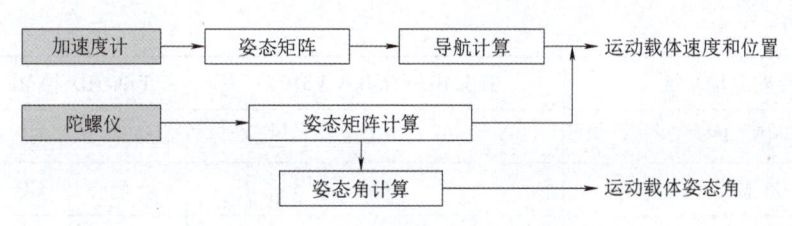

图2-109 惯性导航系统工作原理

6) 组合导航系统

组合导航系统由输入装置、数据处理和控制部分、输出装置以及外围设备组成，通常利用计算机和数据处理技术把具有不同特点的导航设备组合在一起，对各个导航传感器送来的信息进行综合和最优化数字处理，然后输出位置、速度和姿态等信息，如图2-110所示。组合导航系统输入装置能够实时、连续地接收各种测量信息，对接收的信息进行数据综合处理，从而得到最优的结果以便确定航向、航速，进行天文以及地文测算等，最后由输出装置等对优化后的信息进行显示。

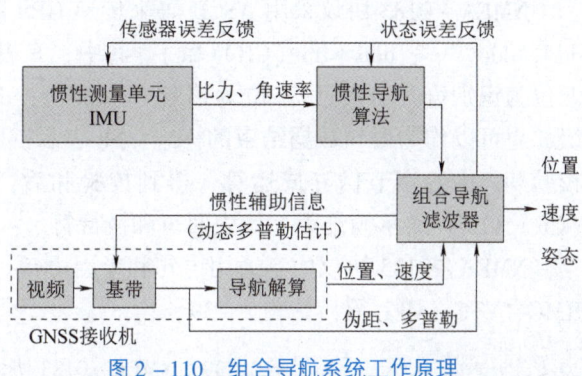

图2-110 组合导航系统工作原理

从本质上看，组合导航系统是多传感器（多源）导航信息的集成优化融合系统，它的关键技术是信息的融合和处理技术。新的数据处理方法，特别是卡尔曼滤波方法的应用是进行组合导航的关键。卡尔曼滤波方法通过运动方程和测量方程，不仅考虑当前所测得的参量值，而且充分利用过去测得的参量值，以后者为基础推测当前应有的参量值，以前者为校正量进行修正，从而获得当前参量值的最佳估算。

7) GPS 协议解析

NMEA-0183 是美国国家海洋电子协会（National Marine Electronics Association, NMEA）为海用电子设备制定的标准格式。目前业已形成了 GPS/BDS 设备统一的标准协议。NMEA-0183 常用的版本有 V3.01 和 V4.10。针对不同的卫星导航系统，NMEA-0183 采用语句前缀区分导航系统数据，见表2-38。在通用语句中加上所使用的卫星导航系统前缀，表示特定的卫星导航系统，例如 BDS NMEA-0183 语句前缀是 BD/GB。

GPS 报文解析（视频）

表2-38 卫星导航系统数据前缀

全球导航卫星系统	TalkerID（NMEA V3.01）	TalkerID（NMEA V4.11）
欧洲 GALILED	GA	GA
中国 BDS	BD	GB

续表

全球导航卫星系统	TalkerID（NMEA V3.01）	TalkerID（NMEA V4.11）
美国 GPS	GP	GP
日本 MSAS	GP	GQ
俄罗斯 GLONASS	GL	GL
多导航系统混合定位	GN	GN

NMEA-0183 协议采用 ASCII 码来传递 GPS 定位信息，称为帧。帧格式为：$aaccc，ddd，ddd，…，ddd*hh（CR)(LF)。其中，$表示帧命令起始位；aaccc 表示地址域，前两位为识别符（aa），后三位为语句名（ccc）；ddd.….ddd 表示数据；*表示校验和前缀，也可以作为语句数据结束的标志；hh 表示校验和，是 $ 与 * 之间所有字符 ASCII 码的校验和，由各字节做异或运算，得到校验和后，再转换为十六进制格式的 ASCII 字符；（CR）(LF) 表示帧结束，代表回车和换行符。

NMEA-0183 协议中有通用语句和专用语句。常用的通用语句包括 GGA、GSA、GSV、RMC、VTG、GLL 等，见表 2-39。

表 2-39 NMEA-0183 协议常用的通用语句

类别	描述
GPGSV	可见卫星信息
GPRMC	推荐最小定位信息
GPVTG	地面速度信息
GPGGA	GPS 定位信息
GPGSA	当前卫星信息
GPGLL	地理定位信息

表 2-40 所示为原始数据样本示例。

表 2-40 原始数据样本示例

序号	数据
1	$GPRMC,111912.00,A,3731.93303,N,12204.76895,E,0.291,,010521,,,A*7A
2	$GPVTG,,T,,M,0.291,N,0.538,K,A*27
3	$GPGGA,111912.00,3731.93303,N,12204.76895,E,1,04,4.36,37.6,M,8.3,M,,*57
4	$GPGSA,A,3,02,06,09,12,,,,,,,,5.37,4.36,3.12*0C
5	$GPGSV,2,1,07,02,64,336,32,04,08,035,28,05,33,245,,06,57,064,37*7E

续表

序号	数据
6	$ GPGSV,2,2,07,09,33,057,35,12,25,262,29,25,14,300,29*40
7	$ GPGLL,3731.93303,N,12204.76895,E,111912.00,A,A*6E

其中，GPRMC 数据详解见表 2-41。其格式表示为：$ GPRMC，<1>，<2>，<3>，<4>，<5>，<6>，<7>，<8>，<9>，<10>，<11>，<12>*hh。

表 2-41 GPRMC 数据详解

参数	定义	释义
<1>	UTC 时间，采用 hhmmss（时分秒）格式	这个是格林尼治时间，是世界时间（UTC），需要把它转换成北京时间（BTC），BTC 和 UTC 差了 8 h，因此要在这个时间基础上加 8 h
<2>	定位状态，A=有效定位，V=无效定位	在接收到有效数据前，这个位是 V，后面的数据都为空，接收到有效数据后，这个位是 A，后面才开始有数据
<3>	纬度，采用 ddmm.mmmm（度分）格式（前面的 0 也将被传输）	需要把它转换成度分秒的格式
<4>	纬度，半球 N（北半球）或 S（南半球）	—
<5>	经度，采用 dddmm.mmmm（度分）格式（前面的 0 也将被传输）	—
<6>	经度半球，E（东经）或 W（西经）	—
<7>	地面速率（000.0~999.9 n mile/h，前面的 0 也将被传输）	这个速率的单位是 n mile/h，要把它转换成 n mile，根据 1 n mile = 1.85 km，把得到的速率乘以 1.85
<8>	地面航向（000.0°~359.9°，以真北为参考基准，前面的 0 也将被传输）	指的是偏离正北的角度
<9>	UTC 日期，采用 ddmmyy（日月年）格式	这个日期是准确的，不需要转换
<10>	磁偏角（000.0°~180.0°，前面的 0 也将被传输）	—
<11>	磁偏角方向，E（东）或 W（西）	—
<12>	模式指示（仅 NMEA-01833.00 版本输出，A=自主定位，D=差分，E=估算，N=数据无效）	
hh	校验和	

根据数据计算经纬度，如接收到的纬度是 4 546.408 91，通过 4 546.408 91/100 = 45.464 089 1 可以直接计算出 45°，通过 4 546.408 91 − 45 100 = 46.408 91，可以直接计算出 46′，通过 46.408 91 − 46 = 0.408 916 0 = 24.534 6，可以计算出 24″，因此计算得到纬度是 45°46′24″。

GPVTG 数据详解见表 2 − 42。其格式表示为 $GPVTG，<1>，T，<2>，M，<3>，N，<4>，K，<5>*hh。

表 2 − 42　GPVTG 数据详解

参数	定义
<1>	以正北为参考基准的地面航向（000° ~ 359°，前面的 0 也将被传输）
<2>	以磁北为参考基准的地面航向（000° ~ 359°，前面的 0 也将被传输）
<3>	地面速率（000.0 ~ 999.9 n mile/h，前面的 0 也将被传输）
<4>	地面速率（0 000.0 ~ 185 1.8 km/h，前面的 0 也将被传输）
<5>	模式指示（仅 NMEA 0183 3.00 版本输出，A = 自主定位，D = 差分，E = 估算，N = 数据无效）

GPGGA 数据详解见表 2 − 43，其格式表示为 $GPGGA，<1>，<2>，<3>，<4>，<5>，<6>，<7>，<8>，<9>，<10>，<11>，<12>*hh。

表 2 − 43　GPGGA 数据详解

参数	定义
<1>	UTC 时间，格式为 hhmmss.sss
<2>	纬度，格式为 ddmm.mmmm（第一位 0 也将被传输）
<3>	纬度半球，N 或 S（北纬或南纬）
<4>	经度，格式为 dddmm.mmmm（第一位 0 也将被传输）
<5>	经度半球，E 或 W（东经或西经）
<6>	定位质量指示，0 = 定位无效，1 = 定位有效
<7>	使用卫星数量，00 ~ 12（第一位 0 也将被传输）
<8>	水平精确度，0.5 ~ 99.9
<9>	天线离海平面的高度，− 9 999.9 ~ 9 999.9 m
<10>	大地水准面高度，− 9 999.9 ~ 9 999.9 m
<11>	差分 GPS 数据期限（RTCMSC − 104），最后设立 RTCM 传送的秒数量
<12>	差分参考基站标号，0000 ~ 1023（第一位 0 也将被传输）
hh	校验和

GPGSV 数据详解见表 2 − 44，其格式表示为 GPGSV，(1)，(2)，(3)，(4)，(5)，(6)，(7)，… (4)，(5)，(6)，(7)*hh（CR）（LF）。

表 2-44 GPGSV 数据详解

参数	定义
（1）	总的 GSV 语句电文数：2
（2）	当前 GSV 语句号：1
（3）	可视卫星总数：08
（4）	PRN 码（伪随机噪声码也可以认为是卫星编号）
（5）	仰角（00°～90°）：33°
（6）	方位角（000°～359°）：240°
（7）	信噪比（00～99 dB）：45 dB（后面依次为第 10，16，17 号卫星的信息）；＊总和校验域；hh 总和校验数：78；（CR）（LF）回车、换行符

在 GPGSV 中每条语句最多包括 4 颗卫星的信息，每颗卫星的信息有 4 个数据项，（4）表示卫星号，（5）表示仰角，（6）表示方位角，（7）表示信噪比。例如语句为 ＄GPGSV，3，1，10，24，82，023，40，05，62，285，32，01，62，123，00，17，59，229，28 ＊ 70。其中第一部分是 "24，82，023，40"，第二部分是 "05，62，285，32" 等，包含 4 个部分。每部分的第一个词为 PRC，第二个词为卫星高程，然后为方位角和信号强度。这个语句里最重要的指标是信噪比 SNR。这个数值表示卫星信号的接收率。卫星以相同的强度发射信号，但是传播过程中难免遇到诸如树和墙之类的障碍物，这样就影响了信号的识别。典型的 SNR 值为 0～50，其中 50 表示非常好的信号。

GPGSA 数据详解见表 2-45，其格式表示为 GPGSA，字段 1，字段 2，字段 3，字段 4，字段 5，字段 6，字段 7，字段 8，字段 9，字段 10，字段 11，字段 12，字段 13，字段 14，字段 15，字段 16，字段 17，字段 18。

表 2-45 GPGSA 数据详解

参数	定义
字段 1	定位模式，A = 自动（二维/三维），M = 手动（二维/三维）
字段 2	定位类型，1 = 未定位，2 = 二维定位，3 = 三维定位
字段 3	PRN 码（伪随机噪声码），第 1 信道正在使用的卫星 PRN 码编号（00）（前导位数不足则补 0）
字段 4	PRN 码（伪随机噪声码），第 2 信道正在使用的卫星 PRN 码编号（00）（前导位数不足则补 0）
字段 5	PRN 码（伪随机噪声码），第 3 信道正在使用的卫星 PRN 码编号（00）（前导位数不足则补 0）
字段 6	PRN 码（伪随机噪声码），第 4 信道正在使用的卫星 PRN 码编号（00）（前导位数不足则补 0）

续表

参数	定义
字段7	PRN码（伪随机噪声码）第5信道正在使用的卫星PRN码编号（00）（前导位数不足则补0）
字段8	PRN码（伪随机噪声码），第6信道正在使用的卫星PRN码编号（00）（前导位数不足则补0）
字段9	PRN码（伪随机噪声码），第7信道正在使用的卫星PRN码编号（00）（前导位数不足则补0）
字段10	PRN码（伪随机噪声码），第8信道正在使用的卫星PRN码编号（00）（前导位数不足则补0）
字段11	PRN码（伪随机噪声码），第9信道正在使用的卫星PRN码编号（00）（前导位数不足则补0）
字段12	PRN码（伪随机噪声码），第10信道正在使用的卫星PRN码编号（00）（前导位数不足则补0）
字段13	PRN码（伪随机噪声码），第11信道正在使用的卫星PRN码编号（00）（前导位数不足则补0）
字段14	PRN码（伪随机噪声码），第12信道正在使用的卫星PRN码编号（00）（前导位数不足则补0）
字段15	PDOP综合位置精度因子（0.5~99.9）
字段16	HDOP水平精度因子（0.5~99.9）
字段17	VDOP垂直精度因子（0.5~99.9）
字段18	校验值

查阅资料，学习GPGLL数据内容的含义，将学习成果与团队成员讨论。

6. 思考与练习

1）多项选择题

（1）智能网联汽车的导航定位信息包括（　　）。
A. 位置　　　　　　B. 速度　　　　　　C. 加速度　　　　　　D. 姿态
（2）智能网联汽车的导航定位类别包括（　　）。
A. 绝对定位　　　　B. 相对定位　　　　C. 差分定位　　　　　D. 组合定位
（3）惯性导航系统不依赖外部信息，采用（　　）和（　　）测量运动载体参数。
A. 加速度传感器　　B. 陀螺仪　　　　　C. GPS　　　　　　　 D. 轮速传感器

2）判断题

（1）GPS进行车辆的定位时，其定位精度能够达到厘米级。（　　）

(2) 惯性导航系统能够进行车辆的定位，还能够计算车辆的速度和航向信息。(　　)

(3) 当移动站与基站相距较远时，可以使用网络 RTK 技术实现厘米级精度的定位。
(　　)

(4) 在全球导航卫星系统信号丢失情况下，组合导航系统仍然能够实现车辆的定位。
(　　)

3) 思考题

(1) 思考与讨论惯性导航系统原理是什么。
(2) 思考与讨论组合导航系统的优点有哪些。
(3) 思考与讨论组合导航系统硬件如何安装。

知识拓展

"自主创新、开放融合、万众一心、追求卓越"的新时代北斗精神

中国北斗，星耀全球。2020 年 6 月 23 日，随着最后一颗组网卫星成功发射，北斗三号全球卫星导航系统完成全球星座部署；2020 年 7 月 31 日，北斗三号全球卫星导航系统正式建成开通，标志着我国建成独立自主、开放兼容的全球卫星导航系统，成为世界上第三个独立拥有全球卫星导航系统的国家。自 1994 年启动北斗系统工程以来，北斗人奏响了一曲大联合、大团结、大协作的交响曲，孕育了"自主创新、开放融合、万众一心、追求卓越"的新时代北斗精神。在北斗三号全球卫星导航系统建成暨开通仪式上，习近平总书记强调："26 年来，参与北斗系统研制建设的全体人员迎难而上、敢打硬仗、接续奋斗，发扬'两弹一星'精神，培育了新时代北斗精神，要传承好、弘扬好。"

BDS 及其在智能网联汽车中应用如图 2-111 所示。

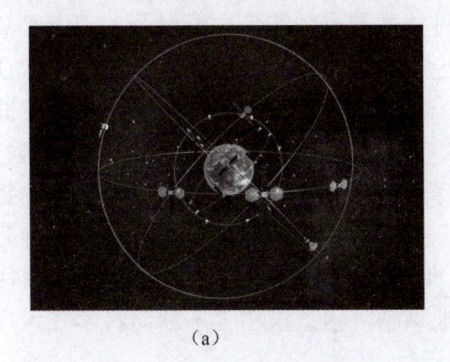

图 2-111　BDS 及其在智能网联汽车中的应用
(a) BDS；(b) BDS 在智能网联汽车中的应用

当前，全球数字化发展日益加快，时空信息、定位导航服务成为重要的新型基础设施。建设独立自主的全球卫星导航系统，是党中央、国务院、中央军委做出的重大战略决策。从 2000 年完成北斗一号全球卫星导航系统建设，到 2012 年完成北斗二号全球卫星导

航系统建设，再到 2020 年北斗三号全球卫星导航系统全面建成并开通服务，北斗星系统工程"三步走"发展战略取得决战决胜。二十六载风雨兼程，九千日夜集智攻关，北斗人秉承航天报国、科技强国的使命情怀，团结协作、顽强拼搏、攻坚克难，实现了从无到有、从有到优、从区域到全球的历史性跨越，打造出我国迄今为止规模最大、覆盖范围最广、服务性能最高、与百姓生活关联最紧密的巨型复杂航天系统。这是我国攀登科技高峰、迈向航天强国的重要里程碑，充分体现了我国社会主义制度集中力量办大事的政治优势，对提升我国综合国力，对推动我国经济发展和民生改善，对推动当前国际经济形势下我国对外开放，对进一步增强民族自信心、努力实现第二个百年奋斗目标，具有十分重要的意义。

"天作棋盘星作子"，BDS 凝结着几代航天人接续奋斗的心血，饱含着中华民族自强不息的本色。广大科技人员自力更生、发愤图强，攻克 160 余项关键核心技术，实现核心器部件百分之百国产化，首创全星座星间链路支持自主运行，创造两年半时间高密度发射 18 箭 30 星的世界导航卫星组网奇迹，展现着矢志自主创新的志气骨气；从北斗一号服务我国及周边地区，到北斗二号服务亚太地区，再到北斗三号服务全球，中国北斗始终立足中国、放眼世界，相关产品出口 120 余个国家和地区，全球总用户数超过 20 亿，让中国的北斗成为世界的北斗，书写着开放融合的生动篇章。400 多家单位、30 余万名科研人员聚力攻关，2 名"两弹一星"元勋和几十名院士领衔出征，1.4 万余家企业、50 余万人从事系统应用推广，彰显着万众一心的团结伟力；全球范围定位精度优于 10 m，测速精度优于 0.2 m/s、授时精度优于 20 ns，不断提升的精度反映了追求卓越的不懈努力。"调动了千军万马，经历了千难万险，付出了千辛万苦，要走进千家万户，将造福千秋万代"，新时代北斗精神是以爱国主义为核心的民族精神和以改革创新为核心的时代精神在航天领域的生动诠释，是"两弹一星"精神、载人航天精神在新时代的赓续传承，是中国共产党人精神谱系的重要组成部分，必将激励我们继续迎难而上，勇攀新的高峰。

"满眼生机转化钧，天工人巧日争新。"当前，新一轮科技革命和产业变革深入发展，科技创新成为国际战略博弈的主要战场，围绕科技制高点的竞争空前激烈。习近平总书记强调："我们比历史上任何时期都更接近中华民族伟大复兴的目标，我们比历史上任何时期都更需要建设世界科技强国。"奋进新征程、建功新时代，必须大力弘扬新时代北斗精神，坚持独立自主、自力更生，瞄准"卡脖子"难题，攻克关键核心技术，走中国特色自主创新道路；坚持开放包容、互促共进，聚四海之气、借八方之力，在开放合作中提升创新能力，塑造发展优势，为世界贡献更多中国智慧、中国方案、中国力量；坚持万众一心、团结共进，充分发挥新型举国体制优势，集中力量办大事，心往一处想、劲往一处使，汇聚同心共筑中国梦的强大合力；坚持追求卓越、精益求精，不断向科学技术广度和深度进军，推进高水平科技自立自强。

仰望星空，北斗璀璨；脚踏实地，行稳致远。如今，颗颗北斗卫星环绕地球，成为夜空中最亮的"星"，照亮了一个民族走向复兴的伟大梦想。在前进道路上，我们要继续弘扬新时代北斗精神，以奋发有为的精神状态、不负韶华的时代担当、实干兴邦的决心意志，不懈探索，砥砺前行，走好攀登科技高峰、建设航天强国新长征，加快建设创新型国家和世界科技强国，奋力开创新时代中国特色社会主义事业新局面。

模块三

车辆环境感知系统传感器应用

任务一　车辆车载摄像头应用

1. 任务目标

基于 OBE 教育理念，结合智能网联汽车技术专业毕业要求与任务特点，建立任务目标支撑毕业要求和培养规格的对应关系，确定任务目标如下。

（1）目标 O1：掌握车载摄像头的工作原理；掌握图像处理与视觉巡线技术、ROS 知识。

（2）目标 O2：能基于车载摄像头视觉巡线的应用场景，完成摄像头视觉巡线单元的设计与应用开发。

（3）目标 O3：能就车辆车载摄像头应用任务，以口头、文稿、图表等方式，准确描述任务实施和问题解决的过程，并能参与专业问题的讨论沟通。

任务目标与毕业要求支撑对照表见表 3-1，任务目标与培养规格对照表见表 3-2。

表 3-1　任务目标与毕业要求支撑对照表

毕业要求	二级指标点	任务目标
1. 工程知识	毕业要求 1-1：能将数学、自然科学、工程科学专业知识用于工程问题的表述	目标 O1

续表

毕业要求	二级指标点	任务目标
3. 设计/开发解决方案	毕业要求 3-2：能针对特定需求，完成单元（部件）的设计	目标 O2
10. 沟通	毕业要求 10-1：能就专业问题，以口头、文稿、图表等方式准确表达自己的观点，回应质疑，理解与业界同行和社会公众交流的差异性	目标 O3

表 3-2　任务目标与培养规格对照表

培养规格	规格要求	任务目标
素养	（1）具有质量意识、安全意识、信息素养，具有工匠精神和严谨的工作态度； （2）勇于奋斗、乐观向上，具有自我管理能力，有较强的集体意识和团队合作精神； （3）能准确描述任务和问题，与团队有效沟通	目标 O3
能力	（1）能在车载摄像头通用应用的流程、方法，理解和运用车载摄像头通用知识； （2）能通过视觉巡线应用的流程、程序、系统和方法，针对任务实施的场景条件理解和运用技术开发专业知识； （3）能完成车载摄像头视觉巡线单元的设计与应用开发，解决技术开发问题； （4）能选择适当的技术解决车载摄像头视觉巡线单元应用开发问题，具备判断力	目标 O2
知识	（1）掌握车载摄像头的工作原理，理解车载摄像头应用的关键部分； （2）掌握图像处理技术知识、视觉巡线知识原理，理解视觉巡线应用的实现方法； （3）掌握 ROS 机器人操作系统技术核心知识，理解 ROS 应用的实现原理	目标 O1

2. 任务描述

车载摄像头在智能汽车时代被誉为"汽车之眼"。试想眼睛对于人的重要性，就可以知道车载摄像头对于智能网联汽车的重要性。这双"眼睛"可以帮助汽车感知车外环境，一般在车前、车后、车身两侧区域都有分布，还可以帮助汽车检测车身周围环境信息。特斯拉汽车通常利用 8 个车载摄像头来获取图像，它们能及时准确地识别现实世界中的物体,如行人、车辆、动物、障碍物等。车载摄像头感知道路图像示意如图 3-1 所示。

图 3-1 车载摄像头感知道路图像示意

当汽车行驶在道路上时,最常见的就是车道线,对于这种图像,车载摄像头能识别吗? 答案是肯定的。通过车载摄像头完成车道线识别,这就是视觉巡线应用场景。

如何使用车载摄像头实现车道线识别? 本任务结合典型视觉传感器——车载摄像头的工作原理和视觉巡线技术,使用车载摄像头、OpenCV、XTARK ROS 自动驾驶车,与小组成员沟通合作来实现视觉巡线应用场景。

3. 任务实施

1) 任务准备

(1) Windows 10 计算机;
(2) 树莓派 4B;
(3) 海康威视 USB 摄像头 DS-E11;
(4) XTARK ROS 自动驾驶车;
(5) Windows 摄像头软件 AMCap;
(6) 树莓派 Ubuntu18.04、ROS Melodic 系统;
(7) ROS OpenCV 及依赖包;
(8) ROS cv_bridge 包。

2) 步骤与现象

步骤一:车载摄像头基础测试

使用 Windows 摄像头软件 AMCap 来测试车载摄像头。

(1) 查看车载摄像头连接情况。

将车载摄像头通过 USB 连接到计算机,打开设备管理器查看设备连接情况。车载摄像头连接计算机后的设备列表如图 3-2 所示。

通过车载摄像头插入前后设备管理器中声音、视频设备列表情况,看到多出来的"720P USB Camera - Audio"即要使用的车载摄像头。

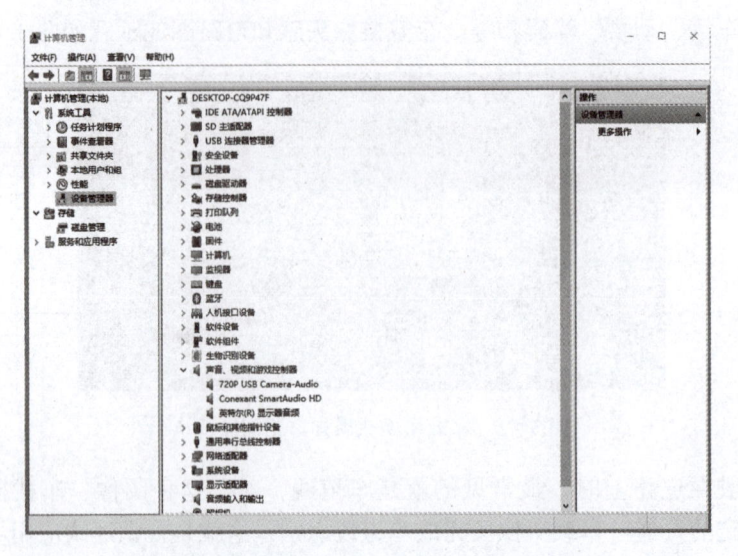

图3-2 车载摄像头连接计算机后的设备列表

（2）查看车载摄像头感知到的实时图像。

打开"AMCap.exe"软件。选择"Devices"→"720P USB Camera"选项。当车载摄像头正常工作时，软件界面能显示车载摄像头感知到的实时图像，如图3-3所示。

图3-3 车载摄像头感知到的实时图像

（3）摄像头视频录制。

接下来，使用AMCap软件录制视频。在AMCap软件中选择"Capture"→"Start Capture"命令，开始录制视频。选择"StopCapture"命令停止录制视频。视频录制完成后，保存视频文件。视频录制过程如图3-4所示。

图 3-4　视频录制过程

步骤二：ROS 开发准备与视觉巡线设计

使用 ROS 进行视觉巡线开发，先进行 ROS 开发所需的工作空间、功能包配置，并设计视觉巡线 ROS 结构。

(1) 工作空间配置。

工作空间是一个存放工程开发相关文件的文件夹。进行视觉巡线应用开发，首先需要建立工作空间，然后初始化工作空间，为工作空间创建 "CMakeLists.txt"，如图 3-5 所示。随后切换到工作空间目录，并使用 catkin_make 命令编译工作空间。

```
wheeltec@wheeltec:~/mywork/work1/src$ catkin_init_workspace
Creating symlink "/home/wheeltec/mywork/work1/src/CMakeLists.txt" pointing to "/opt/ros/melodic/share/catkin/cmake/toplevel.cmake"
wheeltec@wheeltec:~/mywork/work1/src$ ls
CMakeLists.txt
wheeltec@wheeltec:~/mywork/work1/src$
```

图 3-5　初始化工作空间

编译完成后，查看工作空间目录，可以看到新增了 "devel" 目录。在 "devel" 路径下，可以看到 "setup.bash" 文件。接下来，将工作空间路径添加到环境变量 ROS_PACK_PATH 中，使得每次启动终端时都能识别到本次新建的工作空间。这里需要配置 "~/.bashrc" 文件，即将 "devel/setup.bash" 路径添加到该文件中，如图 3-6 所示。

配置完成后，可以通过图 3-7 所示命令查看 ROS 环境变量。通过查看 ROS 环境变量，可以看到当前工作空间已经成功添加到 ROS 环境变量中。这样就完成了工作空间的配置。

(2) 功能包配置。

功能包是程序和资源文件的集合，在 ROS 中可以通过创建功能包来存放程序及资源。下面配置实验所需的功能包。

```
Open ▼    +                                                                    .bashrc

103
104 if [ -f ~/.bash_aliases ]; then
105     . ~/.bash_aliases
106 fi
107
108 # enable programmable completion features (you don't need to enable
109 # this, if it's already enabled in /etc/bash.bashrc and /etc/profile
110 # sources /etc/bash.bashrc).
111 if ! shopt -oq posix; then
112     if [ -f /usr/share/bash-completion/bash_completion ]; then
113         . /usr/share/bash-completion/bash_completion
114     elif [ -f /etc/bash_completion ]; then
115         . /etc/bash_completion
116     fi
117 fi
118
119 source /opt/ros/melodic/setup.bash
120 source /home/wheeltec/mywork/work1/devel/setup.bash
```

图 3-6 配置"~/.bashrc"文件

```
wheeltec@wheeltec:~/mywork/work1$ echo $ROS_PACKAGE_PATH
/home/wheeltec/mywork/work1/src:/opt/ros/melodic/share
wheeltec@wheeltec:~/mywork/work1$
```

图 3-7 查看 ROS 环境变量

首先定位到工作空间的"src"路径，然后使用 catkin_create_pkg 命令创建功能包，如图 3-8 所示。

```
wheeltec@wheeltec:~/mywork/work1/src$ catkin_create_pkg opencv_line_follower std
_msgs rospy roscpp
Created file opencv_line_follower/package.xml
Created file opencv_line_follower/CMakeLists.txt
Created folder opencv_line_follower/include/opencv_line_follower
Created folder opencv_line_follower/src
Successfully created files in /home/wheeltec/mywork/work1/src/opencv_line_follow
er. Please adjust the values in package.xml.
wheeltec@wheeltec:~/mywork/work1/src$
```

图 3-8 创建功能包

完成功能包的创建后，定位到功能包路径。在功能包路径下创建"scripts"文件夹，用于存放后续编写的 Python 程序文件，如图 3-9 所示。这样就完成了功能包的配置。

```
wheeltec@wheeltec:~/mywork/work1/src/opencv_line_follower$ mkdir scripts
wheeltec@wheeltec:~/mywork/work1/src/opencv_line_follower$ ls
CMakeLists.txt  include  package.xml  scripts  src
wheeltec@wheeltec:~/mywork/work1/src/opencv_line_follower$
```

图 3-9 创建"scripts"文件夹

(3) 视觉巡线 ROS 结构设计。

视觉巡线的实现基于 ROS，因此需要为视觉巡线应用进行 ROS 结构设计。要实现车辆视觉巡线，首先需要读取车载摄像头图像，这涉及图像获取、图像发布，可以利用 ROS 的话题通信机制，分别设计节点、话题来实现。此外，还需要对源图像进行处理，因此可以设计图像处理节点、图像处理话题。另外，实现基于 OpenCV 的视觉巡线，还需要设计视觉巡线图像处理和视觉巡线运动控制节点、速度参数话题，运动控制节点通过订阅速度参数，配合车辆底盘的运动控制程序，就能实现车辆的视觉巡线控制。视觉巡线 ROS 结构设计如图 3-10 所示。

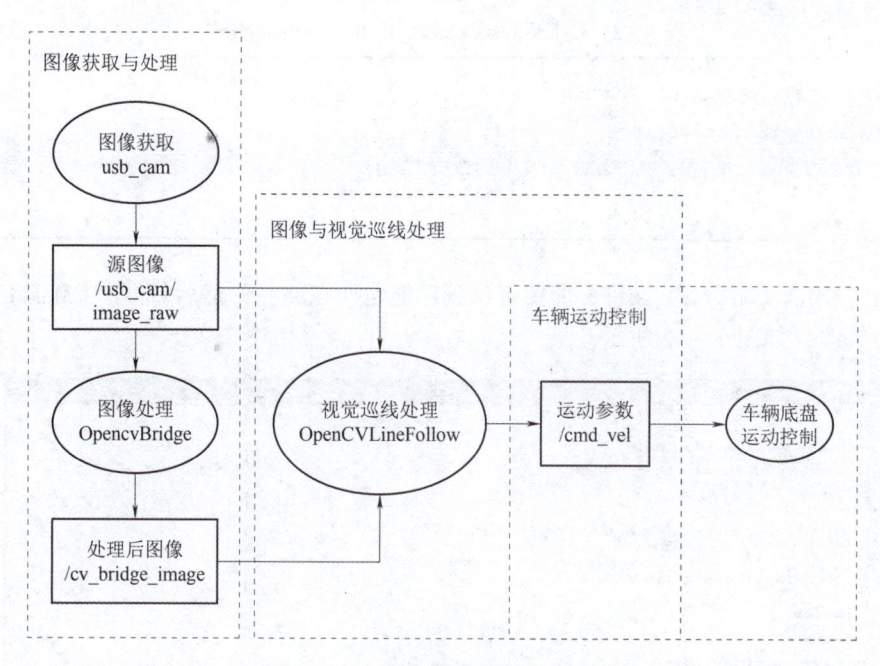

图 3-10 视觉巡线 ROS 结构设计

由视觉巡线 ROS 结构设计可以看到，要实现车辆视觉巡线，需要综合图像获取与处理功能、图像与视觉巡线处理功能、车辆运动控制功能的实现。

步骤三：车载摄像头视觉巡线应用

接下来，在 ROS 中使用 OPENCV 图像处理技术和霍夫变换直线识别原理，进行图像获取与图像处理、图像与巡线处理功能开发。最后综合图像获取等视觉巡线功能，实现视觉巡线应用。

（1）图像获取与处理。

实现图像获取功能，最重要的是实现图像获取节点 usb_cam。该节点会获取来自车载摄像头的图像，并将获取的图像发布到源图像话题"/usb_cam/image_raw"中。

先编写 Python 程序"ros_save_pic.py"，以实现图像获取功能。在"scripts"路径下，新建 Python 文件，将程序包中的程序"ros_save_pic.py"内容复制过来，然后需要为 Python 文件添加可执行权限，如图 3-11 所示。

```
wheeltec@wheeltec:~/mywork/work1/src/opencv_line_follower/scripts$ ls -l
total 4
-rwxr--r-- 1 root root 2583 3月   2 15:36 ros_save_pic.py
wheeltec@wheeltec:~/mywork/work1/src/opencv_line_follower/scripts$ sudo chmod +x
 ros_save_pic.py
wheeltec@wheeltec:~/mywork/work1/src/opencv_line_follower/scripts$ ls -l
total 4
-rwxr-xr-x 1 root root 2583 3月   2 15:36 ros_save_pic.py
wheeltec@wheeltec:~/mywork/work1/src/opencv_line_follower/scripts$
```

图 3-11 为 Python 文件添加可执行权限

需要编辑 ROS 功能包中的"CMakeLiss.txt"文件。添加内容的格式见表 3-3。

表 3-3 CMakeLists catkin_install_python 格式

```
catkin_install_python(PROGRAMS
  scripts/my_python_script
  DESTINATION ${CATKIN_PACKAGE_BIN_DESTINATION}
)
```

编辑"CMakeLists.txt"文件，需要定位到功能包所在路径，然后打开"CMakeLists.txt"文件进行修改，如图 3-12 所示。

图 3-12 修改"CMakeLists.txt"文件

完成"CMakeLists.txt"文件的修改后保存，然后定位到工作空间路径，使用 catkin_make 命令进行编译。接下来执行程序，观察程序运行效果。首先需要使用 roscore 命令启动 ROS MASTER，然后定位到程序所在的工作空间。在当前终端使用 source 命令更新工作空间配置，如图 3-13 所示。

```
wheeltec@wheeltec:~/mywork/work1$ source ./devel/setup.bash
wheeltec@wheeltec:~/mywork/work1$
```

图 3-13 更新工作空间配置

通过 rosrun 命令运行节点程序，如图 3-14 所示。终端如果没有报错，则证明程序已经成功运行。

```
wheeltec@wheeltec:~$ rosrun opencv_line_follower ros_save_pic.py
[INFO] [1677809792.468867]: usb_cam node started
```

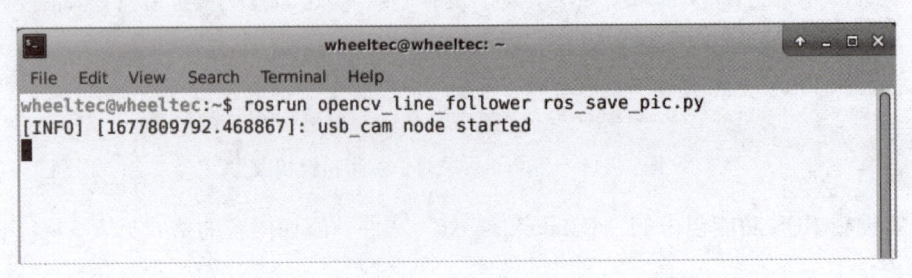

图 3-14 运行节点程序

此时使用 rqt_image_view 命令查看车载摄像头获取的图像。在"rqt_image_view"窗口中单击左上角下拉框，选择不同的图像话题。当选择话题"/usb_cam/image_raw"时，窗口中的图像即车载摄像头采集到的原始图像，如图 3-15 所示。

图 3-15　在"rqt_image_view"窗口中查看车载摄像头获取的图像

程序运行时，可以使用 rqt_graph 命令查看当前的节点和话题，如图 3-16 所示。可以看到程序实现了我们设计的 ROS 图像获取功能结构：由图像获取节点 usb_cam 获取来自车载摄像头的图像，并将获取的图像发布到源图像话题"/usb_cam/image_raw"中。

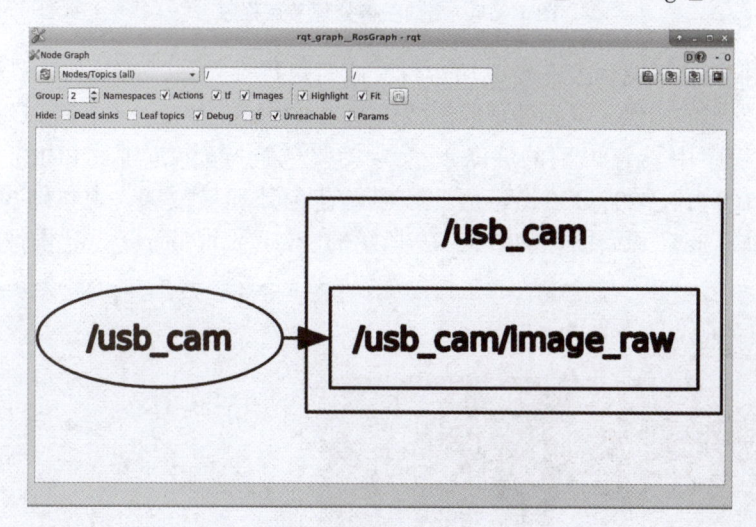

图 3-16　使用 rqt_graph 命令查看节点和话题

接下来实现图像处理功能，其中最重要的是图像处理节点 OpencvBridge 的实现。该节点获取来自源图像话题"/usb_cam/image_raw"的源图像，并对获取的图像进行阈值分割、腐蚀膨胀等处理，之后将处理过的图像发布到处理后的图像话题"cv_bridge_image"中。

先编写 Python 程序"ros_handle_pic.py"，以实现图像处理功能。在"scripts"路径下，新建 Python 文件，将程序包中的"ros_handle_pic.py"程序内容复制过来，然后使用

chmod 命令为 Python 文件添加可执行权限，可以使用 ls –l 命令查看 Python 文件的权限。

需要编辑 ROS 功能包中的"CMakeLists.txt"文件。这里结合前面实现过的图像获取功能，想一想"CMakeLists.txt"文件应该使用什么格式，添加哪些内容。与小组成员讨论表 3–4 中的内容是否正确。完成编译文件的修改，再使用 catkin_make 命令完成编译。

表 3–4　CMakeLists catkin_install_python 格式

```
catkin_install_python(PROGRAMS
    scripts/ros_save_pic.py
    scripts/ros_handle_pic.py
    DESTINATION ${CATKIN_PACKAGE_BIN_DESTINATION}
)
```

在编译成功后，执行程序，观察程序运行效果。通过 rosrun 命令运行图像处理节点程序"ros_handle_pic.py"。注意图像处理节点功能依赖图像获取节点的功能，因此先使用 rosrun 命令启动图像获取节点程序"ros_save_pic.py"，然后启动图像处理节点程序"ros_handle_pic.py"，如图 3–17 所示。

```
wheeltec@wheeltec:~/mywork/work1$ rosrun opencv_line_follower ros_handle_pic.py
[INFO] [1677823732.435607]: cv_bridge_test node started
```

图 3–17　启动图像处理节点程序

终端没有报错，证明程序已经成功运行，此时可以在"rqt_image_view"窗口中查看不同图像话题发布的图像。选择处理后图像话题"/cv_bridge_image"，可以看到程序处理后的图像。在程序中设置识别的线条颜色为"蓝色"，颜色范围（BGR）为（[140, 230]，[40, 160]，[20, 130]），因此程序对蓝色处理最敏感。观察图 3–18 所示的"/usb_cam/image_raw"原始图像和图 3–19 所示的"/usb_cam/image_raw"图像处理结果。

图 3–18　"/usb_cam/image_raw"原始图像

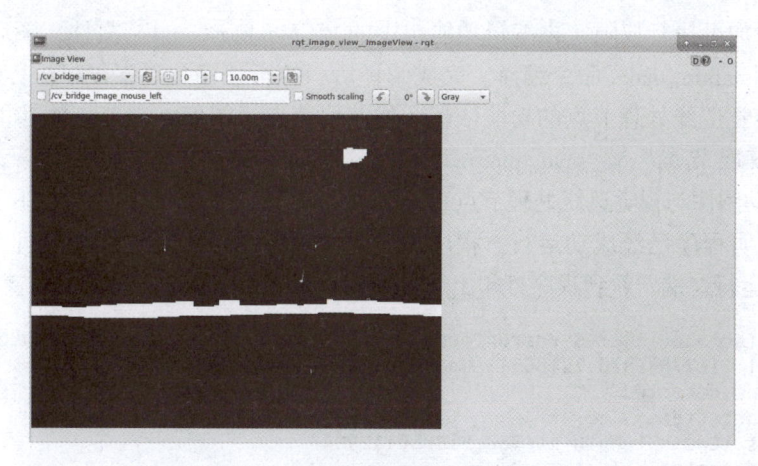

图 3 – 19　"/cv_bridge_image"图像处理结果

在程序运行时，使用 rqt_graph 命令查看当前的节点和话题，如图 3 – 20 所示。

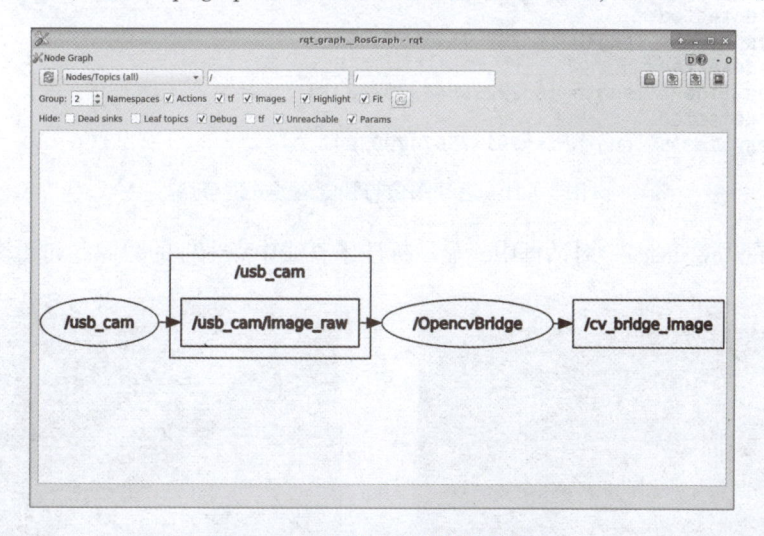

图 3 – 20　查看当前的节点和话题

通过 rqt_graph 命令查看节点和话题，可以看到程序实现了设计的 ROS 图像获取、图像处理功能结构：由图像获取节点 usb_cam 获取来自车载摄像头的图像，并将获取的图像发布到源图像话题"/usb_cam/image_raw"中。图像处理节点 OpencvBridge 获取来自源图像话题"/usb_cam/image_raw"的源图像，对获取的图像进行处理并将处理后的图像发布到话题"cv_bridge_image"中。

（2）图像与视觉巡线处理。

实现图像与视觉巡线处理功能最重要的是图像与巡线处理节点 OpenCVLineFollow 的实现。该节点通过获取来自源图像话题"/usb_cam/image_raw"的源图像、处理后图像话题"cv_bridge_image"的处理后图像，运用霍夫直线变换原理识别处理图像并计算线速度和角速度参数，最后将计算的速度参数发布到速度参数话题"/cmd_vel"中。

先编写 Python 程序"ros_line_follow. py"，实现视觉巡线处理功能。在"scripts"路径下，新建 Python 文件，将程序包中的"ros_line_follow. py"程序内容复制过来。然后为

Python 文件添加可执行权限，再编辑功能包中的"CMakeLists.txt"文件，随后进入工作空间目录并使用 catkin_make 命令编译。完成编译后，执行程序并观察程序运行效果。

图像与视觉巡线处理节点的功能依赖图像获取节点、图像处理节点的功能，因此需要先启动图像获取节点"ros_save_pic.py"、图像处理节点"ros_handle_pic.py"，再使用 rosrun 命令启动图像与视觉巡线处理节点"ros_line_follow.py"程序，如图 3-21 所示。终端没有报错即可证明程序已经成功运行。程序运行时，观察图像与视觉巡线处理节点 OpenCV-LineFollow 的运行终端，看到程序打印出通过霍夫直线变换识别的图像中最长直线的长度。

```
wheeltec@wheeltec:~$ rosrun opencv_line_follower ros_line_follow.py
[INFO] [1677832376.121565]: OpenCVLineFollow node started
No line detected.
Line detected.
Longes line's length is 258.5188581129044
Line detected.
Longes line's length is 247.34793308212625
Line detected.
Longes line's length is 225.49944567559362
Line detected.
Longes line's length is 293.75159574403466
Line detected.
Longes line's length is 292.6841300788275
Line detected.
Longes line's length is 291.756747993941
```

图 3-21　启动图像与视觉巡线处理节点

同时，在"cv_image"对话框中，显示标注了直线中点坐标的图像，如图 3-22 所示。

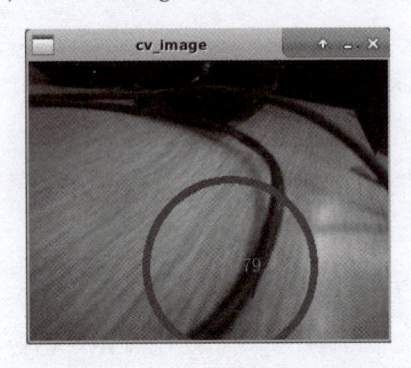

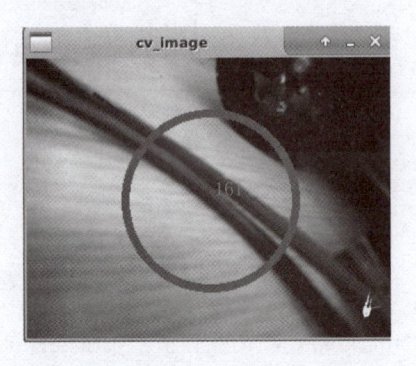

图 3-22　标注直线中点坐标的图像

此外，图像与视觉巡线处理节点 OpenCVLineFollow 还根据霍夫直线变换识别结果，计算出线速度和角速度，并发布到话题"/cmd_vel"中。使用 rostopic echo 命令查看话题"/cmd_vel"中的线速度和角速度数据，如图 3-23 所示。

话题"/cmd_vel"的数据中，linear 表示线速度，angular 表示角速度。当线速度 linear.x 为正数时，车辆向前进，反之则后退。当角速度 angular.z 为正数时，车辆向左转向，反之则向右转向。例如图 3-23 中最后一组参数，表示车辆以 0.2 m/s 的速度前进，同时以 0.052 8 m/s 的速度向左转向。

此时也可以使用 rqt_graph 命令查看当前的节点和话题，如图 3-24 所示。

通过在"rqt_graph"窗口中查看到的节点和话题，可以观察到程序实现了设计的 ROS 图像获取、图像处理、视觉巡线处理功能结构。

图 3-23　查看话题"/cmd_vel"中的线速度和角速度

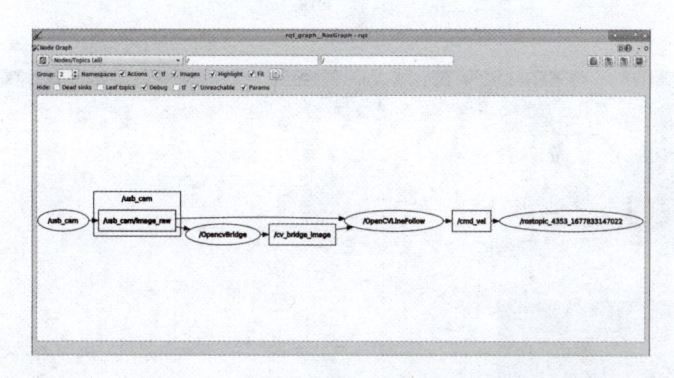

图 3-24　查看当前的节点和话题

（3）launch 文件配置与运行结果观察。

从图 3-10 所示视觉巡线 ROS 结构设计可以看到，图像获取与处理、图像与视觉巡线处理等功能的综合，实现了车辆的视觉巡线控制。配合车辆底盘运动控制，就能够实现车辆的视觉巡线。接下来利用 ROS 机制，通过 launch 启动文件组合启动视觉巡线的多个功能节点。

先在功能包中新建"launch"目录，然后在"launch"路径下新建 launch 文件"opencv_line_follower. launch"，将程序包中的 launch 文件"opencv_line_follower. launch"的内容复制到新建的 launch 文件中。

完成 launch 文件的新建和编辑后，通过 roslaunch 命令运行 launch 文件，启动视觉巡线综合应用。终端没有报错即表示运行正常，如图 3-25 所示。

成功运行 launch 文件后，图像获取节点、图像处理节点、图像与视觉巡线处理节点都将

图 3-25　通过 roslaunch 命令运行 launch 文件

被启动。观察程序运行结果可以看到，视觉巡线功能根据图像情况计算线速度、角速度，然后判断车辆是否前进、是否需要左转向或右转向，如图3-26、图3-27所示。

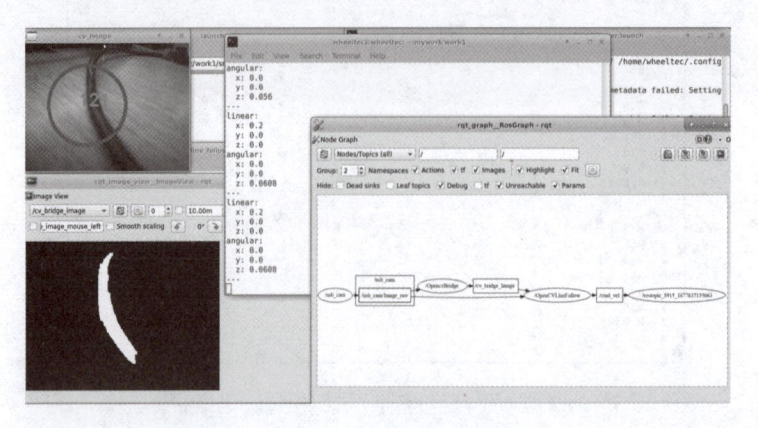

图3-26 视觉巡线之车辆左转向

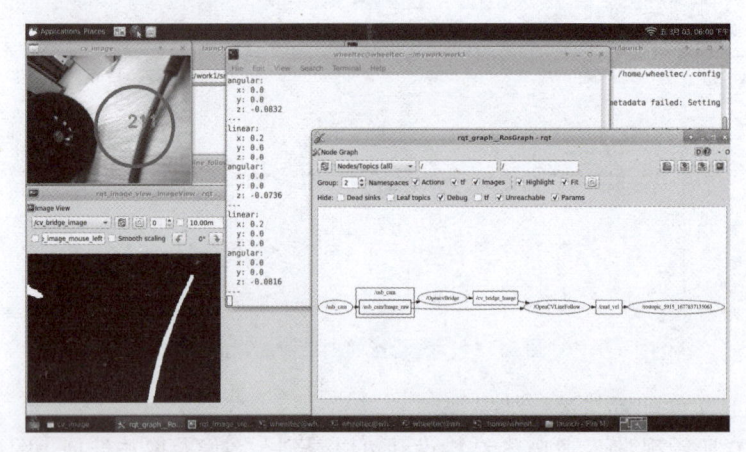

图3-27 视觉巡线之车辆右转向

观察话题"/cmd_vel"中的线速度和角速度数据，结合图像数据，小组成员选取3组速度数据讨论并完成表3-5（车辆行驶方向判断表）。观察车辆的实际运动方向，验证车辆行驶方向的判断是否正确。

表3-5 车辆行驶方向判断表

观测编号	线速度和角速度数据	车辆行驶方向判断	车辆实际运动方向
示例	linear: x: 0.2, y: 0.0, z: 0.0; angular: x: 0.0, y: 0.0, z: -0.0816;	前进：0.2 m/s 右转：0.081 6 m/s	向右前转向

续表

观测编号	线速度和角速度数据	车辆行驶方向判断	车辆实际运动方向
1	linear: 　x:　　　, y:　　　, 　z:　　　; angular: 　x:　　　, y:　　　, 　z:　　　;		
2	linear: 　x:　　　, y:　　　, 　z:　　　; angular: 　x:　　　, y:　　　, 　z:　　　;		
3	linear: 　x:　　　, y:　　　, 　z:　　　; angular: 　x:　　　, y:　　　, 　z:　　　;		

至此就完成了智能网联汽车视觉巡线应用开发。回顾整个实验过程，与小组成员讨论：在采集到来自车载摄像头的图像后，车辆是怎样实现视觉巡线的？

3）关键点分析

观察图像与视觉巡线处理实验中的图像与视觉巡线处理节点和话题（图3-24）。图中展示了参与视觉巡线功能的 ROS 节点与话题，包含图像获取、图像处理、视觉巡线处理功能节点及相应的话题结构。

从该图可以看到，图像获取节点 usb_cam 获取来自车载摄像头的图像，并将获取的图像发布到源图像话题"/usb_cam/image_raw"中。图像处理节点 OpencvBridge 获取来自源图像话题"/usb_cam/image_raw"的源图像，并对获取的图像进行处理，之后将处理过的图像发布到处理后图像话题"cv_bridge_image"中。视觉巡线处理节点 OpenCVLineFollow 获取来自源图像话题"/usb_cam/image_raw"的源图像、处理后图像话题"cv_bridge_image"的处理后图像，通过霍夫直线变换识别处理图像数据并计算线速度和角速度参数，最后将计算出的参数发布到运动参数话题"/cmd_vel"中。此外，在实验中使用了 rostopic echo 命令来查看"/cmd_vel"话题的线速度、角速度数据，因此图中还显示一个订阅节点/rostopic_4353_1677833147022。

回想图3-10所示视觉巡线 ROS 结构设计。通过图3-10可以看到，要实现车辆视觉巡线，需要实现图像获取功能、图像处理功能、视觉巡线处理功能。利用 ROS 通信机制，本任务设计了读取和发布车载摄像头图像节点、源图像话题；设计了图像处理节点、处理后图像话题；还设计了基于实时图像的巡线控制节点，发布速度控制参数到速度参数话题中，配合车辆底盘的运动控制功能，实现车辆的视觉巡线控制。

通过观察以上提到的两张图，可以看到视觉巡线功能的实现是图像获取功能、图像处理功能、视觉巡线控制功能综合作用的结果。基于 ROS 机制，使用话题通信、节点设计，将这些复杂而又各自独立的功能分别设计为图像获取节点 usb_cam、图像处理节点 OpencvBridge、巡线处理节点 OpenCVLineFollow，同时将源图像、处理后图像、运动参数等关键数据通过话题通信设计实现数据发布和订阅。这样利用 ROS 多节点、分布式通信机制，实现了松耦合节点式的视觉巡线 ROS 结构设计和应用开发。在学习中，可以通过查阅 ROS 的相关资料，思考这样设计的优点。

根据视觉巡线 ROS 结构设计，本任务实现了具体功能，分别是图像获取与处理功能、图像与视觉巡线处理功能，然后配合车辆底盘运动控制功能，最终实现车辆的视觉巡线。视觉巡线功能实现流程如图 3-28 所示。

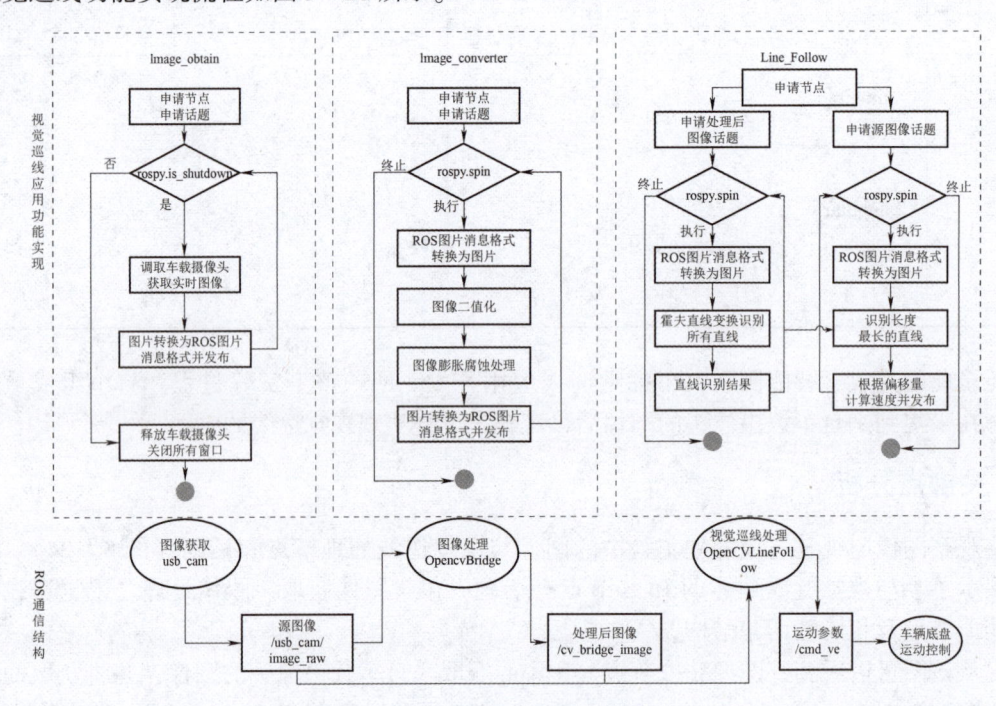

图 3-28 视觉巡线功能实现流程

通过 "ros_save_pic.py" "ros_handle_pic.py" "ros_line_follow.py" 程序，利用 ROS 话题通信机制，实现了图像获取功能、图像处理功能、图像与视觉巡线处理功能。图像获取节点 usb_cam 通过调取车载摄像头、获取实时图像实现车载摄像头图像获取功能，并使用源图像话题 "/usb_cam/image_raw" 控制发布与订阅源图像。图像处理节点 OpencvBridge 实现图像处理功能，通过图像二值化、膨胀腐蚀图像处理技术进行图像处理，并使用处理后图像话题 "cv_bridge_image" 控制发布与订阅处理后图像。视觉巡线处理节点 OpenCVLine-Follow 通过霍夫直线变换识别所有直线，并识别长度最大的直线，然后根据偏移量计算线速度和角速度，并使用运动参数话题"/cmd_vel"控制发布与订阅速度参数。配合车辆底盘运动控制功能，通过获取来自运动参数话题"/cmd_vel"的速度参数，车辆就能根据车载摄像头实时采集的道路图像数据实现视觉巡线运动。

4. 考核评价

结合素养、能力、知识目标，根据任务操作、团队协作、沟通参与的效果，教师使用表3-6（培养规格评价表），对学生的任务进行评价。

表3-6 培养规格评价表

评价类别	评价内容	分值	得分
素养	（1）具有质量意识、安全意识、信息素养，具备工匠精神和严谨的工作态度； （2）勇于奋斗、乐观向上，具有自我管理能力，有较强的集体意识和团队合作精神； （3）能准确描述任务和问题，与团队有效沟通	40	
能力	（1）能通过车载摄像头通用应用的流程、方法理解和运用车载摄像头通用知识； （2）能通过视觉巡线应用的流程、程序、系统和方法，针对任务实施的场景条件理解和运用视觉巡线开发专业知识； （3）能完成车载摄像头视觉巡线单元的设计与应用开发，解决技术开发问题； （4）能选择适当的技术解决视觉巡线应用开发问题，具备判断力	30	
知识	（1）掌握车载摄像头的工作原理，理解车载摄像头应用的关键部分； （2）掌握图像处理技术知识、视觉巡线知识原理，理解视觉巡线应用的实现方法； （3）掌握ROS技术核心知识，理解ROS应用的实现原理	30	
总分			
评语			

考核评价根据任务要求设置评价项目，项目评分包含配分、分值、得分，教师可以根据学生的项目内容完成情况进行评分。

任务目标达成度以任务目标为评价维度，评价项目支撑任务目标。教师根据任务目标评价学生的任务完成情况。任务考核评价表见表3-7。

表 3-7　任务考核评价表

任务名称		车辆车载摄像头应用					
评价项目	项目内容	项目评分			任务目标达成度		
		配分	分值	得分	目标 O1	目标 O2	目标 O3
车载摄像头基础测试	车载摄像头正常连接	15	5			NC	NC
	车载摄像头图像正常显示		5				
	录制视频并成功保存		5				
ROS 开发准备与视觉巡线设计	工作空间配置完成	15	4			NC	NC
	功能包配置完成		4				
	视觉巡线 ROS 结构正确理解		7				
车载摄像头视觉巡线综合应用	图像获取节点 usb_cam 程序正确编写和配置	70	5			NC	NC
	图像获取节点 usb_cam 程序编译与运行成功		5				
	"rqt_image_view" 窗口中图像正常显示		5				
	图像处理节点 OpencvBridge 程序正确编写和配置		5			NC	NC
	"CMakeLists.txt" 文件编辑正确		5				
	图像处理节点程序正确运行		5				
	观察并正确表达原始图像和图像处理结果的联系与不同		5				
	霍夫直线变换识别最长直线长度数据正常显示		5			NC	NC
	霍夫直线变换识别最长直线标注直线中点坐标的图像正常显示		5				
	话题 "/cmd_vel" 的速度参数正常显示		5				
	节点和话题正常显示（使用 rqt_graph 命令）		5				
	launch 启动文件正确配置		5		NC		
	视觉巡线应用程序正确启动		5				
	线速度、角速度正确显示，车辆前进方向判断正确		5				
综合评价							

注：①项目评分请按每项分值打分，填入"得分"栏。
②任务目标达成度根据任务完成情况进行评价，对照任务目标是否达成进行勾选，达成则在对应栏中打"√"。
③任务目标达成度中"NC"表示本行评价内容与对应任务目标无关。

根据任务目标达成度的评价结果，结合任务实施过程、项目评分结果，教师可以使用表 3-8（任务持续改进表）进行改进。

表 3-8 任务持续改进表

评价项目	上一轮改进措施	本轮改进内容	本轮改进效果	下一轮改进措施
车载摄像头基础测试				
ROS 开发准备与视觉巡线设计				
车载摄像头视觉巡线应用				

5. 知识分析

1) 车载摄像头与自动驾驶

自动驾驶是车辆以自动的方式持续地执行部分或全部动态驾驶任务的行为。动态驾驶任务包含完成车辆驾驶所需的感知、决策、控制、执行等行为，包括车辆横向运动控制、车辆纵向运动控制、目标和事件探测与响应、驾驶决策、车辆照明及信号装置控制等。自动驾驶系统由实现自动驾驶的硬件和软件共同组成，有多种发展路径，其中自动驾驶的感知、决策、控制尤为重要。

自动驾驶感知是指车辆自身以及环境信息的采集与处理，包括视频信息、GPS 信息、车辆姿态信息、加速度信息等。例如，前方是否有车、前方障碍物是否是人、交通信号灯是什么颜色、自身的车速如何、路面情况如何等信息都是自动驾驶感知的范畴。

自动驾驶决策是指依据感知到的情况进行决策判断，确定适当的工作模型，制定适当的控制策略，代替人类做出驾驶决策。自动驾驶决策主要依赖芯片和算法，例如，看到红灯，判断需要停车；观察到前车很慢，决定从右侧超车；有小孩突然闯入道路，进行紧急制动。自动驾驶决策使车辆做出判断，然后车辆依据判断结果做出相应的行为动作。

自动驾驶控制是车辆做出决策后，自动执行相应的操作，即自动进行通常由人类控制的转向、加速、刹车等操作。通常自动驾驶系统通过线控系统将控制命令传递到底层模块来执行对应操作任务，如车辆左转右转、前进后退等。

在自动驾驶环境感知中，车载摄像头通常是关键。车载摄像头一般覆盖整车的 360°视觉，用于环境感知，为驾驶员提供周围环境信息，也在一定程度上实现辅助驾驶功能，常用于自适应巡航控制、车道线偏离预警、行人碰撞预警等场景。常见车载摄像头分布示意如图 3-29 所示。

车载摄像头主要包括内视摄像头、后视摄像头、前视摄像头、侧视摄像头、环视摄像头等。目前车载摄像头主要应用于倒车影像（后视）和 360°全景（环视），高端汽车的各种辅助设备配备的车载摄像头可达 8 个，用于辅助驾驶员泊车或触发紧急刹车等。车载摄像头分类及功能见表 3-9。

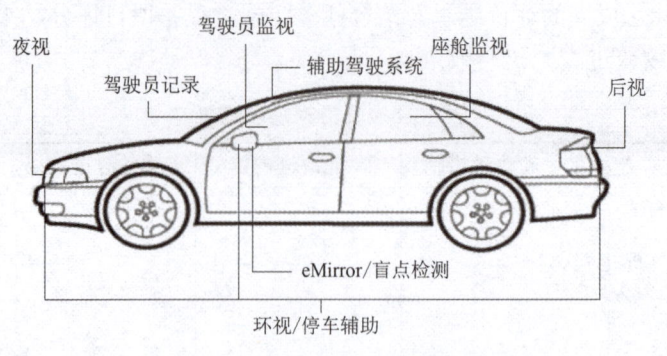

图 3-29 常见车载摄像头分布示意

表 3-9 车载摄像头分类及功能

安装部位	类别	用途	说明
前视	单目/双目	前撞预警、车道偏离预警、交通标志识别、行人碰撞预警	安装在前挡风玻璃上，视角为45°左右。双目摄像头有更好的测距功能，但成本较单目摄像头高50%
环视	广角	全景泊车	在车辆四周装配4个车载摄像头进行图像拼接，以实现全景感知，加入算法可实现道路感知
后视	广角	倒车影像	安装在后备箱上，实现泊车辅助
侧视	普通视角	盲点监测	安装在后视镜下方
内视	广角	疲劳提醒	安装在车内后视镜处监视驾驶员状态

随着辅助驾驶系统和自动驾驶的不断发展，车载摄像头的应用也日益广泛，其中双目摄像头受到了更多青睐。与车载摄像头相关的汽车辅助驾驶功能如盲点检测、疲劳预警、前撞预警等也都成为未来辅助驾驶系统配置的重点功能。

2) 图像处理与视觉巡线

图像在计算机中的存储形式与平常生活中肉眼所见的不同。在计算机中，只有黑白颜色的灰度图为单通道图，如图 3-30 所示。其中一个像素块对应矩阵中的一个数字，数值为 0~255，其中 0 表示最暗（黑色），255 表示最亮（白色）。

RGB 模式的彩色图为三通道图，由 R、G、B 三原色组成，按不同比例相加，如图 3-31 所示。其中一个像素块对应矩阵中的一个矢量，以此表示彩色图。OpenCV 采用 BGR 模式，而不是 RGB 模式。

OpenCV 是一个开源的计算机视觉库，支持各种编程语言，如 C++、Python、Java 等，可在不同的平台上使用，包括 Windows、Linux 等。OpenCV 的应用领域包括人机交互、物体识别、图像分割、人脸识别、动作识别、运动跟踪、机器人、运动分析、机器视觉、结构分析、汽车安全驾驶等。

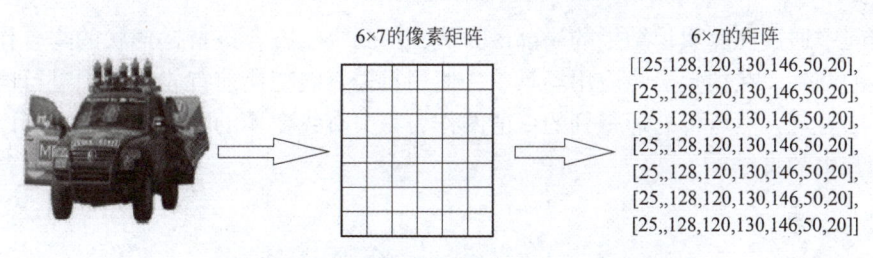

图 3-30 只有黑白颜色的灰度图单通道表示

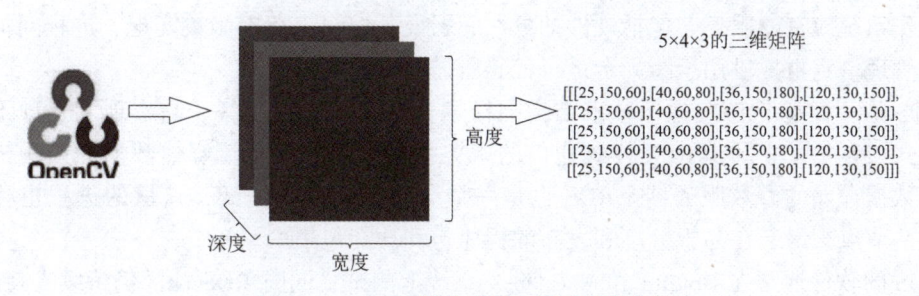

图 3-31 RGB 模式的彩色图三通道表示

阈值分割是一种图像分割技术，又称为阈值二值化。阈值分割在灰度图像中最常用的方法是取一个阈值分界值 Threshold，然后当任意一个像素点的灰度值高于 Threshold 时，该像素点的灰度值直接取 255，当任意一个像素点的灰度值低于 Threshold 时，该像素点的灰度值直接取 0。二值化的主要作用是降低数据处理复杂程度或者高亮标示目标。彩色图像的二值化的原理与灰度图像类似。以 RGB 图像为例，只需将 R、G、B 三个通道分离出来，然后将三个通道的灰度图像分别进行二值化处理得到三个通道的二值图像，最后将 R、G、B 三个通道的二值图像进行相"与"处理即可。

在图像处理中膨胀腐蚀也是比较常用的操作，它常用来清除图像中的杂质，在目标识别中也常用来构建连通域以便进行抠图。如果把二值图像当作一个值只有 0 和 1 的矩阵（1 代表白色，0 代表黑色），则膨胀就是每个元素与周围一定范围内的元素进行"或"操作，与原值相比变化了则保持变化，结果表现为白色部分"膨胀"了一定范围（黑色范围缩小）。腐蚀就是每个元素与周围一定范围内的元素进行"与"操作，与原值相比变化了则保持变化，结果表现为白色部分被"腐蚀"了一定范围（黑色范围扩大）。

车辆视觉巡线是自动驾驶汽车依照道路的线路标识自动驾驶、自主决策和运动控制，其中最常见的是车道线识别。车道线识别是自动驾驶汽车必不可少的功能，车道偏离预警、车道保持辅助等功能模块都依赖连续稳定的车道线识别。车道线识别应用场景如图 3-32 所示。

视觉巡线的本质是基于图像处理对道路线进行识别，从而控制车辆进行相应的运动，这涉及图像分析、直线检测等。霍夫直线变换是常见的直线检测方法，它是一种特征提取技术，常被用于识别物体的特征，其算法流程大致如下：给定一个物体、要辨别的形状种类，算法会在参数空间中执行投票来决定物体的形

图 3-32 车道线识别应用场景

状,在空间中通过计算累积结果的局部最大值,得到一个符合该特定形状的集合作为霍夫直线变换的结果。在视觉巡线应用场景中,使用霍夫直线变换前首先将图像进行阈值分割和腐蚀膨胀处理,然后将处理得到的二值图作为霍夫直线变换的输入,据此分析图像的特征并检测其中的直线。

3) ROS

ROS 是 Robot Operating System 的缩写,是一个适用于机器人的开源元操作系统。它提供了操作系统应有的服务,包括硬件抽象、底层设备控制、常用函数实现、进程间消息传递、包管理。它也提供用于跨平台运行代码所需的工具和库函数。

ROS 是一种基于 ROS 通信基础结构的松耦合点对点进程网络,它实现了几种不同的通信方式,包括基于同步 RPC 样式通信的服务机制、基于异步流媒体数据的话题机制以及用于数据存储的参数服务器。ROS 也是一个分布式的进程框架,这里的进程也称为节点,这些节点被封装在易于分享和发布的程序包和功能包集中。

ROS 的软件通常在 Ubuntu 和 Mac OS X 系统上测试,同时 ROS 社区仍持续支持 Fedora、Gentoo、Arch Linux 和其他 Linux 平台。其中 Ubuntu 与 ROS 版本的对应关系见表 3-10。

表 3-10 Ubuntu 与 ROS 版本的对应关系

Ubuntu	ROS1.0
16.04	KINETIC
18.04	MELODIC
20.04	NOETIC

机器人是一个复杂且涉及面极广的学科,包括机械设计、电动机控制、传感器、轨迹规划、运动学与动力学、运动规划、机器视觉、定位导航、机器学习、高级智能等。ROS 统一使用 URDF 模型与机器人驱动的方式来封装机器人,用户只需要在 ROS 中编写应用程序,而不用关心机器人的控制方式,就能快速搭建机器人软件系统,并以模块化的设计方便地验证算法。ROS 现在受到越来越多机器人厂商的青睐,其中包括占据最大工业市场份额的"机器人四大家族"。

6. 思考与练习

(1) 查阅资料,了解车载摄像头的常见类型、功能与作用,与小组成员交换资料,互相学习和交流。

(2) 扩展学习 OpenCV 的功能,了解其原理,想一想图像处理技术在车载摄像头的应用中起到了什么作用,它还有哪些常见使用方式,并举出一两例进行说明。

(3) 车辆视觉巡线是通过车载摄像头实现的,车载摄像头是典型的视觉传感器,是车辆环境感知传感器的重要代表。在车辆环境感知传感器中,与车载摄像头齐名的另一种传感器是什么?请举例说明这种传感器的作用。

任务二　车辆激光雷达应用

1. 任务目标

基于 OBE 教育理念，结合智能网联汽车技术专业毕业要求与任务特点，建立任务目标支撑毕业要求和培养规格的对应关系，确定任务目标如下。

（1）目标 O1：掌握激光雷达的工作原理、激光雷达通信与工作机制、ROS 组件知识，理解激光雷达应用开发任务。

（2）目标 O2：能基于激光雷达通信与工作机制、ROS 组件工具，识读激光雷达扫描数据，完成激光雷达预警应用开发。

（3）目标 O3：能就车辆激光雷达应用任务，以口头、文稿、图表等方式，描述任务实施和问题解决的过程，能参与问题的讨论并准确表达自己的观点。

任务目标与毕业要求支撑对照表见表 3-11，任务目标与培养规格对照表见表 3-12。

表 3-11　任务目标与毕业要求支撑对照表

毕业要求	二级指标点	任务目标
1. 工程知识	毕业要求 1-1：能将数学、自然科学、工程科学专业知识用于工程问题的表述	目标 O1
2. 问题分析	毕业要求 2-1：能运用适用于所属学科或专业领域的分析工具，识别与判断广义工程问题的关键环节	目标 O2
10. 沟通	毕业要求 10-1：能就专业问题，以口头、文稿、图表等方式，准确表达自己的观点，回应质疑，理解与业界同行和社会公众交流的差异性	目标 O3

表 3-12　任务目标与培养规格对照表

培养规格	规格要求	任务目标
素养	（1）具有质量意识、安全意识、信息素养，具有工匠精神和严谨的工作态度； （2）勇于奋斗、乐观向上，具有自我管理能力，有较强的集体意识和团队合作精神； （3）能准确表达自己的观点，能与团队有效沟通	目标 O3

续表

培养规格	规格要求	任务目标
能力	（1）能通过车辆激光雷达应用的流程、程序、方法，理解和运用激光雷达专业知识； （2）能发现和区分不同的 ROS 组件，用于分析激光雷达扫描数据； （3）在完成任务的过程中能与小组成员清晰、明确地交流，有效地沟通； （4）能选择适当的技术解决激光雷达应用开发中的问题，具有判断力	目标 O2
知识	（1）掌握激光雷达的工作原理，理解车辆激光雷达应用的关键部分； （2）掌握激光雷达通信与工作机制，理解激光雷达应用开发的实现方法并完成任务； （3）掌握 ROS 组件知识，理解 ROS 开发工具的用途	目标 O1

2. 任务描述

在电影中经常看到这样的场景：在战争年代，当空袭来临时，城市会响起急促的防空警报，人们听到警报声纷纷往安全地带撤离。那么，人们是怎样判断即将有空袭的呢？这其中往往少不了雷达的功劳。在类似的场景中，雷达常用于目标搜索，识别周围空间的安全风险，并协助人或其他设备做出安全威胁判断和预警。

当雷达应用于自动驾驶领域时，其获得的空间信息能帮助智能网联汽车有效可靠地感知外部环境。当一辆装设雷达的汽车行驶在道路上时，雷达能够帮助驾驶员识别当前空间范围内的物体。当车辆安全距离内出现障碍物时，车辆会感知到障碍物并发出警报，提示驾驶员注意障碍物。例如图 3-33 所示的车辆雷达系统，其扫描并提示周围的障碍物，帮助驾驶员做出相应的判断。

图 3-33 车辆雷达系统

类似于上述雷达预警应用场景，使用车辆激光雷达完成安全距离内的障碍物检测识别并实现预警，这就是激光雷达预警应用。如何使用车辆激光雷达实现预警？与小组成员沟通合作，结合激光雷达的工作原理和 ROS 应用开发技术，使用激光雷达、XTARK ROS 自动驾驶车，通过激光雷达扫描数据的获取和解析，配合相应的处理逻辑实现车辆激光雷达预警应用。

3. 任务实施

1）任务准备

（1）Windows 10 计算机；
（2）树莓派 4B；
（3）RPLIDAR A1M8 激光雷达；
（4）XTARK ROS 自动驾驶车；
（5）激光雷达软件 frame_grabber；
（6）树莓派 Ubuntu18.04、ROS Melodic 系统；
（7）虚拟机 ROS1_Melodic_Ubuntu18.04。

2）步骤与现象

步骤一：激光雷达基础测试

在 Windows 环境使用激光雷达软件 frame_grabber 测试激光雷达。

（1）激光雷达的硬件连接。

进行激光雷达的硬件连接，需要将激光雷达与转接板通过排线连接，再使用数据线将激光雷达与计算机连接。激光雷达硬件接口如图 3-34 所示。

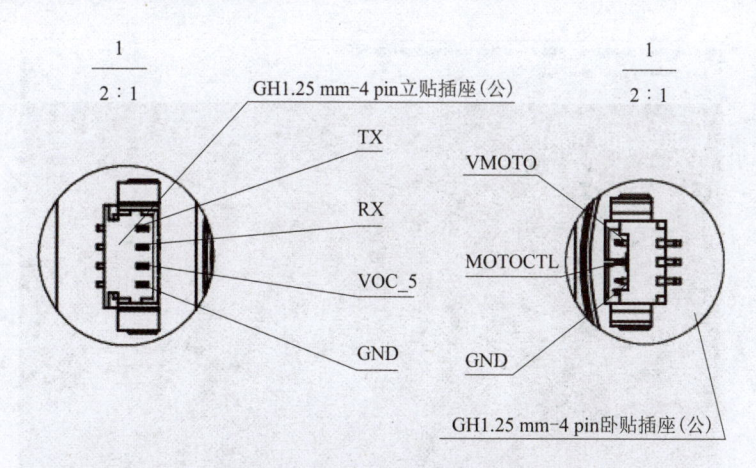

图 3-34 激光雷达硬件接口

激光雷达与计算机连接后，打开设备管理器查看设备连接情况。设备端口列表如图 3-35所示。图中可以看到激光雷达连接计算机后，"端口 COM 和 LPT" 列表中出现

"Silicon Labs"，即本任务使用的激光雷达。

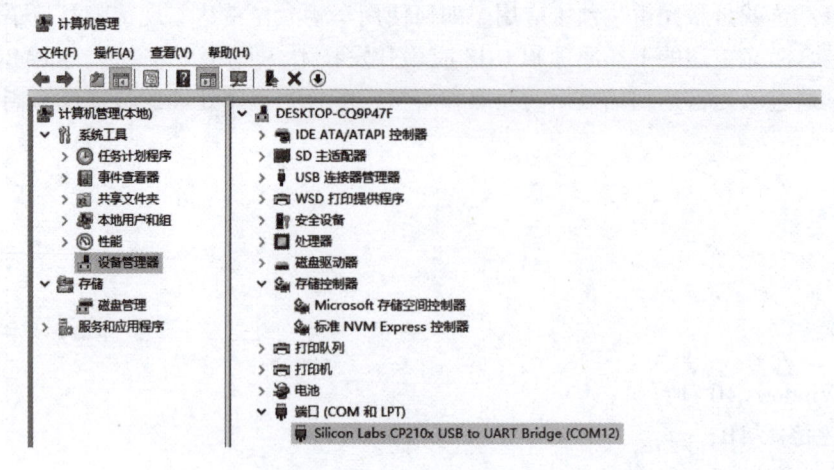

图 3 – 35　设备端口列表

（2）查看激光雷达扫描结果。

查看激光雷达扫描结果，可使用可视化软件 frame_grabber。通过该软件可以观测到激光雷达的实时扫描结果，并且可以保存扫描结果到外部文件。

打开 frame_grabber 软件，首先设置激光雷达端口号、波特率，如图 3 – 36 所示。

完成激光雷达端口号、波特率的设置后，进入 frame_grabber 软件主界面。单击工具栏中的"Start Scan"按钮，激光雷达开始扫描。此时在软件界面中看到扫描的结果，如图 3 – 37 所示。图中圆形刻度表示角度，竖线刻度表示距离。

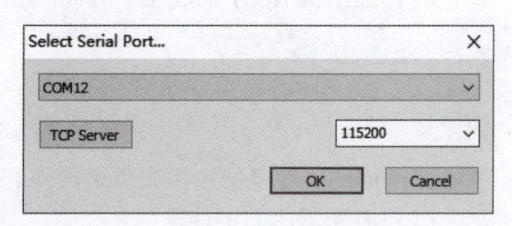

图 3 – 36　设置激光雷达端口号、波特率

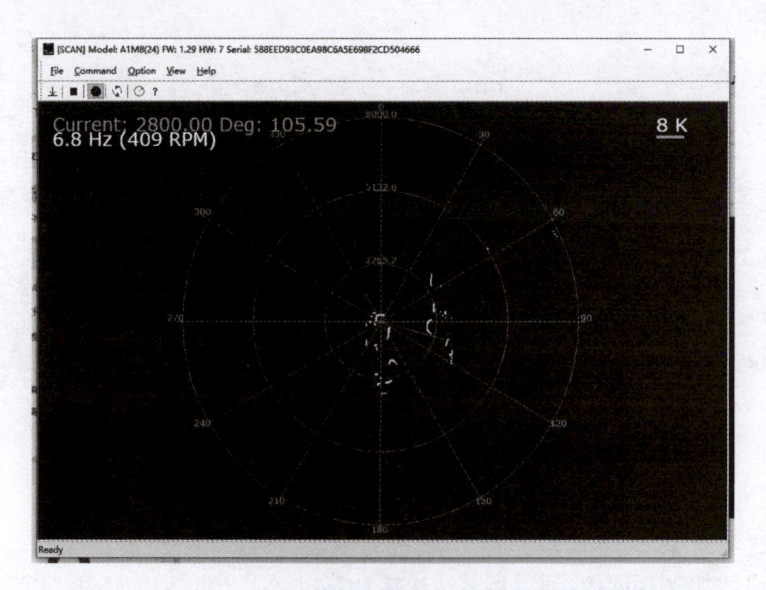

图 3 – 37　frame_grabber 软件界面显示的激光雷达扫描结果

在 frame_grabber 软件界面中，将鼠标移至任意采样点，可以看到该点的距离、相对朝向角度，分别由 Current、Deg 字段表示。

激光雷达扫描数据可以导出到本地，选择"导出到 Dump Data…"命令即可。激光雷达扫描数据导出文件的内容如图 3-38 所示。

（3）激光雷达串口调试。

激光雷达的扫描数据、设备信息等可以通过串口获取。使用串口调试工具对激光雷达进行调试。首先打开串口调试工具并完成配置，如图 3-39 所示，然后启动激光雷达扫描采样，串口发送开始扫描采样请求报文"A520"，此时收到激光雷达返回的起始应答报文，激光雷达进入扫描采样状态并开始扫描。

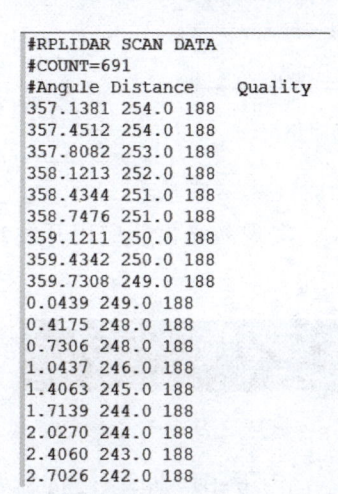

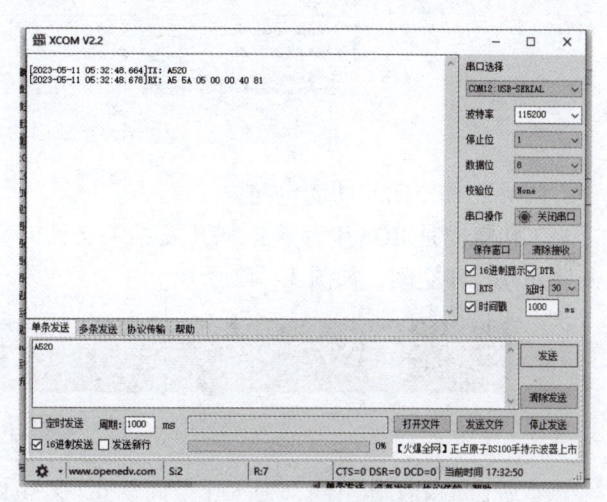

图 3-38 激光雷达扫描数据导出文件的内容　　图 3-39 串口调试工具配置

随后串口调试工具界面显示激光雷达返回的扫描采样数据应答报文，如图 3-40 所示。通过解析激光雷达返回的扫描采样数据应答报文，能够得到测距点相对于激光雷达的朝向夹角、距离信息。查阅激光雷达产品操作手册，了解激光雷达扫描采样数据应答报文结构，学习如何解析报文并获取测距点的夹角、距离信息。

最后通过串口指令停止激光雷达扫描。发送停止扫描请求报文"A525"，如图 3-41 所示。激光雷达退出扫描采样状态，进入空闲模式。

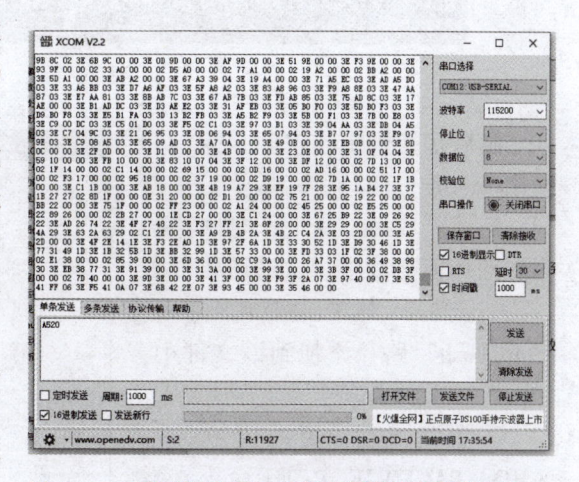

图 3-40 激光雷达返回的扫描采样数据应答报文

步骤二：激光雷达 ROS 功能测试

在 ROS 环境中测试激光雷达的基本功能。首先配置工作空间和功能包，然后使用 ROS 开发包测试激光雷达的基本功能。

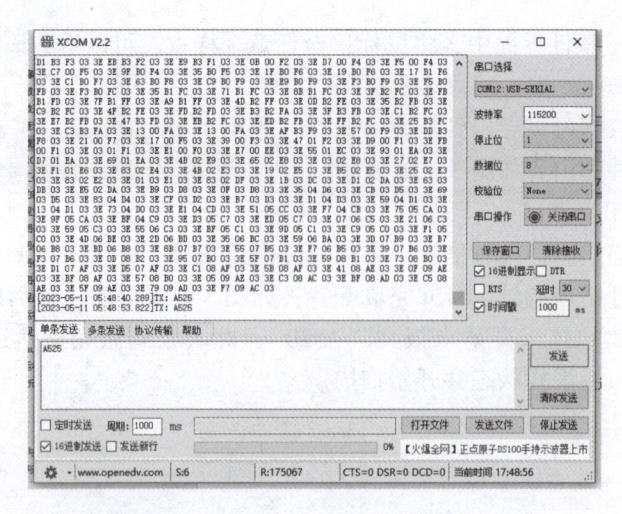

图 3-41　激光停止返回的扫描请求报文

(1) 工作空间与功能包配置。

工作空间是 ROS 中存放工程开发相关文件的文件夹。实现激光雷达应用开发，首先需要建立工作空间，如图 3-42 所示。

```
passoni@passoni:~/mywork$ mkdir -p work2/src && cd work2/src
passoni@passoni:~/mywork/work2/src$
```

图 3-42　建立工作空间

然后初始化工作空间，为工作空间创建"CMakeLists.txt"文中，如图 3-43 所示。

```
passoni@passoni:~/mywork/work2/src$ catkin_init_workspace
Creating symlink "/home/passoni/mywork/work2/src/CMakeLists.txt" pointing to "/opt/ros/melodic/share/catkin/cmake/toplevel.cmake"
passoni@passoni:~/mywork/work2/src$
```

图 3-43　初始化工作空间

随后切换到工作空间目录，并使用 catkin_make 命令编译工作空间。编译完成后，将工作空间路径添加到环境变量中。这里需要配置"~/.bashrc"文件，即将"devel/setup.bash"路径添加到该文件中，如图 3-44 所示。

配置完成后，可以通过 echo $ROS_PACKAGE_PATH 命令查看 ROS 环境变量。当看到 ROS 环境变量中包含当前工作空间时则证明 ROS 环境变量添加成功。

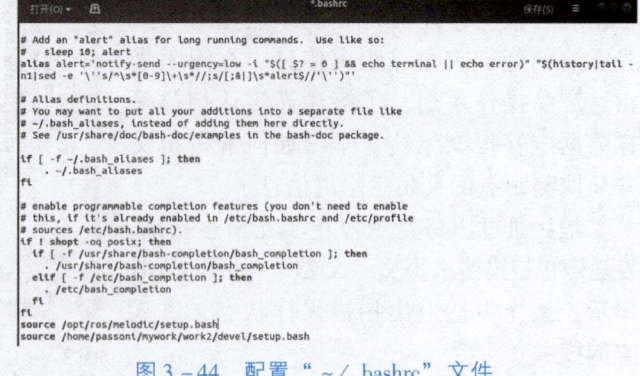

图 3-44　配置"~/.bashrc"文件

在 ROS 中，功能包用来存放程序及资源文件。接下来配置实验所需的功能包。先将激光雷达的官方 ROS 包"rplidar_ros"放到工作空间的"src"路径下，然后使用

catkin_make 命令编译工作空间。编译过程中没有报错则证明编译成功。到此就完成了工作空间与功能包的配置。

（2）激光雷达基础功能与数据可视化。

激光雷达官方提供了开发包以便于激光雷达开发。下面使用激光雷达 ROS 功能包中的基础功能和可视化功能。

首先将激光雷达连接到 Ubuntu 系统，然后使用 ls 命令查看 USB 设备，如图 3-45 所示。在激光雷达连接系统后，设备列表中多出的"/dev/ttyUSB0"设备即连接到系统的激光雷达。

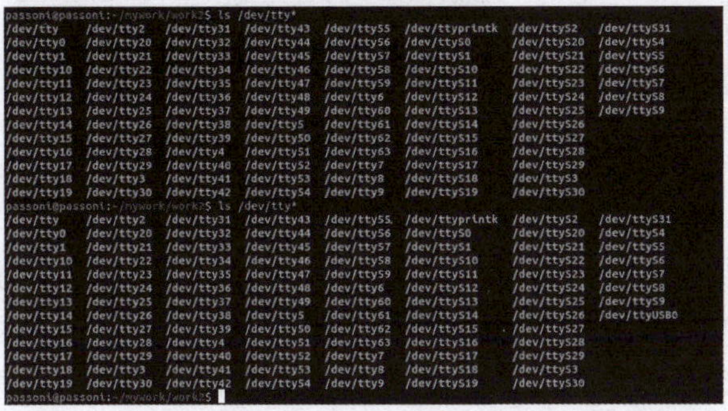

图 3-45　使用 ls 命令查看 USB 设备

使用 ls -l 命令查看设备文件读写权限，并使用 chmod 命令设置设备文件读写权限，如图 3-46 所示。

图 3-46　查看和设置设备文件读写权限

使用 roslaunch 命令运行激光雷达功能包中的"view_rplidar.launch"文件，开启激光雷达扫描，如图 3-47 所示。

图 3-47　使用"view_rplidar.launch"文件开启激光雷达扫描

伴随激光雷达启动的，还有 RViz 可视化工具，通过该工具能够可视化查看激光雷达扫描的空间数据，如图 3-48 所示。工具界面中显示的点云信息即激光雷达扫描到的周围环境信息。

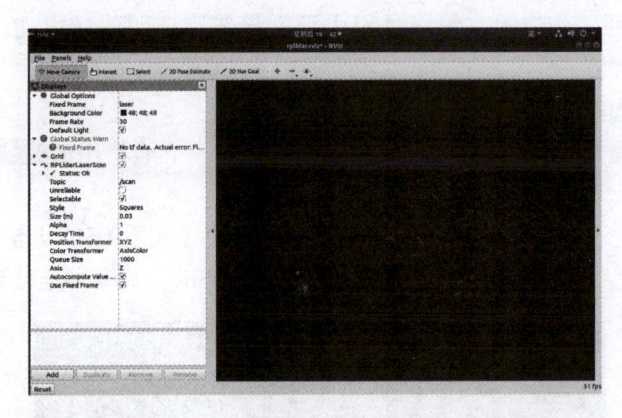

图 3-48　RViz 可视化工具显示的雷达扫描数据

（3）激光雷达扫描测试。

下面使用激光雷达 ROS 包中的激光雷达测试文件，查看激光雷达扫描过程中产生的数据。首先确认雷达与 Ubuntu 系统保持已连接状态，并且已获取激光雷达设备文件读写权限。

随后启动激光雷达，查看激光雷达基础功能使用过程中的相关 ROS 节点、话题、数据等信息。执行 roslaunch 命令运行激光雷达功能包中的 "test_rplidar.launch" 文件启动激光雷达，如图 3-49 所示。

图 3-49　使用 "test_rplidar.launch" 文件启动激光雷达扫描

此时终端可见到激光雷达输出的扫描信息，如图 3-50 所示。

图 3-50　激光雷达输出的扫描信息

使用 rqt_graph 命令查看节点和话题，如图 3-51 所示。从图中可以看到 "/scan" 话题，这个话题中存放着激光雷达扫描数据。"/rplidarNode"节点发布激光雷达扫描数据到"/scan"话题中，"/rplidarNodeClient"节点通过订阅这个话题，获取激光雷达扫描数据。

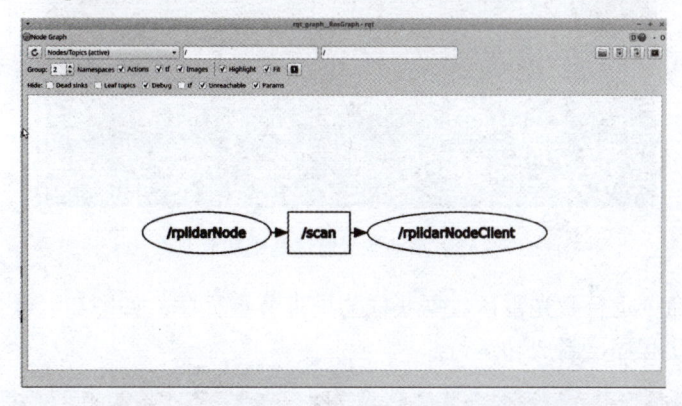

图 3-51　使用 rqt_graph 命令查看节点和话题

最后，使用 rostopic 命令查看 "/scan" 话题中的数据。图 3-52 所示为 "/scan" 话题中的激光雷达扫描数据，数据以 ROS 消息形式在节点、话题之间传递。ROS 消息有其固定的格式，通过解析 ROS 消息可以得到激光雷达的测距结果、测距范围等信息。

图 3-52　"/scan" 话题中的激光雷达扫描数据

步骤三：激光雷达预警应用开发

在 ROS 中基于激光雷达基础功能，进行激光雷达数据获取与处理、激光雷达预警功能开发、最后综合激光雷达数据获取与处理、激光雷达预警功能开发，实现激光雷达预警应用。

（1）激光雷达数据获取与处理。

实现激光雷达数据获取与处理功能，最重要的是激光雷达数据获取与处理节点"/laser_data_handle"的实现。该节点能获取激光雷达扫描节点发布到话题"/scan"的激光雷达扫描数据，将数据处理后发布到"/laser_data"话题中。

首先进行激光雷达预警应用功能包的配置。将程序包中的 transbot_laser 功能包复制到工作空间的"src"路径下，之后编译，如果编译没有报错则表示编译成功。

然后使用激光雷达数据获取与处理节点"/laser_data_handle"的功能。先使用 roscore 命令启动 ROS MASTER，再启动激光雷达基础功能节点，如图 3-53 所示。因为雷达数据获取与处理功能的数据来源于"/scan"话题，所以需要启动激光雷达进行扫描，以获取激光雷达实时扫描数据。

图 3-53　启动激光雷达基础功能节点

通过 rosrun 命令运行激光雷达数据获取与处理节点程序，如图 3-54 所示。终端如果没有报错，则证明程序已经成功运行。

图 3-54　运行激光雷达数据获取与处理节点程序

使用 rqt_graph 命令查看当前的节点和话题，如图 3-55 所示。从图中可以看到雷达数据获取与处理节点"/laser_data_handle"通过订阅"/scan"话题获取来自激光雷达的数据，并将数据处理的结果发布到话题"/laser_data"中。

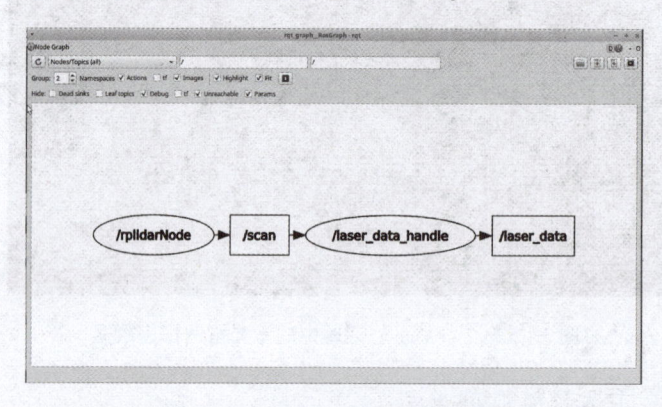

图 3-55　查看当前的节点和话题

通过 rostopic 命令查看话题"/laser_data"中的数据，如图 3-56 所示。从图中可见话题"/laser_data"中的数据是每行一组以制表符分隔的数据，这些数据代表激光雷达数据获取与处理节点在数据处理后得到的激光雷达有效扫描范围内的最小距离值及其索引，这些数据会在程序运行过程中按照固定的频率持续发送。

图 3-56　查看话题"/laser_data"中的数据

(2）激光雷达预警功能实现。

实现激光雷达预警功能，最重要的是预警功能节点"/laser_warning"的实现。该节点能获取来自"/laser_data"话题中的处理后激光雷达数据，进行预警判断，计算速度参数并发布到"/cmd_vel"话题中，发出预警信息并帮助车辆做出相应的预警动作。

首先检查是否完成了激光雷达预警应用功能包 transbot_laser 的配置，然后启动预警功能节点"/laser_warning"。先使用 roscore 命令启动 ROS MASTER，随后启动激光雷达基础功能节点，同时需要启动激光雷达数据获取与处理节点。这是因为预警功能基于激光雷达基础功能、激光雷达数据获取与处理功能，因此启用激光雷达数据获取与处理功能，为预警功能节点提供激光雷达扫描的处理后数据。

通过 rosrun 命令运行预警功能节点程序，如图 3-57 所示。从图中可以看到一系列报警提示信息，其显示当前距离最近物体的距离值，并提示该距离值已小于设定的安全距离值。

图 3-57　运行预警功能节点程序

接下来使用 rqt_graph 命令查看当前的节点和话题，如图 3-58 所示。从图中可以看到图像获取节点"/laser_data_handle"订阅"/scan"话题并向"/laser_data"话题发布了数据。"/laser_warning"节点通过订阅来自"/laser_data"话题的激光雷达扫描处理后数据，进行预警判断和处理，计算速度参数并发布到"/cmd_vel"话题中。

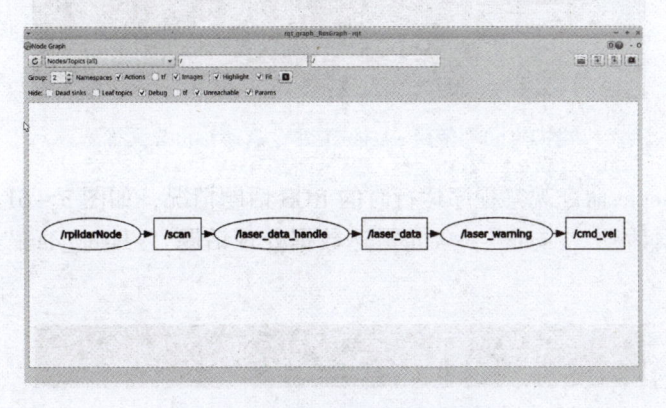

图 3-58　查看当前的节点和话题

通过 rostopic 命令查看预警功能节点"/laser_warning"发布到话题"/cmd_vel"中的数据，如图 3-59 所示。从图中可以看到预警功能节点根据障碍物的情况计算出速度参数，其重点在于角速度参数 angular.z。

（3）launch 文件配置与运行结果观察。

通过前面的实验，实现了激光雷达数据获取与处理、激光雷达预警功能，配合车辆底盘运动控制，能够实现车辆的激光雷达预警。下面利用 ROS 机制，通过 launch 文件来组合启动激光雷达预警的多个功能节点。

图 3-59 "/cmd_vel"话题中的数据

首先检查是否完成了激光雷达预警应用功能包 transbot_laser 的配置,然后查看 "launch" 文件夹中的"laser_guard. launch" 文件。观察该文件可以看到,组合启动了激光雷达基础功能节点 "/rplidarNode"、激光雷达数据获取与处理节点 "/laser_data_handle"、预警功能节点 "/laser_warning"。

使用 roslaunch 命令启动 "launch 文件 laser_guard. launch",如图 3-60 所示。终端中没有报错即表示运行正常。

图 3-60 使用 roslaunch 命令启动 launch 文件

此时使用 rostopic 命令观察程序运行时的 ROS 话题情况,如图 3-61 所示。其中包括激光雷达扫描数据话题 "/scan"、激光雷达数据处理话题 "/laser_data"、速度参数话题 "/cmd_vel"。

图 3-61 观察 ROS 话题情况

使用 rqt_graph 命令查看当前的节点和话题,如图 3-62 所示。

通过 "rqt_graph" 窗口展示的节点和话题,可以看到激光雷达基础功能、激光雷达数据获取与处理、预警功能都已经启动。"/rplidarNode" 节点发布激光雷达扫描数据到 "/scan"话题中,"/laser_data_handle" 节点通过订阅这个话题,获取激光雷达扫描数据,通过数据处理计算出激光雷达扫描到的最小距离值,并将数据发布到 "/laser_data"话题中。"/laser_warning"节点通过订阅"/laser_data"话题获取处理后的激光雷达数据,计算出速度参数,发布到 "/cmd_vel"话题中。车辆底盘控制节点通过订阅"/cmd_vel"话题中的

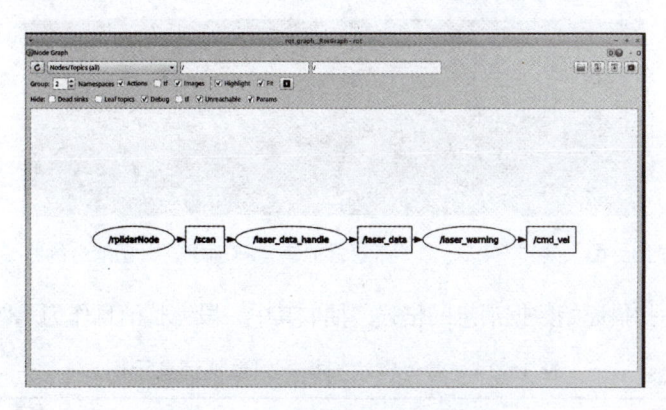

图 3-62 查看当前的节点和话题

速度参数，便可以控制车辆的运动。

通过 rostopic 命令能够观察来自 "/cmd_vel"话题的数据。通过观察 "/cmd_vel"话题中的速度参数，结合激光雷达扫描数据，小组成员合作完成表 3-13 所示的车辆运动轨迹记录表。结合小车运动轨迹记录表，观察车辆从程序启动到结束的运动轨迹，验证车辆在激光雷达预警时做出的动作，小组讨论并绘制车辆的运动轨迹。

表 3-13 车辆运动轨迹记录表

观测编号	速度参数	车辆运动情况
示例	angular：z：0.77	左转：0.77 m/s
示例	angular：z：-0.76	右转：0.76 m/s
1	angular：z：	
2	angular：z：	
3	angular：z：	

到这里就完成了智能网联汽车激光雷达预警应用开发。回顾整个实验过程，思考一下：基于激光雷达的扫描数据，车辆是怎样实现激光雷达预警的？

3）关键点分析

在激光雷达扫描测试中，使用 rostopic 命令查看 "/scan"话题中的数据，可看到激光雷达扫描的原始数据，通过观察可以发现，这些数据有固定的格式。

通过图 3-62 中的节点和话题可以看到，"/scan"作为激光雷达扫描数据话题，接收来自"/rplidarNode"节点发布的激光雷达扫描数据，并将数据分享给订阅本话题的节点。根据 "/scan"在节点话题图中所在的位置和所起的作用，可以发现激光雷达扫描的原始数据及解析这些数据的重要意义。

激光雷达扫描原始数据是以消息的形式在节点和话题之间传递的，解析这些数据首先需要了解消息格式。基于这些数据，才能开展后续的激光雷达应用开发，因此解读这些数据至关重要，下面进行详细介绍。

可以通过 rosmsg 命令查看激光雷达扫描原始数据消息的组成，如图 3-63 所示。

图 3-63 通过 rosmsg 命令查看激光雷达扫描原始数据消息的组成

结合激光雷达扫描原始数据消息的格式，抽取其中一段完整消息作为示例，见表 3-14。

表 3-14 激光雷达扫描原始数据消息示例

```
header:
  seq: 378
  stamp:
  secs: 1684324255
  nsecs: 733356695
  frame_ id: "laser"
angle_ min: -3.12413907051
angle_ max: 3.14159274101
angle_ increment: 0.00871450919658
time_ increment: 0.000200560607482
scan_ time: 0.144203066826
range_ min: 0.15000000596
range_ max: 12.0
ranges: [1.972000002861023, 1.968000054359436, ……inf,……1.9739999771118164]
intensities: [47.0, 47.0, ……47.0]
```

基于激光雷达扫描原始数据消息示例，将激光雷达扫描原始数据消息中各字段的说明整理为表 3-15。

表 3-15 激光雷达扫描原始数据消息中各字段的说明

字段名称	说明
header	结构体，包含 seq、stamp、frame_ id
seq	unit32，扫描顺序 id
stamp	time，消息时间戳
frame_id	string，扫描的参考系名称
angle_min	float32，激光雷达扫描的起始角度（rad）
angle_max	float32，激光雷达扫描的终止角度（rad）
angle_increment	float32，激光雷达相邻两次扫描的旋转夹角（rad）
time_increment	float32，激光雷达相邻两次扫描的时间差（s）
scan_time	float32，进行一次完整的范围扫描需要的时间（s）
range_min	float32，激光雷达有效测距范围的最小距离（m）
range_max	float32，激光雷达有效测距范围的最大距离（m）

续表

字段名称	说明
ranges	float32 []，激光雷达一次完整扫描得到的所有距离值 (m)
intensities	float32 []，激光雷达一次完整扫描的所有返回信号强度

其中，scan_time 代表一次完整的范围扫描需要的时间，可以用于计算激光雷达扫描频率。激光雷达扫描的有效范围通过 range_min、range_max 两者围起来的同心圆确定。ranges 所代表的激光雷达一次完整扫描得到的所有距离值通常以数组形式表示，其中数组元素个数是激光雷达从起始角度旋转到终止角度过程中测量的距离个数，其值按扫描先后顺序排列，如果检测的障碍物距离超过激光雷达的测距范围，则数值记为 inf。Intensities 代表返回信号强度，其值越大表示信号越强。

激光雷达启动后按顺时针旋转，实现 360°全方位环境的扫描测距。angle_min 代表激光雷达扫描起始角度，angle_max 代表激光雷达扫描终止角度，根据 angle_min、angle_max 的值，可知激光雷达扫描范围在最小值 -180°到最大值 180°之间。在 ROS 中激光雷达坐标系使用右手坐标系，如图 3-64 所示。在右手坐标系中，食指指向 x 轴正方向，中指指向 y 轴正方向，拇指指向 z 轴正方向。右手坐标系定义的旋

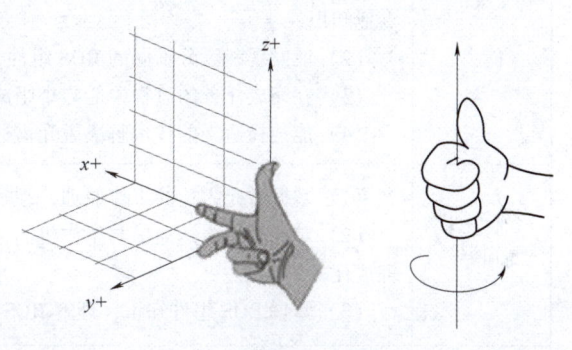

图 3-64 激光雷达坐标系所使用的右手坐标系

转表示为：右手握拳拇指指向 z 轴正方向，其余四指弯曲的方向即旋转的正方向，即围绕 z 轴做逆时针旋转是角速度的正方向，顺时针旋转是角速度的负方向。已知激光雷达是顺时针旋转测距，因此激光雷达的旋转方向与 ROS 坐标系中的旋转方向相反。激光雷达扫描得到的原始数据通常需要经过处理。

在了解激光雷达扫描原始数据消息格式、激光雷达坐标系之后，在源码中对激光雷达数据进行处理，便可以配合相应功能的实现。例如"步骤三"中的激光雷达预警应用，基于来自激光雷达扫描数据的"/scan"话题，对激光雷达扫描数据进行处理，并最终实现激光雷达预警功能。

在激光雷达预警应用程序中，首先设置了两个阈值，分别是激光雷达检测角度范围、激光雷达安全距离值，后续基于这两个阈值对激光雷达数据进行处理。在获取激光雷达数据后，程序调取 ranges 字段的数据，并根据规则判断保留了设定阈值范围内的数据。随后找到有效距离数据中的最小值，以及最小值的索引值。最后根据最小距离值，判断该值是否在激光雷达安全距离范围内，如果小于安全距离则发出警报，并使用 PID 算法计算并得到角速度数据。程序最终发布速度数据到"/cmd_vel"话题中，车辆运动控制节点通过订阅该话题便能获取速度参数，从而进一步控制车辆运动。

4. 考核评价

结合素养、能力、知识目标，根据任务操作、团队协作、沟通参与的效果，教师使用

表3-16（培养规格评价表），对学生的任务进行评价。

表3-16 培养规格评价表

评价类别	评价内容	分值	得分
素养	（1）具有质量意识、安全意识、信息素养，具有工匠精神和严谨的工作态度； （2）勇于奋斗、乐观向上，具有自我管理能力，有较强的集体意识和团队合作精神； （3）能准确表达自己的观点，能与团队有效沟通	30	
能力	（1）能通过车辆激光雷达应用的流程、程序、方法，理解和运用激光雷达专业知识； （2）能发现和区分不同的ROS组件，用于分析激光雷达扫描数据； （3）在完成任务的过程中能与小组成员清晰、明确地交流，有效地沟通； （4）能选择适当的技术解决激光雷达应用开发中的问题，具备判断力	40	
知识	（1）掌握激光雷达的工作原理，理解车辆激光雷达应用的关键部分； （2）掌握激光雷达通信与工作机制，理解激光雷达应用开发的实现方法并完成任务； （3）掌握ROS组件知识，理解ROS开发工具的用途	30	
总分			
评语			

考核评价根据任务要求设置评价项目，项目评分包含配分、分值、得分，教师可以根据学生的项目内容完成情况进行评分。

任务目标达成度以任务目标为评价维度，评价项目支撑任务目标。教师根据任务目标评价学生的任务完成情况。任务考核评价表见表3-17。

表3-17 任务考核评价表

任务名称		车辆激光雷达应用					
评价项目	项目内容	项目评分			任务目标达成度		
^	^	配分	分值	得分	目标O1	目标O2	目标O3
激光雷达基础测试	激光雷达硬件连接正确	25	2			NC	NC
^	正确查看激光雷达端口	^	2			^	^
^	激光雷达端口号、波特率设置正确	^	3			^	^
^	正确查看激光雷达扫描结果	^	3			^	^
^	正确调试串口并开始扫描采样	^	5			^	^
^	正确调试串口并查看扫描采样数据	^	5			^	^
^	正确调试串口并停止扫描	^	5			^	^

续表

任务名称	车辆激光雷达应用					
激光雷达 ROS 功能测试	在 ROS 环境中正确配置工作空间	35	5			NC
	在 ROS 环境中正确配置功能包		5			
	正确配置激光雷达设备权限		6			
	正确开启激光雷达扫描并使用 RViz 查看激光雷达扫描数据		6			
	正确查看激光雷达相关节点和话题		7			
	正确查看"/scan"话题中的数据		6			
激光雷达预警应用开发	正确配置激光雷达预警应用功能包 transbot_laser	40	5	NC		
	正确启动激光雷达数据获取与处理节点		4		NC	
	正确使用命令观察激光雷达数据获取与处理节点运行时的节点和话题情况		4			
	正确启动预警功能节点		4			
	正确使用命令观察预警功能节点运行时的节点和话题情况		4			
	正确查看"/cmd_vel"话题中的数据		4			
	正确查看并识读"laser_guard.launch"文件		5	NC		
	正确使用 ROS 工具查看节点和话题情况及数据		5			
	正确识读速度参数,完成车辆运动轨迹记录表		5			
综合评价						

注：①项目评分请按每项分值打分,填入"得分"栏。
②任务目标达成度根据任务完成情况进行评价,对照任务目标是否达成进行勾选,达成则在对应栏中打"√"。
③任务目标达成度中"NC"表示本行评价内容与对应任务目标无关。

根据任务目标达成度的评价结果,结合任务实施过程、项目评分结果,教师可以使用表 3-18（任务持续改进表）进行改进。

表 3-18 任务持续改进表

评价项目	上一轮改进措施	本轮改进内容	本轮改进效果	下一轮改进措施
激光雷达基础测试				
激光雷达 ROS 功能测试				
激光雷达预警应用开发				

5. 知识分析

1) 激光雷达与自动驾驶

随着人工智能时代的到来，激光雷达被广泛应用于自动驾驶、机器人、安防监控、无人机、地图测绘、物联网、智慧城市等领域。激光雷达应用于车辆时，可获取道路、桥梁、隧道等空间信息，发挥辅助车辆自动驾驶等作用。激光雷达形式多样，激光雷达技术随着科技水平的提升不断发展。随着自动驾驶的兴起，作为环境感知系统传感器的激光雷达逐渐走进大众视野。激光雷达与车载摄像头通常被当作自动驾驶汽车的核心传感器。激光雷达的优势在于不受环境光影响，它通过激光主动探测成像，可以直接测量物体的距离方位、深度、反射率等，得到准确的空间信息。自动驾驶结合激光雷达、GPS、惯性测量单元等，能够实现稳定可靠的高精度定位。

RPLIDAR A1 M8 360°激光扫描测距雷达（以下简称"激光雷达"）是由 SLAMTEC 公司开发的二维激光雷达。它可以在二维平面的半径范围内进行 360°全方位的激光测距扫描，并产生所在空间的平面点云地图信息。这些点云地图信息可用于地图测绘、机器人定位导航、物体/环境建模等实际应用。激光雷达主要包括激光测距核心，以及使激光测距核心高速旋转的机械部分。在分别给各子系统供电后，测距核心开始顺时针旋转扫描，进行 360°全方位环境扫描检测，扫描测距数据可以通过激光雷达的通信接口（串口/USB 接口等）获取。

激光雷达采用激光三角测距技术，如图 3-65 所示。在每次扫描测距过程中，激光雷达发射经过调制的红外激光信号，该红外激光信号在照射到目标物体后产生

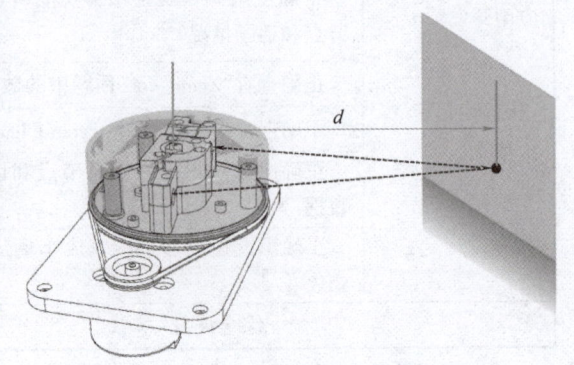

图 3-65 激光雷达采用激光三角测距技术

的反光被激光雷达的视觉采集系统接收。经过嵌入在激光雷达内部的 DSP 处理器实时解算，被照射到的目标物体与激光雷达的距离及当前的夹角等信息将从通信接口输出。

激光雷达测距扫描时，从通信接口输出的距离、夹角数据的几何定义如图 3-66 所示。其中，距离表示测距点相对于激光雷达的距离，以 mm 为单位，当测距点距离超过激光雷达测量范围时，采集数据记为无效点。夹角表示

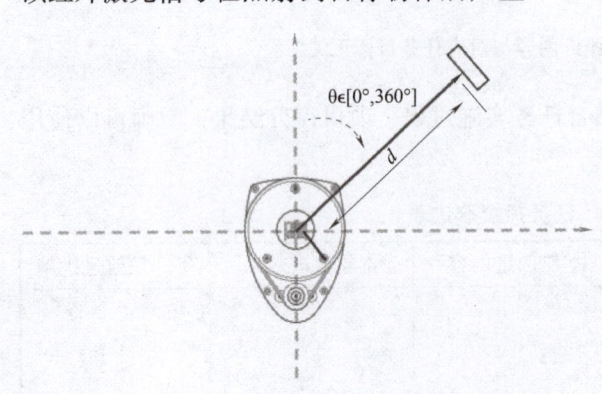

图 3-66 激光雷达测距夹角与距离几何定义

测距点相对于激光雷达的朝向夹角，使用度表示，范围为 0°~360°。

2）激光雷达的通信与工作机制

通过激光雷达的原理，可知激光雷达通过发射激光来测量周围物体的距离，并通过转动扫描得到一片区域的空间信息。激光雷达扫描测距的信息通常从通信接口输出，使用通信接口需要了解激光雷达的通信与工作机制，详细信息可以查阅激光雷达的产品操作手册。这里以本任务使用的 RPLIDAR A1M8 激光雷达为例，讲解激光雷达的通信与工作机制。

激光雷达在工作时，每次采样的数据通过通信接口以数据帧的形式输出。每个采样点的数据包括距离、夹角、当前采样点的信号强度、起始信号（表示是否一次新的扫描）等信息。外部系统通过 TTL 电平的 UART 串口信号与激光雷达通信，并通过通信协议获取激光雷达扫描数据、设备信息、设备健康状态等，并能通过相关命令调整激光雷达的工作状态。

在激光雷达通信模式中，由外部系统发送至激光雷达的数据报文称为请求（Request）报文，由激光雷达发送回外部系统的数据报文称为应答（Response）报文。在收到来自外部系统的请求报文后，激光雷达将执行对应的处理。以开始扫描采样命令请求与应答为例，其通信结构如图 3-67 所示。在接收到外部系统发送的开始扫描采样请求后，激光雷达发送起始应答报文，进入测距采样状态，每个测距采样点信息将使用应答报文发送至外部系统。

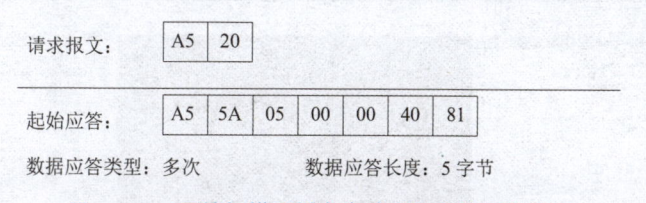

请求报文： | A5 | 20 |

起始应答： | A5 | 5A | 05 | 00 | 00 | 40 | 81 |

数据应答类型：多次　　数据应答长度：5 字节

图 3-67　开始扫描采样命令请求与应答通信结构

其中，请求报文有固定格式，如图 3-68 所示。请求报文以 0xA5 作为起始标志，还包含一个字节长度的请求命令字段。如果该请求命令需要额外附带其他数据，则请求报文还需要附带一个字节的负载数据长度信息、负载数据本身及一个字节的校验和作为结尾。一个完整的请求报文必须在 5 s 内完全发送至激光雷达。

起始标志	请求命令	负载长度	请求负载数据	校验和
1字节(0xA5)	1字节	1字节	0~255字节	1字节

发送顺序 →　　可选部分　　小于 5 s

图 3-68　激光雷达请求报文格式

应答报文分为起始应答报文和数据应答报文两类。起始应答报文使用固定格式，其中包含起始标志固定数据（0xA5 0x5A）、数据应答报文长度数据、描述数据应答报文发送模式的应答模式字段、表示数据应答报文发送内容类型的数据类型字段。

数据应答报文包含扫描起始标志（S）、校验位（C）、采样点信号质量（quality）、测距点相对朝向夹角（angle_q6）、测距点相对距离（distance_q2）等信息。激光雷达在扫描测距时将每个采样点信息通过该格式的数据应答报文发送至外部系统。

3) ROS 常用组件

ROS 是机器人开源元操作系统，它设计了不少机制并提供了很多组件工具来帮助机器人的开发，例如实现多节点配置和启动的 launch 文件、实现数据可视化显示的 RViz 三维可视化工具、提供多种机器人开发可视化工具的 qt 工具箱。

launch 文件是一种特殊的 XML 文件，它提供了一次性启动多个节点的方法，可以自动启动 ROS MASTER 节点管理器，并实现每个节点的配置。launch 文件中使用标签对文件内容进行组织。其中，<launch> 标签将文件中的所有内容包含起来，<launch> 标签与 </launch> 标签配对。<node> 标签用于定义需要启动的 ROS 节点，该标签中有 3 个常用属性，分别为 pkg、name、type，分别表示节点所在功能包名称、节点的名称、节点对应的可执行文件名称。launch 文件还有一些其他标签，在具体使用时有不同的用法，这里不赘述。

RViz 是 ROS 提供的一款可以显示多种数据的三维可视化平台，不仅可以显示三维机器人模型，还能显示传感器的信息以及周围环境信息。RViz 启动后的图形界面如图 3-69 所示，界面中包含工具栏（提供视角控制、目标设置、发布地点等工具）、显示项列表（选择和配置显示插件及属性）、三维视图显示区（通过鼠标左、右键控制视角变换）、视角设置区（选择多种观测视角）、时间显示区（显示当前的系统时间和 ROS 时间）。

图 3-69 RViz 启动后的图形界面

qt 工具箱是开发和调试时常用的组件，可以对数据进行可视化处理，在程序运行时直接在终端输入命令即可使用。常用的 qt 工具及其功能见表 3-19。

表 3-19 常用的 qt 工具及其功能

名称	功能
rqt_gragh	绘制计算图
rqt_plot	绘制数据图
rqt_image_view	接收显示车载摄像头话题
rqt_bag	回放工具
rqt_console	输出日志
rqt_reconfigure	动态调节参数

6. 思考与练习

（1）访问激光雷达官方网站，获取激光雷达资料，了解激光雷达的系统构成、工作原理、输出数据、测量性能、通信与接口、请求与数据获取等内容。与小组成员交换资料，互相交流和学习。

（2）分析激光雷达 ROS 功能包 rplidar_ros 的结构及内容，说一说该功能包提供了哪些激光雷达基础功能，尝试使用这些功能。与小组成员分享学习成果。

（3）查阅资料，列举常见的激光雷达的应用场景，思考激光雷达在其中的作用。

任务三　车辆定位模块应用

1. 任务目标

基于 OBE 教育理念，结合智能网联汽车技术专业毕业要求与任务特点，建立任务目标支撑毕业要求和培养规格的对应关系，确定任务目标如下。

（1）目标 O1：掌握定位模块的工作原理、定位坐标和 ROS 坐标系原理、ROS 话题通信知识，理解定位模块应用任务。

（2）目标 O2：能运用定位模块软件、ROS 通信机制、ROS 可视化组件，获取和识读定位数据，完成定位模块应用开发。

（3）目标 O3：能分析和评价车辆定位导航对社会、安全的影响，理解自动驾驶定位导航应承担的责任。

目标任务与毕业要求支撑对照表见表 3-20，任务目标与培养规格对照表见表 3-21。

表 3-20　任务目标与毕业要求支撑对照表

毕业要求	二级指标点	任务目标
1. 工程知识	毕业要求 1-1：能将数学、自然科学、工程科学专业知识用于工程问题的表述	目标 O1
2. 问题分析	毕业要求 2-1：能运用适用于所属学科或专业领域的分析工具，识别与判断广义工程问题的关键环节	目标 O2
6. 工程与社会	毕业要求 6-2：能分析和评价专业工程实践对社会、健康、安全、法律、文化的影响，以及这些制约因素对项目实施的影响，并理解应承担的责任	目标 O3

表 3-21 任务目标与培养规格对照表

培养规格	规格要求	任务目标
素养	（1）践行社会主义核心价值观，具有深厚的爱国情感和中华民族自豪感； （2）遵法守纪、诚实守信、尊重生命，具有社会责任感和社会参与意识； （3）具有质量意识、安全意识，能正确理解专业工程实践对社会、安全的影响； （4）勇于奋斗、乐观向上，有较强的集体意识和团队合作精神	目标 O3
能力	（1）能在车辆自动驾驶场景中理解和运用定位导航知识； （2）能运用 ROS 通信机制获取定位数据； （3）能运用定位模块软件、ROS 可视化组件，识读定位数据，评估定位导航效果； （4）能选择适当的技术解决定位模块应用开发中的问题，具备判断力	目标 O2
知识	（1）掌握定位模块的工作原理，理解定位模块应用的实现方法； （2）掌握定位坐标和 ROS 坐标系原理，理解车辆定位模块应用实现的关键部分； （3）掌握 ROS 通信机制知识，理解 ROS 通信机制在传感器数据获取中的作用	目标 O1

2. 任务描述

在现实生活中，定位导航软件利用率非常高。当人们想去美食店、加油站等目标地点时，打开手机找到自己在地图中的位置，然后开启前往目标地点的导航，这已经是司空见惯的操作。与这些应用场景非常类似，当驾驶汽车使用导航前往目标地点时，也需要首先得到自身定位，然后基于定位开启路径规划，接着按照导航指引驾车前往目的地。例如图 3-70 所示，汽车根据 BDS 得到当前定位，然后 BDS 为车辆规划前往目的地的行驶路径，同时 BDS 会根据当前车辆所在位置，给出道路和周边情况信息。

定位导航技术应用于自动驾驶，同样能帮助自动驾驶车辆确定当前位置，实现路径规划和导航。这其中的关键模块是定位模块，那么如何使用定位模块实现车辆定位？与小组成员沟通合作，使用多模式联合定位模块，结合定位模块的

图 3-70 车辆行驶定位导航

工作原理、定位坐标和 ROS 坐标系原理、ROS 通信机制知识，运用定位模块软件、ROS 通信机制、ROS 可视化组件，获取和解析位置信息数据，实现车辆定位模块应用。

3. 任务实施

1）任务准备

（1）Windows 10 计算机；
（2）树莓派 4B；
（3）多模式联合定位模块；
（4）XTARK ROS 自动驾驶车；
（5）定位模块软件 GnssToolKit；
（6）树莓派 Ubuntu18.04、ROS Melodic 系统；
（7）树莓派 ROS Melodic 系统依赖包：ros – melodic – gps – umd。

2）步骤与现象

步骤一：定位模块基础应用

在 Windows 环境中使用定位模块软件 GnssToolKit 测试定位模块。

（1）定位模块连接。

先将多模式联合定位模块安装有源天线，然后将定位模块通过 USB 线与计算机连接，如图 3 – 71 所示。连接后通过设备管理器查看设备连接端口情况。

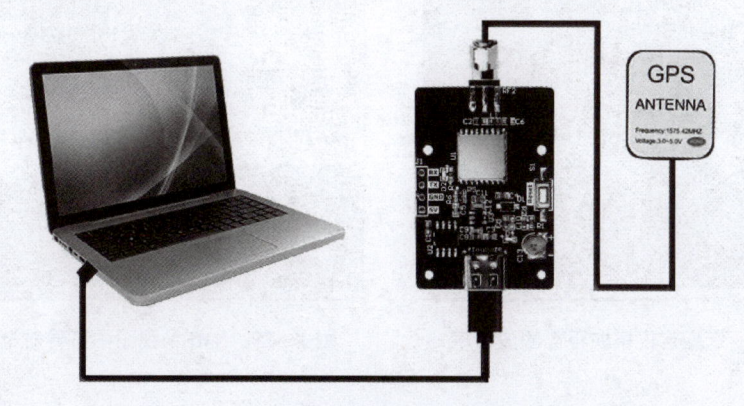

图 3 – 71　将定位模块通过 USB 线与计算机连接

在计算机中找到 GnssToolKit 软件，完成安装并双击运行，打开 GnssToolKit 软件界面，如图 3 – 72 所示。

使用"串口"菜单查看串口名称，选择连接定位模块所在的串口，如图 3 – 73 所示。

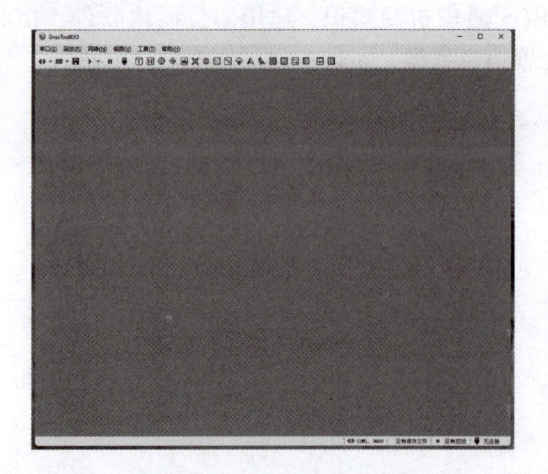

图 3-72　GnssToolKit 软件界面 　　　　图 3-73　选择连接定位模块所在的串口

在"波特率"菜单中选择定位模块相应的波特率,如图 3-74 所示。定位模块默认波特率为 9 600 bit/s。

当不确定定位模块的波特率时,可以使用"视图"菜单中的 NMEA 视图,然后切换不同的波特率,观察是否能接收到数据。当 NMEA 视图中有导航电文显示时,说明该波特率选择正确,如图 3-75 所示。

图 3-74　选择定位模块相应的波特率 　　　　图 3-75　NMEA 视图中有导航电文显示

在 GnssToolKit 软件底部的状态栏中有串口状态指示灯图标。当串口状态指示灯图标为绿色时,表示串口正常打开。当串口状态指示灯图标为黄色时,表示串口没有打开。当串口状态指示灯图标闪烁时,表示串口中有数据通信。

(2) 查看定位结果。

使用 GnssToolKit 软件查看定位相关信息。

在"视图"菜单中打开星位图视图,如图 3-76 所示。在星位图视图中,每个圆代表一颗卫星,圆中的数字表示卫星的 PRN。图中,仰角定义为图中心表示 90°,图边沿表示 0°;方位角定义为图上方表示 0°,即正北方,以顺时针方向增加方位角。

· 188 ·

在"视图"菜单中打开定位点视图，如图3-77所示。图中红色点表示当前定位点，彩色点表示历史轨迹。图中左下角表示中心点经纬度，左上角表示定位点计数。可以使用鼠标滚轮或加减按键放大或缩小定位点视图。

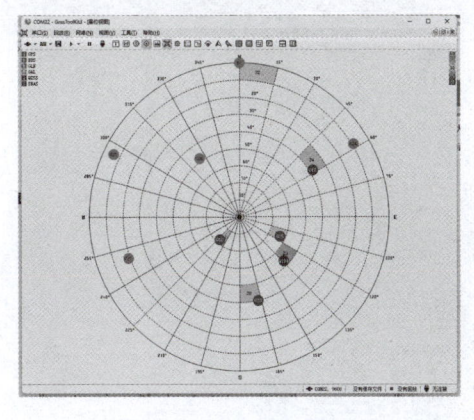

图3-76 打开星位图视图

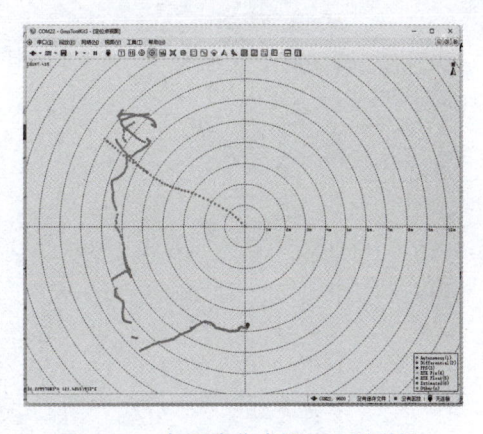

图3-77 打开定位点视图（附彩插）

在"视图"菜单中打开基础视图。基础视图显示定位模块所在的纬度、经度、海拔、时间、日期等信息，如图3-78所示。

在"视图"菜单中打开数据视图。数据视图显示纬度坐标、经度坐标、定位质量、定位模式、海拔、时间、日期、速度、航向等信息，如图3-79所示。

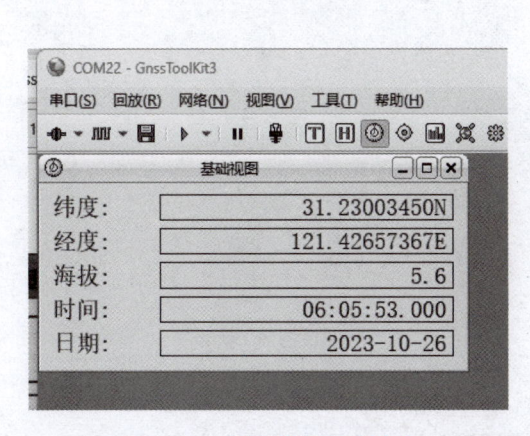

图3-78 基础视图显示信息

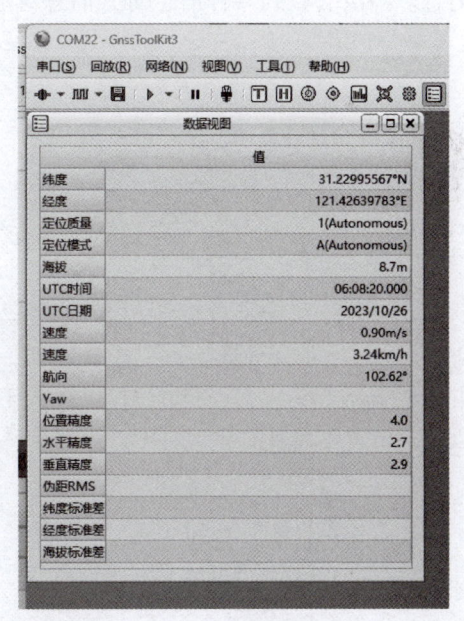

图3-79 数据视图显示信息

（3）调试定位模块。

使用GnssToolKit软件调试定位模块。选择"视图"→"配置"选项，配置定位模块的相应参数，如图3-80所示。"发送""保存"按钮分别用于参数仅调试、模块重启后

· 189 ·

失效，保存配置到模块 Flash、重启后仍有效。

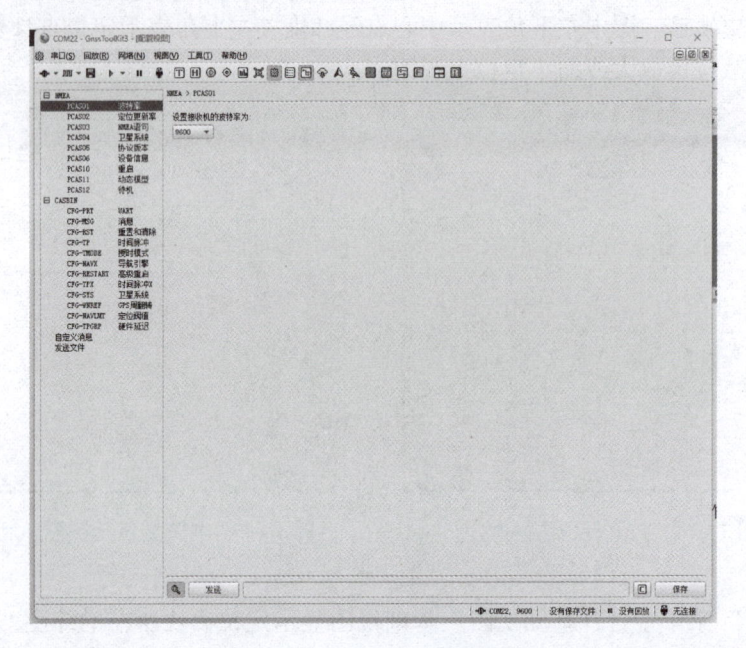

图 3-80　打开配置界面

在"视图"菜单中打开消息视图，如图 3-81 所示。消息视图中的消息树列出了支持的消息。当没有收到某种消息时，消息对应的分支为灰色。

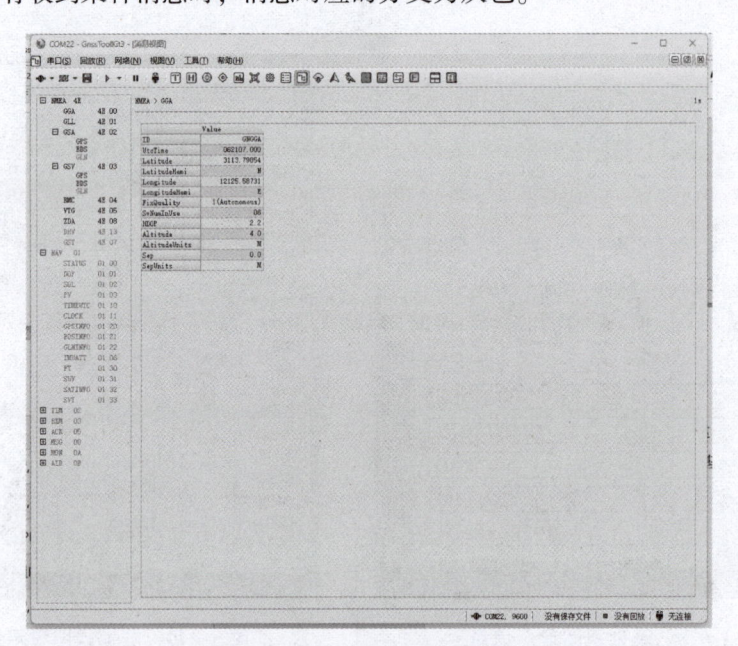

图 3-81　打开消息视图

在"视图"菜单中打开数据表视图，如图 3-82 所示。数据表视图展示定位模块接收或发出的数据，包含数据表时间戳、数据表名称、数据收发分类、数据包类型、数据包原始数据值等内容。

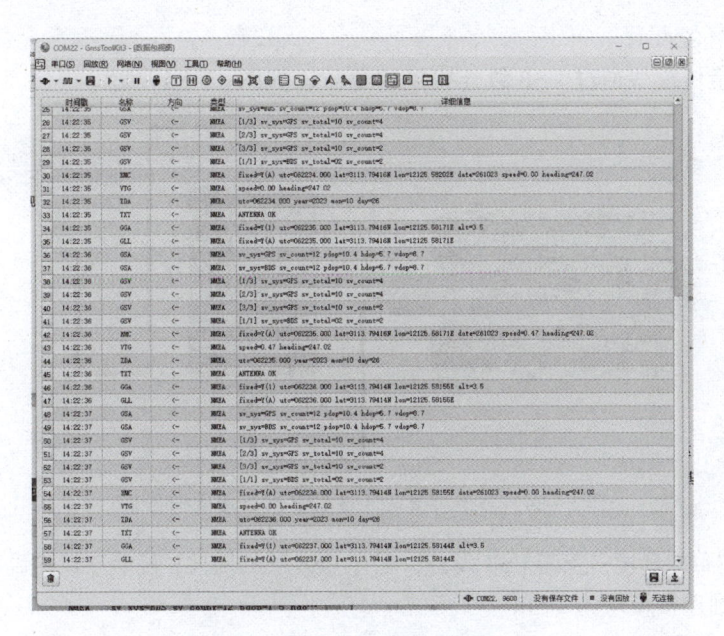

图 3-82 打开数据表视图

在"视图"菜单中打开调试视图,如图 3-83 所示。观察定位模块的 NMEA 导航电文。

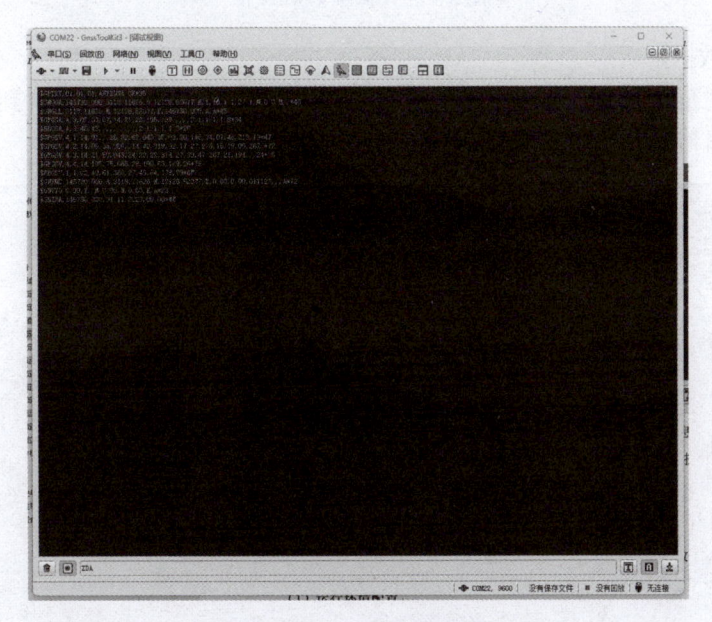

图 3-83 打开调试视图

查阅资料,了解调试视图显示了哪些数据,它们分别表示什么信息。与团队成员讨论通过定位模块软件 GnssToolKit 能获取定位模块提供的哪些信息。

步骤二:定位信息解析

下面学习使用定位模块获取位置信息并解析定位信息。

（1）运行环境配置。

首先，将定位模块通过 USB 线连接到树莓派，如图 3-84 所示。

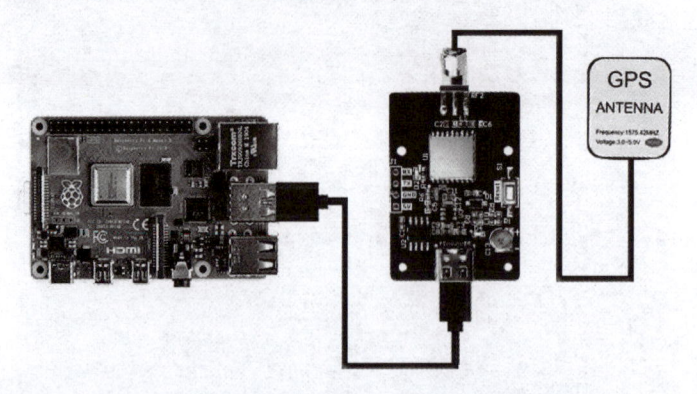

图 3-84　将定位模块通过 USB 线连接到树莓派

然后，在树莓派环境中查询 USB 设备，配合 USB 线的插拔，确认连接的设备，如图 3-85 所示，可以看到连接模块为 USB0。

图 3-85　查询 USB 设备

（2）定位数据解析。

通过编写树莓派程序，实现定位数据解析。将"GPS. py"程序复制到树莓派程序路径下，使用编辑器打开"GPS. py"程序文件，如图 3-86 所示。

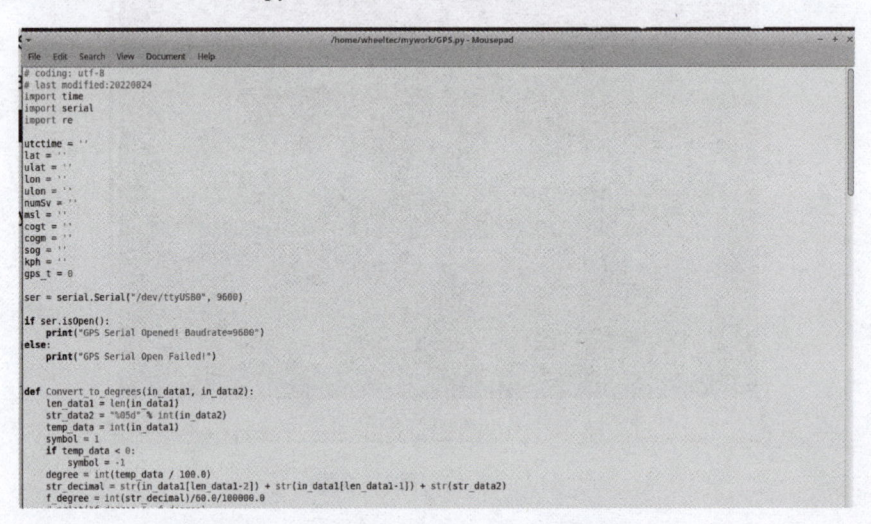

图 3-86　打开"GPS. py"程序文件

通过阅读程序看到，程序通过串口获取来自 USB 设备的数据，即获取位置信息并解析获取的信息，代码段如图 3-87 所示。

模块三 车辆环境感知系统传感器应用

```
19
20   ser = serial.Serial("/dev/ttyUSB0", 9600)
21
22   if ser.isOpen():
23       print("GPS Serial Opened! Baudrate=9600")
24   else:
25       print("GPS Serial Open Failed!")
26
27
28   def Convert_to_degrees(in_data1, in_data2):
29       len_data1 = len(in_data1)
30       str_data2 = "%05d" % int(in_data2)
31       temp_data = int(in_data1)
32       symbol = 1
33       if temp_data < 0:
34           symbol = -1
35       degree = int(temp_data / 100.0)
36       str_decimal = str(in_data1[len_data1-2]) + str(in_data1[len_data1-1]) + str(str_data2)
37       f_degree = int(str_decimal)/60.0/100000.0
38       # print("f_degree:", f_degree)
39       if symbol > 0:
40           result = degree + f_degree
```

图 3-87　获取位置信息并解析获取的信息代码段

接下来，程序在获取的位置信息中筛选以 GNGGA 开头的数据，然后解析出数据并保存到相应的全局变量中，代码段如图 3-88 所示。

```
46   def GPS_read():
47       global utctime
48       global lat
49       global ulat
50       global lon
51       global ulon
52       global numSv
53       global msl
54       global cogt
55       global cogm
56       global sog
57       global kph
58       global gps_t
59       if ser.inWaiting():
60           if ser.read() == b'G':
61               if ser.inWaiting():
62                   if ser.read() == b'N':
63                       if ser.inWaiting():
64                           choice = ser.read()
65                           if choice == b'G':
66                               if ser.inWaiting():
67                                   if ser.read() == b'G':
68                                       if ser.inWaiting():
69                                           if ser.read() == b'A':
70                                               #utctime = ser.read(7)
71                                               GGA = ser.read(70)
72                                               GGA_g = re.findall(r"\w+(?=,)|(?<=,)\w+", str(GGA))
73                                               # print(GGA_g)
74                                               if len(GGA_g) < 13:
75                                                   print("GPS no found")
76                                                   gps_t = 0
77                                                   return 0
78                                               else:
79                                                   utctime = GGA_g[0]
80                                                   # lat = GGA_g[2][0]+GGA_g[2][1]+'°'+GGA_g[2][2]+GGA_g[2][3]+'.'+GGA_g[3]+'\''
81                                                   lat = "%.8f" % Convert_to_degrees(str(GGA_g[2]), str(GGA_g[3]))
82                                                   ulat = GGA_g[4]
83                                                   # lon = GGA_g[5][0]+GGA_g[5][1]+GGA_g[5][2]+'°'+GGA_g[5][3]+GGA_g[5][4]+'.'+GGA_g[6]+'\''
84                                                   lon = "%.8f" % Convert_to_degrees(str(GGA_g[5]), str(GGA_g[6]))
85                                                   ulon = GGA_g[7]
```

图 3-88　解析数据并保存到全局变量中代码段

最后，程序将解析后的数据循环打印出来，输出数据信息如图 3-89 所示。

```
110  try:
111      while True:
112          if GPS_read():
113              print("**********************")
114              print('UTC Time:'+utctime)
115              print('Latitude:'+lat+ulat)
116              print('Longitude:'+lon+ulon)
117              print('Number of satellites:'+numSv)
118              print('Altitude:'+msl)
119              print('True north heading:'+cogt+'°')
120              print('Magnetic north heading:'+cogm+'°')
121              print('Ground speed:'+sog+'Kn')
122              print('Ground speed:'+kph+'Km/h')
123              print("**********************")
124  except KeyboardInterrupt:
125      ser.close()
126      print("GPS serial Close!")
```

图 3-89　输出数据信息

（3）定位数据应用。

先将定位模块的天线放置到室外，以便于搜索 GPS 定位信息，然后运行程序，观察程序输出的定位数据，在树莓派中使用终端运行"GPS.py"程序，如图 3-90 所示。

· 193 ·

图 3-90 运行 "GPS.py" 程序

观察程序运行时的输出信息。可以看到程序首先初始化 USB 连接设备，成功则显示 "GPS Serial Opened"，否则显示 "GPS Serial Open Failed"。

接下来，程序获取并解析定位模块的定位信息数据，包含位置和航向信息，并将解析结果打印输出。当搜索不到信号时，程序打印反馈信息 "GPS no found"，如图 3-91 所示。程序运行过程中，当定位模块上的串口打印状态灯持续闪烁时，表示定位模块正常接收数据。程序终止时，断开设备所在连接，输出打印反馈 "GPS serial Close"。

图 3-91 搜索不到信号时打印反馈信息

仔细阅读程序，思考程序如何实现定位导航数据的获取和解析。查阅资料，理解程序获取的定位信息表示什么意义。

步骤三：定位模块应用

在 ROS 中基于定位模块基础功能、定位信息解析方法，实现定位模块应用。

（1）运行环境配置。

首先完成工作空间、gps_src 功能包配置（gps_src 功能包包含定位模块启动、定位模块数据读取、定位数据绘制等功能），然后完成定位模块与树莓派的连接。

查看树莓派连接的 USB 设备，在终端使用 lsusb 命令查询连接设备 ID 号，如图 3-92 所示。查询过程配合 USB 设备拔插可以快速发现相应的设备。

根据设备 ID 编写端口 rules 规则文件，如图 3-93 所示，创建 "/etc/udev/rules.d"

图 3 – 92　使用 lsusb 命令查询接设备 ID 号

路径下的"myserial. rules"文件，绑定设备到端口别名"myserial"。操作完成后保存，再使用 chmod 命令赋予 rules 规则文件 777 执行权限。

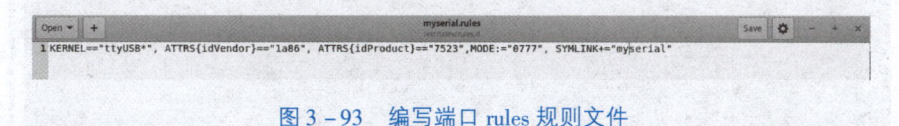

图 3 – 93　编写端口 rules 规则文件

重新拔插定位模块，使用 ll 命令检查设备是否绑定成功，如图 3 – 94 所示，查看端口和别名映射关系是否正确，正确则表示设备端口绑定成功，。

图 3 – 94　使用 ll 命令检查设备是否绑定成功

（2）定位模块数据获取和解析。

获取定位模块数据并解析，包括基础位置、经纬度和海拔数据。

首先使用 roslaunch 命令运行 nmea_navsat_driver 功能包中的 nmea_serial_driver. launch 文件，如图 3 – 95 所示。

图 3 – 95　运行 nmea_serial_driver. launch 文件

使用 rostopic list 命令查看话题状态，如图 3 – 96 所示。在话题列表中，"/extend_fix"包含定位卫星状态信息，"/fix"包含定位信息，"/time_reference"包含定位时间信息，"/vel"包含定位相关速度信息。

使用 rostopic echo 命令查询"/fix"话题消息，如图 3 – 97 所示。其中，latitude、longitude、altitude 分别代表纬度、经度和海拔。

图 3-96　使用 rostopic list 命令查看话题状态

图 3-97　使用 rostopic eche 命令查询"/fix"话题消息

使用 rosrun 命令启动 nmea_navsat_driver 功能包中的"read_lat_long.py"节点，读取定位模块的经纬度和海拔数据，如图 3-98 所示。程序订阅"/fix"话题中的数据，在回调函数中进行数据解析，最终输出经纬度和海拔信息。

图 3-98　启动"read_lat_long.py"节点

（3）位置轨迹绘制。

基于定位模块数据获取和解析方法，使用 RViz 可视化工具实现 GPS 定位轨迹可视化。在这个过程中需要将定位轨迹从经纬度 WGS-84 坐标系转换到 ROS 世界坐标系，最后通过 RViz 显示位置轨迹信息。

使用 roslaunch 命令启动 nmea_navsat_driver 功能包中的"gps_path_to_rviz.launch"文件，如图 3-99 所示。

图 3-99 启动"gps_path_to_rviz. launch"文件

在 RViz 界面中，观察变化的绿色轨迹线，如图 3-100 所示。绿色轨迹线代表不断变化的定位数据所构成的位置轨迹信息。

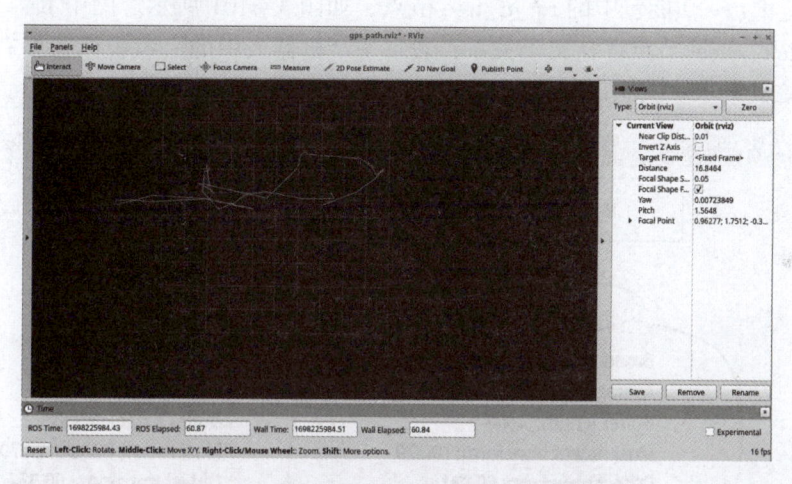

图 3-100 观察变化的绿色轨迹线（附彩插）

程序通过 nmea_serial_driver_node 节点读取和解析定位数据，通过 gps_path_node 节点根据坐标信息绘制 GPS 位置轨迹，通过 RViz 实现位置轨迹可视化。阅读这些关键节点，思考程序如何实现定位数据读取和解析、GPS 位置轨迹坐标信息绘制。

到这里就完成了车辆定位模块应用。回顾实验过程，思考定位模块是什么，它能提供哪些信息，在车辆自动驾驶过程中定位模块有什么作用。

3) 关键点分析

从前面的实验中，了解到想要在 ROS 中绘制位置轨迹，需要将定位模块收集的定位轨迹从经纬度 WGS-84 坐标系转换到 ROS 世界坐标系，通过计算每个定位坐标相对于第一个坐标的位置，累加得到位置轨迹信息，最后通过 RViz 实现位置轨迹信息可视化。那么坐标转换是如何实现的？

通常将 GPS 定位坐标转换为 ROS 坐标需要考虑到坐标系的转换和单位的转换。坐标系转换就是将经纬度 WGS 84 坐标系转换为 ROS 使用的以机器人为参考的坐标系，单位转换需要将以经纬度为单位的 GPS 定位坐标转换为以 m 为单位的 ROS 坐标。

通常使用适当的库或工具将经纬度坐标系转换为 ROS 中的 ENU 坐标系首先将经纬度作为输入，将其转换为 ENU 坐标系中的 X、Y 和 Z 值。随后获取参与定位的固定点的 GPS 定位坐标，并以该点为原点建立一个局部坐标系，再将转换后的 ENU 坐标系中的 X、Y 和 Z 值与固定点的 GPS 坐标进行偏移。这样就实现了 GPS 定位坐标到 ROS 坐标的转换。

坐标转换是一个坐标在不同坐标系中的表示。ROS 中的坐标转换是通常由 TF 库实现，目的是实现系统中任一个点在所有坐标系之间的坐标变换。TF 坐标转换包括位置和姿态两个方面的转换。

TF 使用多层多叉树的形式描述 ROS 坐标系，通过建立与维护每个父子坐标系的变换关系来维护整个系统的所有坐标系的变换关系。TF 树中的每个节点都是一个坐标系，每个节点都有一个父节点，即每个坐标系都有一个父坐标系、多个子坐标系。在 TF 树中用箭头表示这种父子关系。TF 树的建立和维护基于话题通信机制。每个父坐标系到子坐标系的变换关系通过 broadcastor 发布器节点持续发布。通常，查看当前的 TF 树可使用 rosrun 命令启动 rqt_tf_tree 功能包中的 rqt_tf_tree 节点，如图 3-101 所示。图中 base_footprint 和 right_wheel、left_wheel 节点存在父子关系，表示一个机器人中的底盘坐标系和右轮坐标系、左轮坐标系之间的依赖关系。

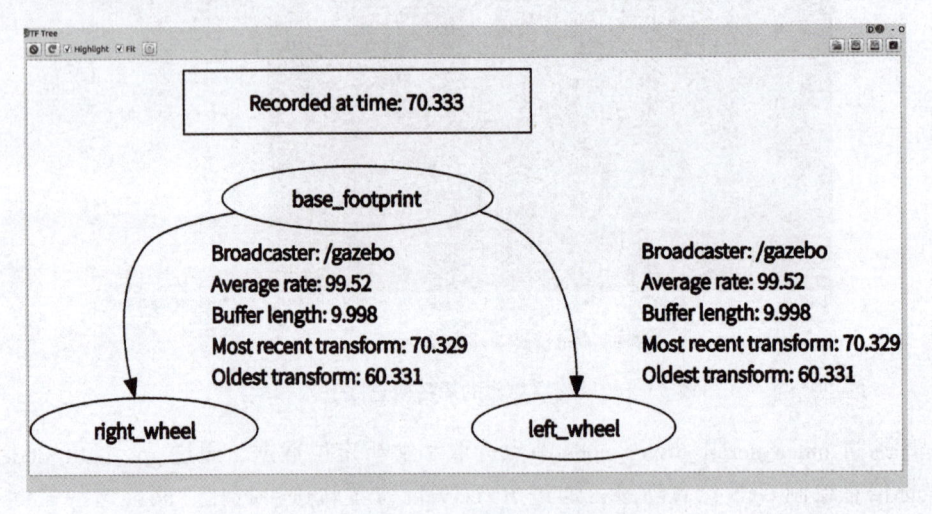

图 3-101　查看 TF 树

4. 考核评价

结合素养、能力、知识目标，根据任务操作、团队协作、沟通参与的效果，教师使用表 3-22（培养规格评价表），对学生的任务进行评价。

表 3-22　培养规格评价表

评价类别	评价内容	分值	得分
素养	（1）践行社会主义核心价值观，具有深厚的爱国情感和中华民族自豪感； （2）遵法守纪、诚实守信、尊重生命，具有社会责任感和社会参与意识； （3）具有质量意识、安全意识，能正确理解专业工程实践对社会、安全的影响； （4）勇于奋斗、乐观向上，有较强的集体意识和团队合作精神	30	
能力	（1）能在车辆自动驾驶场景中理解和运用定位导航知识； （2）能运用 ROS 通信机制获取定位数据； （3）能运用定位模块软件、ROS 可视化组件，识读定位数据，评估定位导航效果； （4）能选择适当的技术解决定位模块应用开发中的问题，具备判断力	30	
知识	（1）掌握定位模块的工作原理，理解定位模块应用的实现方法； （2）掌握定位坐标和 ROS 坐标系原理，理解车辆定位模块应用实现的关键部分； （3）掌握 ROS 通信机制知识，理解 ROS 通信机制在传感器数据获取中的作用	40	
总分			
评语			

考核评价根据任务要求设置评价项目，项目评分包含配分、分值、得分，教师可以根据学生的项目内容完成情况进行评分。

任务目标达成度以任务目标为评价维度，评价项目支撑任务目标。教师根据任务目标评价学生的任务完成情况。任务考核评价表见表 3-23。

表 3-23　任务考核评价表

任务名称	车辆定位模块应用						
评价项目	项目内容	项目评分			任务目标达成度		
		配分	分值	得分	目标 O1	目标 O2	目标 O3
定位模块基础应用	GnssToolKit 软件运行正确	30	2		NC		NC
	定位模块与计算机连接正确		2				
	串口和波特率配置正确		3				
	串口状态指示灯图标显示正确		2				
	查看星位图视图正确		3				
	查看定位点视图正确		3				
	查看基础视图和数据视图正确		3				
	查看定位模块配置参数正确		3				
	查看消息视图正确		3				
	查看数据表视图正确		3				
	查看调试视图正确		3				

续表

评价项目	项目内容	项目评分 配分	项目评分 分值	项目评分 得分	任务目标达成度 目标 O1	任务目标达成度 目标 O2	任务目标达成度 目标 O3
定位信息解析	定位模块连接树莓派正确	30	5			NC	NC
	查看树莓派 USB 设备连接状态正确		5				
	GPS 程序路径配置正确		5				
	解析 "GPS.py" 程序正确		5				
	"GPS.py" 程序运行正确		5				
	GPS 数据输出正常		5				
定位模块应用	GPS 功能包配置正确	40	6			NC	NC
	定位模块端口查询正确		5				
	定位模块端口配置正确		6				
	获取定位模块数据正确		6				
	解析 GPS 经纬度和海拔数据正确		6				
	实时 GPS 数据信息获取程序运行正确		5				
	实时 GPS 数据信息绘制可视化正确		6				
综合评价							

注：①项目评分请按每项分值打分，填入"得分"栏。

②任务目标达成度根据任务完成情况进行评价，对照任务目标是否达成进行勾选，达成则在对应栏中打"√"。

③任务目标达成度中"NC"表示本行评价内容与对应任务目标无关。

根据任务目标达成度的评价结果，结合任务实施过程、项目评分结果，教师可以使用表 3-24（任务持续改进表）进行改进。

表 3-24 任务持续改进表

评价项目	上一轮改进措施	本轮改进内容	本轮改进效果	下一轮改进措施
定位模块基础应用				
定位信息解析				
定位模块应用				

5. 知识分析

1) 自动驾驶与车辆定位

自动驾驶是车辆在无驾驶员操作的情况下自行实现驾驶，其基本原理是通过传感器实时感知车辆及周边环境的情况，再通过智能系统进行规划决策，最后通过控制系统执行驾驶操作。车辆及周边环境感知是车辆通过传感器对自身以及环境信息进行采集与处理，包括视频信息、定位信息、车辆姿态信息、加速度信息等。

定位信息的获取是自动驾驶感知的重要部分，而高精度定位的实现是自动驾驶车辆精准规划决策和执行控制的前提。高精度定位能够辅助判断自动驾驶功能是否处于可激活的设计运行条件下，辅助支撑自动驾驶车辆的全局路径规划，辅助自动驾驶车辆的变道、避障策略。

根据场景特点、驾驶自动化级别、精度要求、传感器配置的不同特点，高精度定位方法包括 GNSS、惯性导航系统、激光雷达、视觉里程计、多传感器信息融合等。

GNSS 是一种能在地球表面或近地空间的任何地点，提供全天候的三维坐标、速度以及时间信息的空基无线电导航定位系统，它由各个全球导航卫星系统构成。GNSS 通过获取定位卫星信号，以及地面参考基站差分信号，实现高精度定位。

RTK 技术是实时处理两个测量站载波相位观测量的差分方法，通过基站采集的载波相位，求差解算坐标，得到高精度位置信息。RTK 技术由 GPS 与数传技术结合而成，包括修正法和差分法等载波相位差分方法。

惯性导航系统基于 IMU，通过三轴加速度计和陀螺仪测量定位和姿态数据，实现高精度定位。三轴加速度计测量物体在其坐标系中的三轴加速度，陀螺仪测量物体在其坐标系中的三轴角速度，通过对加速度和角速度数据进行积分运算，解算出相对的定位和姿态数据。

此外，激光雷达通过实时扫描的点云与预置高精度地图进行点云配准，实现高精度定位。视觉里程计通过比较图像中同一物体在前后多帧图像的差异计算里程，实现高精度的定位。

目前，基于多传感器信息融合的融合定位也是高精度定位的重要方法，融合 GNSS、RTK、惯性导航系统的高精度组合导航系统能够提供更加精确、可靠、稳定的高精度定位。高精度组合导航系统通常由 GNSS 模块、惯性导航系统模块和数据处理模块组成。卡尔曼滤波是数据处理单元最常用的算法，它通过建立运动方程和测量方程，根据不同时间段获取的测量数据进行计算，获得当前参量值的最佳估算。

2）卫星定位导航系统

卫星定位导航是指采用导航卫星对地面、海洋、空中和空间进行导航定位的技术。卫星定位导航系统由导航卫星、地面台站和定位设备三个部分组成。导航卫星是卫星定位导航系统的空间部分，由多颗导航卫星构成空间导航网。地面台站跟踪、测量和预报卫星轨道并对卫星上设备的工作进行控制管理，通常包括跟踪站、遥测站、计算中心、注入站及时间统一系统等部分。定位设备通常由接收机、定时器、数据预处理器等组成。它接收卫星发来的信号，从中解调并译出卫星轨道参数和定时信息，同时测出距离、距离差和距离变化率等导航参数，再计算用户的位置坐标和速度矢量分量。

定位分二维和三维。二维定位只能确定用户在当地水平面内的经、纬度坐标，三维定位能给出高度坐标。卫星定位采用三角定位原理，借助卫星发射的测距信号来确定位置，即将空间中的卫星作为已知点，测量卫星到地面点的距离，然后通过距离来确定接收机在地球表面或空中的位置。距离测量结合卫星到接收机的距离、电磁波在大气中的传播速度、卫星到接收机的信号传播时间，采用公式计算出结果。

卫星定位方法按接收机是否有参考基准分类可以分为单点定位、相对定位、差分定位。单点定位只需要一台接收机就能够独立确定待定点在坐标系中的绝对位置，也叫作绝对定位。相对定位是利用两台或多台接收机，分别安置在基站的端口，同步观测相同的卫星，以确定待定点的相对位置。差分定位属于相对定位的一种，需要将一台接收机安置在基站上进行观测，根据基站已知精密坐标与接收机计算出的坐标，计算出真实坐标与定位得到的坐标的改正数，并由基站实时将这一数据发送出去。接收机在进行定位观测的同时，也接收到基站发出的改正数，并对其定位结果进行改正，从而提高定位精度。

常见的 GNSS 包括 GPS、BDS、GLONASS、GALILEO 等，它们可以实现定位、测速、授时的 PVT 功能。

BDS 是中国自行研制的全球导航定位系统，具备短报文通信能力，定位精度优于 20 m，授时精度优于 100 ns。BDS 是中国着眼于国家安全和经济社会发展需要，自主建设运行的 GNSS，是为全球用户提供全天候、全天时、高精度的定位、导航和授时服务的国家重要时空基础设施。

BDS 由空间段、地面段和用户段三部分组成。空间段由若干地球静止轨道卫星、倾斜地球同步轨道卫星和中圆地球轨道卫星等组成。地面段包括主控站、时间同步/注入站和监测站等若干地面站，以及星间链路运行管理设施。用户段包括北斗兼容其他卫星导航系统的芯片、模块、天线等基础产品，以及终端产品、应用系统与应用服务等。

BDS 空间段采用三种轨道卫星组成的混合星座，与其他 GNSS 相比高轨卫星更多，抗遮挡能力更强，尤其在低纬度地区性能优势更为明显。BDS 提供多个频点的导航信号，能够通过多频信号组合使用等方式提高服务精度。BDS 创新融合了导航与通信能力，具备定位导航授时、星基增强、地基增强、精密单点定位、短报文通信和国际搜救等多种服务能力。

BDS 提供服务以来，已在交通运输、农林渔业、水文监测、气象测报、通信授时、电力调度、救灾减灾、公共安全等领域得到广泛应用，服务国家重要基础设施，产生了显著的经济效益和社会效益。基于 BDS 的导航服务已被电子商务、移动智能终端制造、位置服务等厂商采用，广泛进入中国大众消费、共享经济和民生领域。基于 BDS 应用的新业态、新经济不断涌现，深刻改变着人们的生产生活方式。

3）多模式联合定位导航模块

多模式联合定位导航模块是基于 ATGM336H-5N 的高性能定位导航模块，支持 BDS、GPS、GLONASS、QZSS 等来自多种 GNSS 的卫星信号，能够实现联合定位、导航与授时。

ATGM336H-5N 系列模块是高性能定位导航模块的总称。该系列模块基于中科微第四代低功耗 GNSS SOC 单芯片 AT6558，以 UART 作为主要输出通道，按照 NMEA-0183 的协议格式输出，支持有源天线与无源天线。该模块配备 Flash，支持在线升级定位功能与算法。多模式联合定位导航模块功能框架如图 3-102 所示。

多模式联合定位导航模块支持 NMEA-0183 协议。NMEA 消息数据格式协议框架如图 3-103 所示。NMEA 消息数据格式包括起始符、地址段、数据段、校验和段、结束序列等组成部分。

多模式联合定位导航模块具有灵敏度高、低功耗、成本低等优势，适用于车载导航、手持定位、可穿戴设备，可应用于自动驾驶、导航定位等场景。

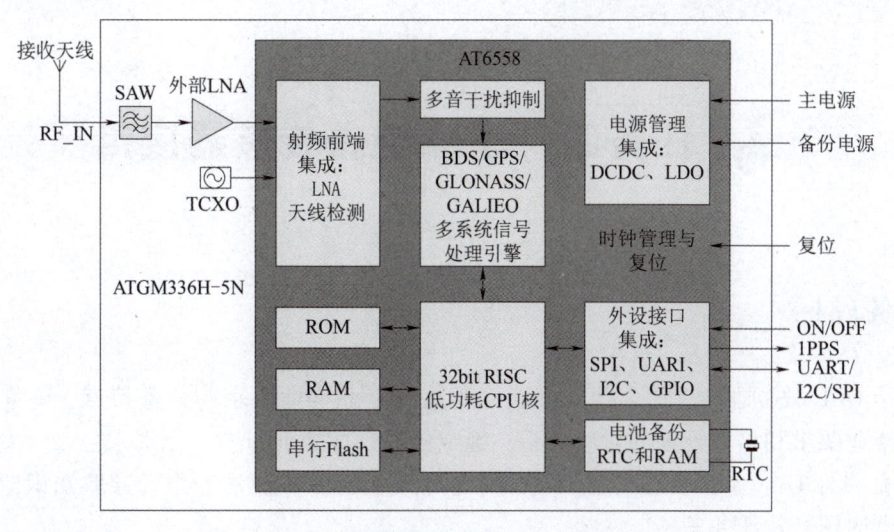

图 3-102　多模式联合定位导航模块功能框架

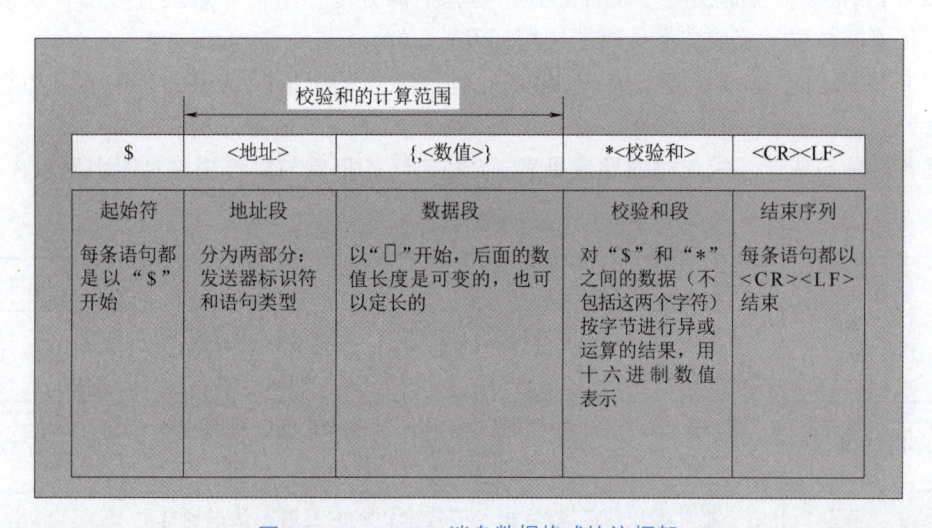

图 3-103　NMEA 消息数据格式协议框架

6. 思考与练习

（1）查阅资料，尝试使用定位模块软件 GnssToolKit 保存定位模块导航电文信息，并回放导航电文信息。

（2）查阅资料，了解 NMEA-0183 协议消息的名称、类型、内容信息等知识。

（3）查阅资料，列举常见的定位导航应用场景。和团队成员讨论定位导航对于自动驾驶车辆的作用和意义。

任务四　车辆姿态传感器应用

1. 任务目标

基于 OBE 教育理念，结合智能网联汽车技术专业毕业要求与任务特点，建立任务目标支撑毕业要求和培养规格的对应关系，确定任务目标如下。

（1）目标 O1：掌握姿态传感器的工作原理、姿态解算算法、组合导航知识，理解姿态传感器应用开发任务。

（2）目标 O2：能运用 I2C 设备工具、姿态估计方法、组合导航融合方法，识读和处理姿态传感器数据，完成姿态传感器应用开发。

（3）目标 O3：能认识姿态传感器和组合导航系统的发展，认识到自主学习和终身学习的必要性。

任务目标与毕业要求支撑对照表见表 3-25，任务目标与培养规格对照表见表 3-26。

表 3-25　任务目标与毕业要求支撑对照表

毕业要求	二级指标点	任务目标
1. 工程知识	毕业要求 1-1：能将数学、自然科学、工程科学专业知识用于工程问题的表述	目标 O1
2. 问题分析	毕业要求 2-1：能运用适用于所属学科或专业领域的分析工具，识别与判断广义工程问题的关键环节	目标 O2
12. 终身学习	毕业要求 12-1：能认识专门技术领域的发展，认识到自主学习和终身学习的必要性	目标 O3

表 3-26　任务目标与培养规格对照表

培养规格	规格要求	任务目标
素养	（1）具有质量意识、环境意识、安全意识、信息素养、工匠精神、创新思维； （2）勇于奋斗、乐观向上，具有自我管理能力、职业生涯规划意识，有较强的集体意识和团队合作精神； （3）具有健康的心理和健全的人格，掌握基本运动知识，养成良好的行为习惯； （4）能认识姿态传感器和组合导航系统的发展，认识到自主学习和终身学习的必要性	目标 O3

续表

培养规格	规格要求	任务目标
能力	（1）能通过车辆姿态传感器应用的流程、程序、方法，理解和运用姿态传感器专业知识； （2）能运用 I2C 设备工具，获取和识读姿态传感器数据，评估姿态数据质量； （3）能运用姿态估计方法和组合导航融合方法，分析和处理姿态传感器数据，实现组合导航融合应用； （4）能选择适当的技术解决姿态传感器应用开发中的问题，具备判断力	目标 O2
知识	（1）掌握姿态传感器的工作原理，理解车辆姿态传感器应用开发的实现方法； （2）掌握姿态解算算法，理解姿态传感器应用的关键部分； （3）掌握组合导航知识，理解组合导航应用的实现方法和作用	目标 O1

2. 任务描述

日常生活最常见的姿态传感器就是智能手机中的姿态传感器。如图 3-104 所示的这款软件，用户能够通过移动智能手机来控制车辆的转向。这要归功于智能手机中的陀螺仪，它能够监测智能手机的位移，从而实现车辆控制效果。

姿态传感器应用于自动驾驶汽车也能发挥类似的作用。姿态传感器能够判断车辆姿态，使车身平衡并能正常转向和前进。例如在车辆转弯或上下坡时角度和速度等姿态发生变化，姿态传感器能捕捉这些信息，为车辆做出姿态判断，并将信息反馈到车辆控制器，以便车辆进行转弯等控制操作。

图 3-104 通过移动智能手机控制车辆的转向

在本任务中，与小组成员合作，结合姿态传感器的工作原理、姿态解算算法、组合导航知识，使用 I2C 设备工具、姿态估计方法、组合导航融合方法，识读和处理姿态传感器数据，实现车辆姿态传感器应用。

3. 任务实施

1）任务准备

（1）Windows 10 计算机；
（2）树莓派 4B；
（3）MPU-6050 六轴传感器模块；
（4）多模式联合定位导航模块；
（5）XTARK ROS 自动驾驶车；
（6）树莓派 Ubuntu18.04、ROS Melodic 系统；
（7）树莓派 ROS Melodic 系统依赖包：ros-melodic-gps-umd；
（8）虚拟机 ROS1_Noetic_Ubuntu 20.04；
（9）虚拟机 ROS1_Noetic_Ubuntu 20.04 依赖包：ros-noetic-gps-umd。

2）步骤与现象

步骤一：姿态传感器基础应用

MPU 6050 是由 3 个陀螺仪和 3 个加速度计组成的六轴传感器模块，支持测量物体的加速度和角速度、方向、角度、温度。下面在树莓派中实现姿态传感器基础数据获取。

（1）系统环境配置。

将 MPU 6050 模块连接到树莓派的 GPIO 1 引脚，如图 3-105 所示。MPU 6050 模块的 VCC 引脚连接到树莓派 5V VCC 引脚，GND 引脚连接树莓派的 GND 引脚，SCL、SDA 引脚连接到树莓派的 GPIO3、GPIO2 引脚。

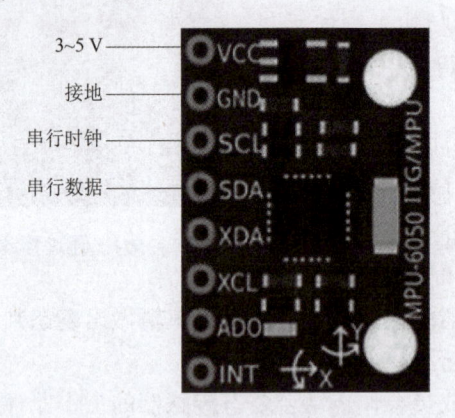

图 3-105 将 MPU 6050 模块连接到树莓派的 GPIO 引脚

安装 python-smbus 包，如图 3-106 所示。
安装 MPU 6050-raspberpi 库，如图 3-107 所示。

（2）I2C 设备测试。

安装 I2C 设备测试工具，进行 I2C 设备测试，如图 3-108 所示。

图 3 – 106　安装 python – smbus 包

图 3 – 107　安装 MPU 6050 – raspberpi 库

图 3 – 108　安装 I2C 设备测试工具

使用 i2c-tools 测试 I2C 设备。使用 i2cdetect 命令列举 I2Cbus 上的所有设备。i2cdetect 命令可接受的参数如图 3 – 109 所示。

图 3 – 109　i2cdetect 命令可接受的参数

使用 i2cdetect 命令 – V 参数查询当前 I2C 设备版本号，如图 3 – 110 所示。

图 3 – 110　查询当前 I2C 设备版本号

使用 i2cdetect 命令 – l 参数查询所有 I2C 总线，如图 3 – 111 所示，存在总线编号 i2c – 1。

图 3 – 111　查询所有 I2C 总线

使用 i2cdetect 命令 – f 参数查询当前 I2C 总线设备支持的功能，如图 3 – 112 所示。

图 3–112　查询当前 I2C 总线设备支持的功能

使用 i2cdetect 命令 –y 和 –a 参数查询总线 00 –7f 范围内的所有设备，如图 3 –113 所示（0x68 地址有设备）。通过该方法即可得知连接到树莓派的 MPU 6050 模块的地址。

图 3–113　查询总线 00 –7f 范围内的所有设备

（3）姿态传感器数据获取。

通过 Python 程序获取 MPU 6050 模块的数据。新建 Python 文件，将 MPU 6050 模块中的设备地址参数更换成前面查询到的 I2C 设备地址 0x68，如图 3 –114 所示。完成后保存程序。

图 3–114　设备地址参数更换

运行获取 MPU 6050 模块数据的 Python 程序，如图 3 –115 所示。

观察程序运行结果，可以看到程序输出了 MPU 6050 模块采集到的加速度计、陀螺仪、板载温度传感器的数据。

步骤二：姿态传感器 ROS 应用

接下来，在 ROS 环境中实现姿态传感器应用。实验基于姿态传感器数据获取，对数据进行解析和优化处理，最后发布姿态传感器数据。

图 3-115　运行获取 MPU 6050 模块数据的 Python 程序

（1）姿态传感器初始化。

完成树莓派、MPU 6050 模块的硬件连接，完成 python-smbus 包、MPU 6050-raspberpi 库的安装，完成 I2C 设备测试并获取 I2C 设备地址，通过基础测试程序获取姿态传感器数据。

在一般情况下，MPU 6050 模块的数据会存在一定的偏移，特别是陀螺仪存在零点漂移现象。为了尽可能消除这种偏移，需要增加一个初始化函数，对原始数据进行 100 次采样后得到一个均值，之后读取每一次数据时减去这个均值，采用这样的方法预期得到相对准确的结果。

新建 Python 文件，编辑姿态传感器初始化函数，如图 3-116 所示。

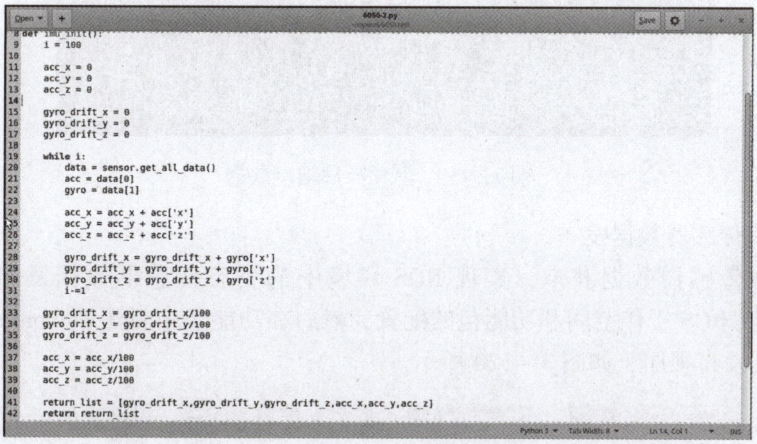

图 3-116　编辑姿态、传感器初始化函数

编辑完成后运行程序。观察程序输出的陀螺仪、加速度计数据，如图 3-117 所示。输出数据结构为：[陀螺仪 x 值，陀螺仪 y 值，陀螺仪 z 值，加速度计 x 值，加速度计 y 值，加速度计 z 值]。观察并思考初始化函数结果与姿态传感器原始数据存在哪些不同。

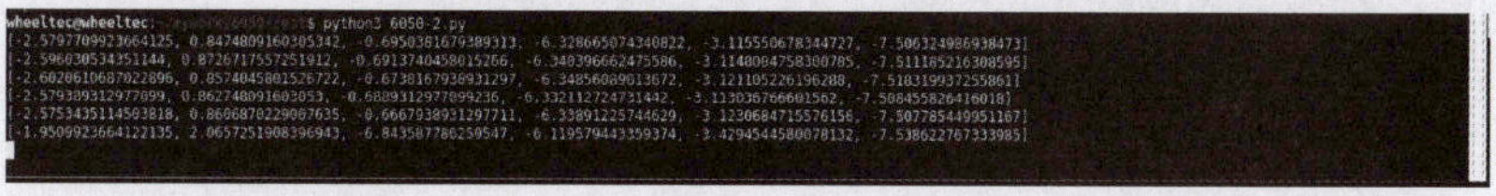

图 3-117　观察程序输出数据

接下来，使用互补滤波算法优化获取的姿态传感器原始数据，结合加速度计和陀螺仪的数据，实现更准确角度估计的姿态解算。新建 Python 文件，编辑互补滤波优化函数，如图 3 – 118 所示。

图 3 – 118　编辑互补滤波优化函数

编辑完成后运行程序。观察程序输出数据，如图 3 – 119 所示，输出数据为经过滤波优化后得到的四元数姿态数据。

图 3 – 119　观察程序输出数据

（2）姿态传感器数据发布。

基于姿态传感器数据获取，实现 ROS 环境中的姿态传感器数据发布。首先完成 MPU 6050 模块 ROS 工作空间和功能包的配置，然后在功能包中新建 Python 文件，编辑姿态传感器数据发布程序，如图 3 – 120 所示。

图 3 – 120　编辑姿态传感器数据发布程序

程序建立了 imu 节点，利用 ROS 通信机制发布原始加速度计、陀螺仪数据到"/imu_data"话题中。程序完成后，将程序文件权限配置为 777 权限，如图 3 – 121 所示，允许读写和执行。

图 3 – 121　将程序文件权限配置为 777 权限

运行程序时，先使用 roscore 命令运行一个 ROS MASTER 节点，然后使用 rosrun 命令运行程序文件，如图 3 – 122 所示。

图 3 – 122　使用 rosrun 命令运行程序文件

程序运行时，使用 rostopic 命令查询"/imu_data"话题中的数据，如图 3 – 123 所示，可以看到该话题中发布的陀螺仪、加速度计等姿态传感器数据。

图 3 – 123　查询"/imu_data"话题中的数据

（3）MPU 6050 数据 ROS 应用。

结合姿态传感器数据获取、初始化、发布功能，实现 MPU 6050 数据 ROS 应用。首先使 MPU 6050 模块输出原始的加速度计和陀螺仪等数据，然后使用姿态解算算法优化和处理原始数据，最后通过 ROS 通信机制将数据发布到话题中，以便需要此数据的模块订阅和使用该数据。

为实现上述功能，新建 Python 程序，如图 3 – 124 所示，实现 MPU 6050 模块原始数据的获取、互补滤波函数滤波优化，基于优化数据计算加速度和角速度以及四元数，发布姿态数据到话题中。程序完成后，给程序文件配置 777 权限。

图 3-124 新建 Python 程序

使用 rosrun 命令运行程序，如图 3-125 所示。程序输出含有陀螺仪、加速度计数值的姿态数据。

图 3-125 程序输出数据

此时使用 rostopic 命令查询"/imu_data"话题中的数据，可以看到该话题中的姿态传感器数据，如图 3-126 所示。

图 3-126 查询"/imu_data"话题中的数据

使用 rqt_graph 命令观察 ROS 节点和话题状态，如图 3-127 所示。观察"/imu"节点向"/imu_data"话题发布消息的结构。

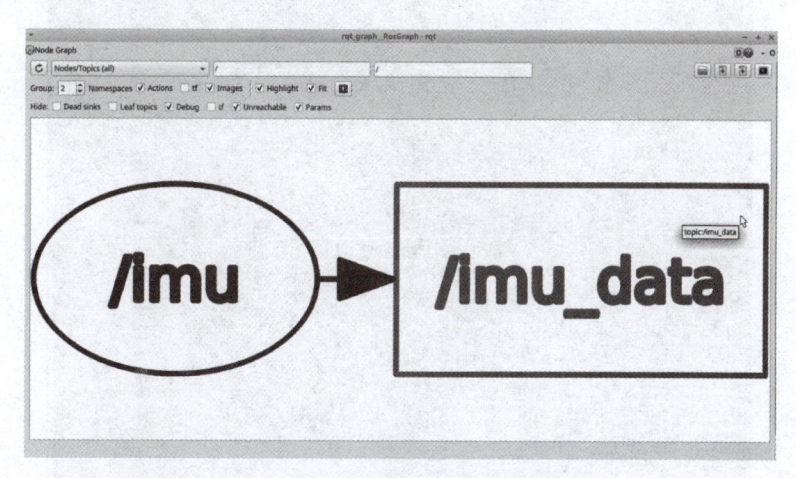

图 3-127 观察 ROS 节点和话题状态

尝试移动 MPU 6050 模块，观察输出数据的变化。由于模块结构、传感器特性、算法及实现方式等多方面因素的影响，数据偏移问题还存在优化空间。与团队成员讨论并思考采用什么方法能够尽可能减小数据偏移。

步骤三：组合导航融合应用

在 ROS 中使用姿态传感器和定位功能，实现组合导航融合应用。

（1）rosbag 融合应用测试。

首先需要完成 GPS 工作空间和功能包配置，然后使用"gps.bag"文件观察组合导航融合应用结果。"gps.bag"是融合 IMU 和 GPS 数据实现 RViz 可视化的 Demo 数据包。

将"gps.bag"文件复制到程序路径下。通过 rosbag info 命令查看数据包的内容结构，如图 3-128 所示。其中 topics 字段数据是数据包所记录的话题。

图 3-128 查看数据包的内容结构

使用 roslaunch 命令启动 imu_gps_localization 功能包中的"imu_gps_localization.launch"文件，启动 IMU 和 GPS 融合应用主节点，如图 3-129 所示。

图 3-129 启动 IMU 和 GPS 融合应用主节点

使用 rosbag 命令运行"gps.bag"数据包，如图 3-130 所示，观察组合导航融合应用结果。

图 3-130 运行"gps.bag"数据包

伴随"gps.bag"数据包的运行，RViz 显示组合导航融合轨迹。观察 RViz 中不断延伸的绿色线条，如图 3-131 所示，它代表 IMU 姿态数据和 GPS 定位数据融合后的位置轨迹。

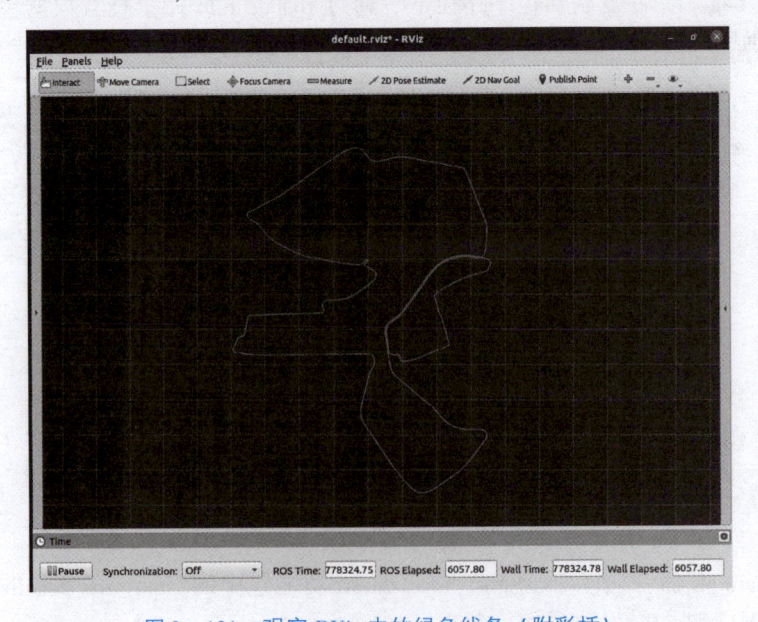

图 3-131 观察 RViz 中的绿色线条（附彩插）

在"gps. bag"数据包运行过程中，使用 rqt_graph 命令观察节点之间的话题情况，如图 3 – 132 所示。

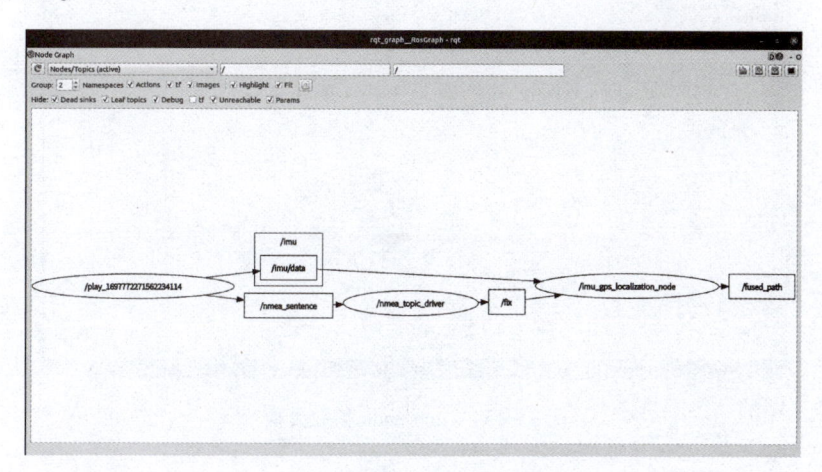

图 3 – 132　观察节点之间的话题情况

（2）运行环境配置。

配置组合导航融合应用的运行环境。先将 MPU 6050 模块和多模式联合定位导航模块连接在树莓派上，然后完成工作空间配置，将 gps 和 imu 功能包放入工作空间并完成编译。

基于 MPU 6050 模块 ROS 应用程序新建 Python 程序，用于姿态数据的获取和发布，如图 3 – 133 所示。

图 3 – 133　新建 Python 程序

修改原始 imu 功能包中的 launch 启动文件，将 imu node 参数更换为上一步完成编辑的 Python 程序节点，如图 3 – 134 所示。

编辑组合导航融合应用功能 launch 启动文件。编辑"imu_gps_test. launch"文件，将 imu 部分 include 参数修改为上一步编辑的 launch 启动文件，如图 3 – 135 所示。

完成后编译工作空间，编译没有报错即表示编译成功，可以采取进一步操作。

（3）融合数据应用。

使用姿态传感器和定位功能，实现组合导航融合应用。使用 roslaunch 命令启动 imu_

图 3 – 134   imu node 参数更换

图 3 – 135   include 参数修改

gps_localization 功能包中的"imu_gps_test.launch"文件,如图 3 – 136 所示。

图 3 – 136   启动"imu_gps_test.launch"文件

通过 rostopic list 命令查看话题列表,如图 3 – 137 所示。观察"/imu/data"和"/fix"

话题，尝试使用 rostopic 命令获取更多信息。

图 3–137　通过 rostopic list 命令查看话题列表

通过 rqt_graph 命令查看节点之间的关系，如图 3–138 所示。与团队成员讨论哪些节点和话题与定位数据相关，哪些节点和话题与姿态数据相关，融合数据通过哪个节点进行处理，并最终发布在哪个话题。

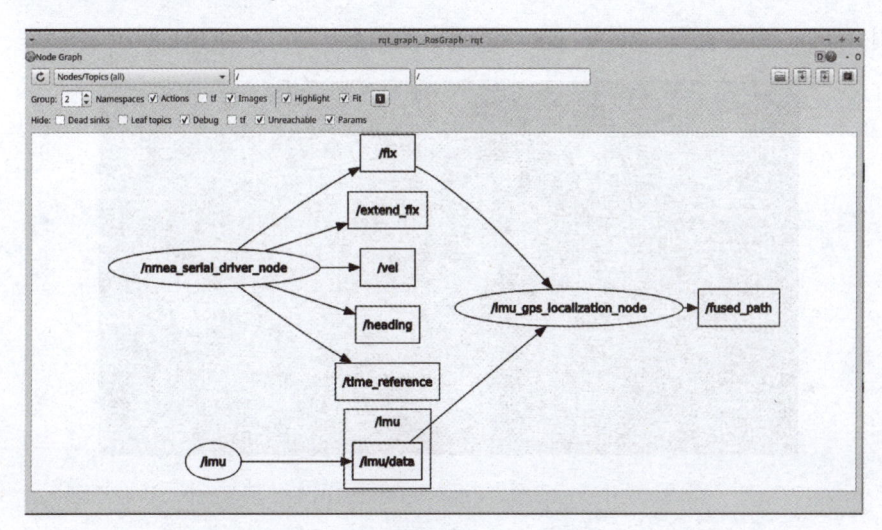

图 3–138　查看节点之间的关系

使用 rostopic 命令查看 "/fix" 话题中的消息，如图 3–139 所示。

图 3–139　查看 "/fix" 话题中的消息

使用 rostopic 命令查看 "/imu/data" 话题中的消息，如图 3–140 所示。

图 3-140　查看"/imu/data"话题中的消息

使用 rostopic 命令查看"/fused_path"话题中的消息，如图 3-141 所示。

图 3-141　查看"/fused_path"话题中的消息

在 RViz 中观察融合数据应用可视化结果，如图 3-142 所示。其中绿色轨迹线表示融合数据轨迹结果。

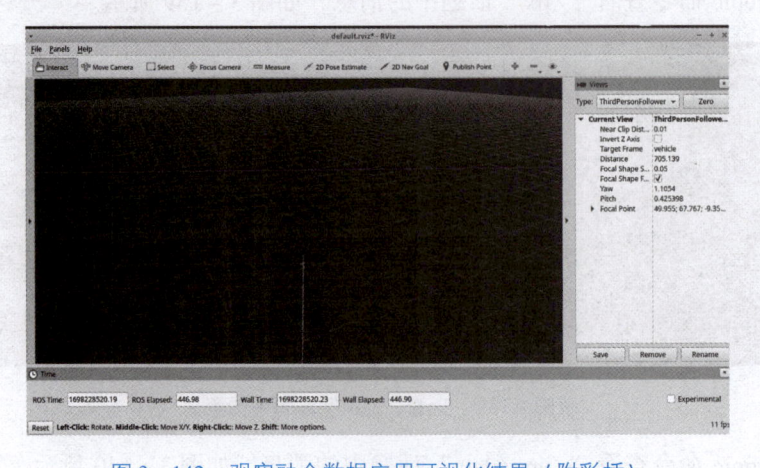

图 3-142　观察融合数据应用可视化结果（附彩插）

3) 关键点分析

姿态是物体在空间中的位置、方向和姿势。陀螺仪、加速度计和磁力计是常见的姿态传感器。陀螺仪测量物体的角速度，加速度计测量物体的线性加速度，磁力计测量地磁场的方向。通常使用卡尔曼滤波、扩展卡尔曼滤波和粒子滤波等算法，从姿态传感器的原始数据中提取姿态角。通过融合这些姿态传感器的数据，可以提高姿态角的准确性和稳定性。

姿态角是描述姿态的一种数字表示方法，常见的表示方法有欧拉角和四元数。欧拉角由 3 个独立的角度组成，通常以偏航 Yaw、俯仰 Pitch 和滚动 Roll 来表示，分别代表绕 z 轴、y 轴和 x 轴的旋转。欧拉角的一般旋转顺序为 zyx，这个顺序的变化会导致不同的旋转效果。欧拉角存在万向锁的耦合问题，当物体的俯仰角为 $\pm 90°$ 时，偏航 Yaw 和滚动 Roll 会发生耦合，导致一个自由度丢失，因此无法准确地描述物体的姿态。

四元数不受万向锁问题的影响，在数学运算中更稳定，计算效率较高。四元数是三维空间旋转的一种表达形式。四元数由 1 个实部和 3 个虚部组成，通常使用 4 个分量表达所有姿态，包括三维空间中的点和三维空间的旋转。四元数的定义如下：

$$q = q_0 + q_1 i + q_2 j + q_3 k$$

式中，i, j, k 为四元数的 3 个虚部。这 3 个虚部满足如下关系式：

$$\begin{cases} i^2 = j^2 = k^2 = -1 \\ ij = k, \ ji = -k \\ jk = i, \ kj = -i \\ ki = j, \ ik = -j \end{cases}$$

MPU 6050 模块是常见的六轴姿态传感器，包含三轴陀螺仪和三轴加速度计，自带数字运动处理器 DMP，支持通过 I2C 接口输出姿态数据。MPU 6050 的坐标系如图 3 - 143 所示，以芯片内部中心为原点，水平向右的为 x 轴，水平向前的为 y 轴，垂直向上的为 z 轴。

MPU 6050 模块的输出参数包括加速度计的 x 轴分量、加速度计的 y 轴分量、加速度计的 z 轴分量、绕 x 轴旋转的角速度、绕 y 轴旋转的角速度、绕 z 轴旋转的角速度、温度。加速度计的三轴分量 x, y, z 均为 16 位有符号整数，分别表示三个轴方向上的加速度。加速度分量以重力加速度的 "m/s^2" 为单位。陀螺仪绕 x, y, z 三轴旋转的角速度分量均为 16 位有符号整数。角速度分量以 "(°)/s" 为单位。

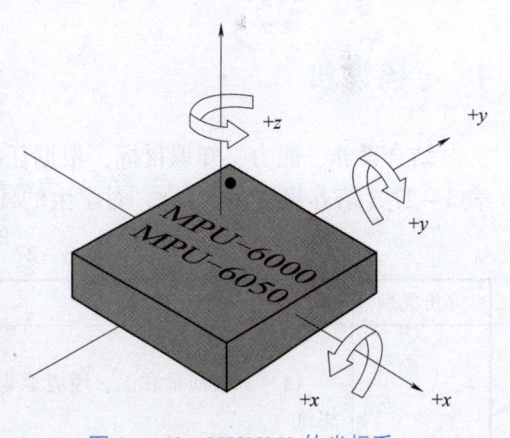

图 3 - 143 MPU6050 的坐标系

通常情况下，MPU 6050 模块原始数据在静止状态下仍会产生一定的偏移，为了尽可能消除偏移的影响，需要使用算法。实验中采用互补滤波算法对姿态传感器原始数据进行优化，图 3 - 144 所示为互补滤波算法演进流程。

陀螺仪测出角速度并解算出四元数，再由四元数推导出理论重力加速度，加速度计测

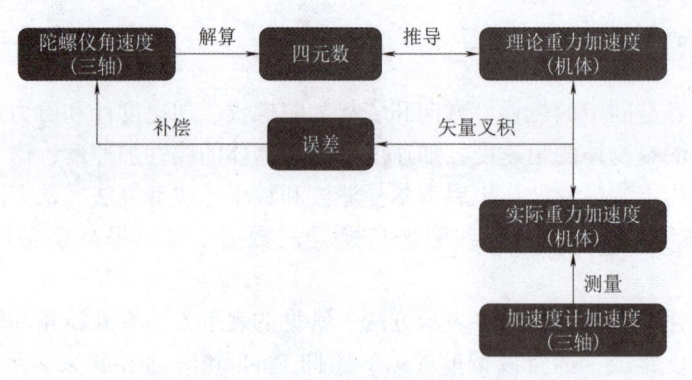

图 3-144 互补滤波算法演进流程

出实际重力加速度，如果陀螺仪测出的角速度完全可靠，那么实际重力加速度应该等于理论重力加速度，但是角速度数据实际上存在误差。这个误差是一个实际的角度误差，可以用加速度计的值间接得出误差变化的角度相关值，借助 PID 中的 PI 思想将这个误差补偿，这样就通过加速度计间接得到了角度误差值。在偏差角度很小的情况下，可以将陀螺仪角速度误差和加速度计求得的角度差看作正比的关系。

同时姿态传感器的原始数据需要通过算法进行姿态解算，计算加速度、角速度、四元数，以实现与 GPS 定位数据的融合。姿态传感器数据、GPS 定位数据如何实现融合导航？通过前面的融合数据应用，可以看到节点和话题的关系。nmea_serial_driver_node 节点获取 GPS 数据并发布数据到"/fix"话题中，imu 节点获取 IMU 数据并发布数据到"/imu/data"话题中，imu_gps_localization_node 节点订阅"/fix"和"/imu/data"话题，得到定位和姿态数据，然后进行融合，最后将融合结果发布到"/fused_path"话题中。

4. 考核评价

结合素养、能力、知识目标，根据任务操作、团队协作、沟通参与的效果，教师使用表 3-27（培养规格评价表），对学生的任务进行评价。

表 3-27 培养规格评价表

评价类别	评价内容	分值	得分
素养	（1）具有质量意识、环境意识、安全意识、信息素养、工匠精神、创新思维； （2）勇于奋斗、乐观向上，具有自我管理能力、职业生涯规划意识，有较强的集体意识和团队合作精神； （3）具有健康的心理和健全的人格，掌握基本运动知识，养成良好的行为习惯； （4）能够认识姿态传感器和组合导航系统的发展，认识到自主学习和终身学习的必要性	30	

续表

评价类别	评价内容	分值	得分
能力	（1）能通过车辆姿态传感器应用的流程、程序、方法，理解和运用姿态传感器专业知识； （2）能运用 I2C 设备工具，获取和识读姿态传感器数据，评估姿态数据质量； （3）能运用姿态估计方法和组合导航融合方法，分析和处理姿态传感器数据，实现组合导航融合应用； （4）能选择适当的技术解决姿态传感器应用开发中的问题，具备判断力	40	
知识	（1）掌握姿态传感器的工作原理，理解车辆姿态传感器应用开发的实现方法； （2）掌握姿态解算算法，理解姿态传感器应用的关键部分； （3）掌握组合导航知识，理解组合导航应用的实现方法和作用	30	
总分			
评语			

考核评价根据任务要求设置评价项目，项目评分包含配分、分值、得分，教师可以根据学生的项目内容完成情况进行评分。

任务目标达成度以任务目标为评价维度，评价项目支撑任务目标。教师根据任务目标评价学生的任务完成情况。任务考核评价表见表 3-28。

表 3-28 任务考核评价表

任务名称	车辆姿态传感器应用						
评价项目	项目内容	项目评分			任务目标达成度		
		配分	分值	得分	目标 O1	目标 O2	目标 O3
姿态传感器基础应用	MPU 6050 模块硬件连接正确		3		NC		NC
	MPU 6050 模块运行环境配置正确		4				
	I2C 设备测试工具安装正确		3				
	I2C 设备地址查询正确	25	4				
	姿态传感器数据获取程序参数配置正确		4				
	姿态传感器数据获取程序运行正确		3				
	MPU 6050 模块数据输出正常		4				

续表

评价项目	项目内容	项目评分 配分	项目评分 分值	项目评分 得分	任务目标达成度 目标O1	任务目标达成度 目标O2	任务目标达成度 目标O3
姿态传感器ROS应用	姿态传感器初始化程序配置正确	35	3			NC	NC
	姿态传感器初始化程序输出正确		3				
	互补滤波优化程序配置正确		3				
	互补滤波优化程序输出正确		3				
	姿态传感器数据发布程序配置正确		3				
	姿态传感器数据发布程序输出正确		3				
	话题状态查询正确		3				
	MPU 6050模块数据应用程序配置正确		4				
	MPU 6050模块数据应用程序运行正确		4				
	查询"/imu_data"话题数据正确		3				
	查询ROS节点和话题状态正确		3				
组合导航融合应用	查询"gps.bag"包信息正确	40	2			NC	
	数据包运行正确		2				
	数据包运动轨迹显示正确		3				
	节点话题状态查询正确		2				
	IMU和GPS模块连接正确		2				
	IMU和GPS功能包配置正确		3				
	MPU 6050模块获取数据程序配置正确		3				
	IMU launch启动文件配置正确		3				
	组合导航融合launch启动文件配置正确		3				
	融合数据应用launch启动文件运行正确		2				
	节点话题状态查询正确		3				
	融合数据应用可视化界面显示正确		3				
	"/fix"话题数据查询正确		3				
	"/imu/data"话题数据查询正确		3				
	"/fused_path"话题数据查询正确		3				
综合评价							

注：①项目评分请按每项分值打分，填入"得分"栏。

②任务目标达成度根据任务完成情况进行评价，对照任务目标是否达成进行勾选，达成则在对应栏中打上"√"。

③任务目标达成度中"NC"表示本行评价内容与对应任务目标无关。

根据任务目标达成度的评价结果，结合任务实施过程、项目评分结果，教师可以使用表 3-29（任务持续改进表）进行改进。

表 3-29 任务持续改进表

评价项目	上一轮改进措施	本轮改进内容	本轮改进效果	下一轮改进措施
姿态传感器基础应用				
姿态传感器 ROS 应用				
组合导航融合应用				

5. 知识分析

1）自动驾驶与姿态传感器

自动驾驶是当前汽车技术领域研发的热点，自动驾驶关键技术包括环境感知、导航定位、智能决策、运动规划、运动控制等，其中导航定位技术能够提供准确的位姿和导航信息，包括车辆位置、速度与姿态信息。位置信息包含经度、纬度和高度数据，速度信息包括纵向速度、侧向速度和垂直速度数据，姿态信息包含侧倾角、俯仰角和航向角数据。自动驾驶决策控制功能需要根据车辆的位姿和导航信息计算控制输入，环境感知等模块也需要位姿和导航信息支持。自动驾驶导航定位技术包括基于 GNSS 与惯性导航系统等里程计类系统的定位方法，基于车载视觉、激光等环境感知系统传感器的即时定位与建图 SLAM 方法。

基于 GNSS 与惯性导航系统等里程计类系统的定位方法，IMU 具有重要作用，它是测量物体三轴姿态角及加速度的一种姿态传感器。IMU 一般包括三轴陀螺仪、三轴加速度计，部分 IMU 还包括三轴磁力计。IMU 如今在智能终端、自动驾驶、航空航天等多个领域都有广泛应用，例如智能手机中的运动步数记录就使用了 IMU。

在自动驾驶应用场景中，IMU 能够提供车辆位置和姿态信息。IMU 中的陀螺仪测量物体的角速度，即物体围绕各个轴旋转的速度。陀螺仪的主要优点是精度高，反应速度快，但它无法测量物体的绝对方向，且容易受到长时间使用的零点漂移影响。陀螺仪历史悠久，它对于弹道导弹、飞机、太空探测器等航空航天设备至关重要。加速度计用于测量物体的线性加速度。通过测量重力加速度，可以得知物体相对于地面的姿态，其优点是能提供稳定的输出。磁力计能够测量地磁场的方向，从而提供物体的绝对方向。但由于地磁场容易受到环境影响，如电子设备的干扰，磁力计的数据往往需要进行噪声处理。多种传感器融合可以互补不足，从而提高姿态估计的准确性和稳定性。

IMU 提供从某时刻开始相对于某个起始位置的运动轨迹和姿态。将 IMU 与 GPS 融合，可以对定位数据进行滤波和修正，能在 GPS 定位失效的情况下提供亚米级定位精度和航迹推演，帮助自动驾驶汽车在一段时间内保持定位精度，从而保障自动驾驶汽车的安全行驶。

2) IMU 与 MPU-6050 模块

IMU 的主要元件有陀螺仪、加速度计和磁力计，通常用于测量姿态信息。其中陀螺仪可以得到各个轴的加速度，加速度计能得到 x，y，z 轴方向的加速度，磁力计能获得周围磁场的信息。IMU 姿态解算将 3 个传感器的数据融合，得到较为准确的姿态信息。

MPU-6050 模块是六轴运动处理组件，其内部整合了三轴陀螺仪和三轴加速度计，是一种常见的 IMU 姿态传感器。MPU-6050 模块含有 I2C 接口，可用于连接外部磁力传感器，并支持利用自带的数字运动处理器 DMP 硬件加速引擎，通过 I2C 接口向应用端输出完整的融合演算数据。MPU-6050 模块提供基于 DMP 的运动处理驱动库，支持姿态解算并输出四元数。

MPU-6050 内部自带有 7 路 16bit 的 A/D 转换电路，其中包含 3 路陀螺仪、3 路加速度计、1 路内部温度传感器，芯片内部结构如图 3-145 所示。A/D 转换后的数据通过 DMP 处理后，存储在 FIFO 中。通过对芯片内部寄存器进行读写操作，可以实现对 MPU-6050 模块数据的获取和控制。

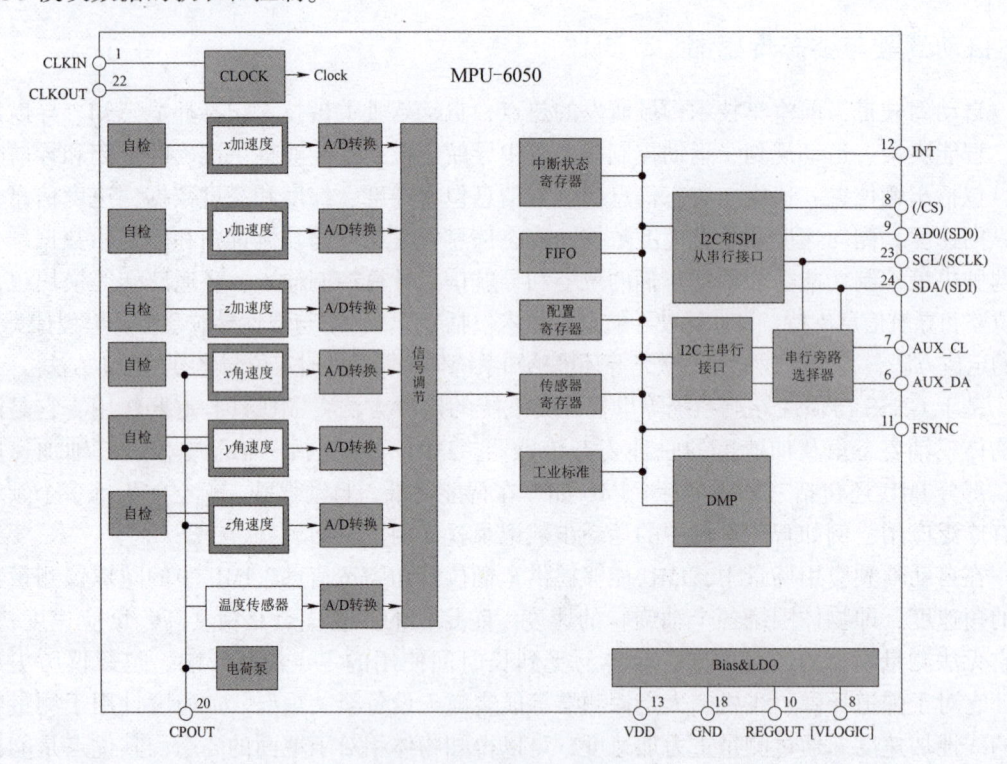

图 3-145 芯片内部结构

SCL 和 SDA 是 MPU-6050 模块的 I2C 接口，通过这个接口可以控制 MPU-6050 模块，另外通过 I2C 接口 AUX_CL 和 AUX_DA 可连接外部设备（如磁力计），组成九轴传感器。VLOGIC 是 I/O 接口电压，该引脚支持最低 1.8 V 电压，一般直接连接 VDD 引脚。AD0 是地址控制引脚，该引脚控制 I2C 地址的最低位。

MPU-6050 模块的姿态解算方法支持硬件方式 DMP 解算和软件方式解算。DMP 是 MPU-6050 模块内部的运动引擎，实现姿态解算并输出四元数，其核心算法部分编译成了静态链接库，可以减轻外围微处理器的工作负担且避免了烦琐的滤波和数据融合。软件方式解算利用欧拉角、旋转矩阵、四元数，对陀螺仪与加速度计的原始数据使用卡尔曼滤波等减少误差零点漂移的算法进行姿态求解，并将姿态运算进行互补融合，最终得到 IMU 的实时姿态。

3）组合导航系统

组合导航系统将多个导航传感器的信息加以综合和最优化数学处理，然后综合输出导航结果，它充分运用每种导航系统各自的独特性，通过系统组合获取多种信息源，构成一种准确度更高的多功能系统，其本质是多传感器信息融合。例如将惯性导航、无线电导航、卫星导航等两种或多种系统组合，形成一种综合导航系统。

多传感器信息融合是将来自多传感器的信息和数据以一定的规则进行分析和综合，以完成决策和估计的信息处理过程。多传感器信息融合的基本原理是将各种传感器进行多层次、多空间的信息互补和优化的处理，充分利用多源数据，实现对信息多级别、多方面的观测和分析。多传感器信息融合的常用方法包括加权平均法、卡尔曼滤波法、贝叶斯估计法、D-S 证据推理法、模糊逻辑推理法、人工神经网络法等。多传感器信息融合能提供更准确的观测结果和综合信息，已在军事、工业监控、人工智能等领域获得广泛应用。

组合导航系统中的惯性导航系统具有重要作用，它能够提供丰富的导航参数、全姿态信息参数。惯性导航系统是以陀螺仪和加速度计为主要敏感器件的导航参数解算系统。该系统根据陀螺仪的输出建立导航坐标系，通过测量物体在惯性参考系中的加速度，按时间进行积分，根据加速度计的输出解算出物体在导航坐标系中的速度、偏航角、位置等信息。惯性导航系统也存在随时间积累的定位误差，因此需要其他导航系统补充和修正。由于卫星导航具有高精度、全天候等优点，所以人们常使用卫星导航系统和惯性导航系统组合的组合导航系统。

组合导航数据处理方法中，卡尔曼滤波算法较为常见。卡尔曼滤波是一种利用线性系统状态方程，通过系统输入输出观测数据，对系统状态进行最优估计的算法。卡尔曼滤波在测量方差已知的情况下能够从一系列存在测量噪声的数据中估计动态系统的状态。在组合导航数据处理中，卡尔曼滤波本质是数据融合算法，它将具有同样测量目的、源自不同传感器的数据融合，得到更精确的测量值。

6. 思考与练习

（1）查阅资料，看看 I2C 设备测试工具 i2c-tools 还支持哪些设备测试功能。与团队成员讨论，动手尝试测试 I2C 设备。

（2）在实验中，我们在 ROS 环境中将优化处理后的姿态传感器数据发布到话题中，并通过订阅该话题获取了姿态数据。与团队成员讨论并思考，在获取姿态数据后，若希望通过串口传输该数据，应该如何实现，尝试编写程序实现该功能。

（3）查阅资料，与团队成员讨论并思考，有哪些常见的组合导航系统以及组合导航数据融合是如何实现的。

知识拓展

我国智能网联汽车产业及核心技术发展

产业链、供应链安全稳定是构建新发展格局的基础，国家提出要增强产业链、供应链自主可控能力；统筹推进补齐短板和锻造长板，针对产业薄弱环节，实施好关键核心技术攻关工程，尽快解决一批"卡脖子"问题；在产业优势领域精耕细作，搞出更多"独门绝技"，实施好产业基础再造工程，打牢基础零部件、基础工艺、关键基础材料等基础。

汽车产业作为国民经济的支柱产业，体现国家竞争力，始终以促进中国汽车产业的健康发展、争取为国家民生谋福祉为目标。当前，汽车产业正发生百年以来最深刻的变革，智能网联被认为是未来竞争的焦点。随着汽车信息通信、人工智能、互联网等行业深度融合，智能网联汽车已经进入技术快速演进、产业加速布局的新阶段。我国智能网联汽车发展愿景是实现汽车强国的伟大目标，使汽车产业朝着有益于国家富强、可持续轨道发展，满足人民对美好生活的需求，体现在安全、效率、节能减排、舒适和便捷、人性化等方面。

在世界智能网联汽车大会上，中国智能网联汽车创新中心发布《智能网联汽车技术路线图 2.0》，系统梳理、更新、完善智能网联汽车的定义、技术架构和智能化/网联化分级，分析了智能网联汽车的技术发展现状和未来演进趋势，对《智能网联汽车技术路线图 1.0》实现程度和实施效果进行了评估。在此基础上，研究了面向 2035 年的智能网联汽车技术发展的总体目标、愿景、里程碑与发展路径，提出创新发展需求，为我国汽车产业紧抓历史机遇、加速转型升级、支撑制造强国建设、制定中长期发展规划指明发展方向，提供决策参考。

智能网联汽车涉及整车零部件、信息通信、智能交通、地图定位等多领域技术，技术架构可概括为"三横两纵"。"三横"指车辆关键技术、信息交互关键技术与基础支撑关键技术。"两纵"指支撑智能网联汽车发展的车载平台与基础设施。基础设施包括交通设施、通信网络、大数据平台、定位基站等，并逐步向数字化、智能化、网联化和软件化方向升级。

近年来，智能网联汽车核心技术取得突破，车规级功率半导体、芯片等成为技术攻关核心。在智能网联汽车核心部件的国产化上，IGBT 功率半导体、AI 芯片、计算芯片、高精度传感器、操作系统、自动驾驶算法等产业链核心环节，一批企业相继实现国产化突破。在车规级芯片领域，地平线公司推出 Matrix 计算平台，搭载自研征程 2.0 芯片，装机量已突破 10 万台；零跑汽车具有完全自主知识产权的车规级智能驾驶芯片凌芯 01 已完成整车搭载；华为公司推出了智能自动驾驶系列解决方案，集成了自研的芯片与实时操作系统。但是，与全球汽车芯片 475 亿美元的市场总规模相比，我国自主汽车芯片产业规模不到 150 亿元人民币，市场份额不到 5%，依然任重道远。

核心技术是建设制造强国必须啃下来的"硬骨头"。面对智能网联汽车行业的发展机遇与挑战，国家积极实施产业基础再造工程，聚焦产业薄弱环节，开展关键基础技术和产品的工程化攻关，布局建设一批国家制造业创新中心，加大产业共性技术供给，加快相关科技成果转化和产业化。

模块四

多源信息融合技术应用

任务一　智能网联汽车自主建图应用

1. 任务目标

基于 OBE 教育理念，结合智能网联汽车技术专业毕业要求与任务特点，建立任务目标支撑毕业要求和培养规格的对应关系，确定任务目标如下。

（1）目标 O1：掌握 SLAM 建图原理、ROS 地图知识、Gazebo 仿真及相关组件知识，理解自主建图应用开发任务。

（2）目标 O2：能选择和使用 RViz、Gazebo 等 ROS 仿真工具，激光雷达、车载摄像头等环境感知设备，建立车辆模型，控制车辆运动、感知环境和构建地图，完成自主建图应用开发。

（3）目标 O3：能就智能网联汽车自主建图应用任务，以口头、文稿、图表等方式，描述任务实施和问题解决的过程，能参与问题的讨论并准确表达自己的观点。

任务目标与毕业要求支撑对照表见表 4-1，任务目标与培养规格对照表见表 4-2。

表 4-1　任务目标与毕业要求支撑对照表

毕业要求	二级指标点	任务目标
1. 工程知识	毕业要求 1-1：能将数学、自然科学、工程科学专业知识用于工程问题的表述	目标 O1

续表

毕业要求	二级指标点	任务目标
5. 使用现代工具	毕业要求 5-2：能选择与使用恰当的仪器、信息资源、工程工具和专业模拟软件，对广义工程问题进行预测与模拟	目标 O2
10. 沟通	毕业要求 10-1：能就专业问题，以口头、文稿、图表等方式，准确表达自己的观点，回应质疑，理解与业界同行和社会公众交流的差异性	目标 O3

表 4-2　任务目标与培养规格对照表

培养规格	规格要求	任务目标
素养	（1）具有质量意识、环境意识、安全意识、信息素养，具有工匠精神和创新思维； （2）勇于奋斗、乐观向上，具有自我管理能力，有较强的集体意识和团队合作精神； （3）能实现项目资源的有效协调和沟通，赢得认同和信任，能识别和分解工程任务； （4）能准确表达自己的观点，能与团队有效沟通	目标 O3
能力	（1）能通过自主建图应用，理解和运用车辆运动控制专业知识； （2）能通过自主建图应用开发过程，理解和运用激光雷达、车载摄像头等环境感知设备； （3）能分析车辆虚拟仿真任务情境，选择和使用 ROS 仿真组件实现仿真建模； （4）能选择适当的技术解决自主建图应用中的环境感知和地图构建问题，具备判断力	目标 O2
知识	（1）掌握 SLAM 建图原理，理解 SLAM 典型算法，理解自主建图应用开发的实现方法； （2）掌握 ROS 地图知识，理解地图数据操作使用方法； （3）掌握 Gazebo 仿真及相关组件知识，理解 RViz、Gazebo 等 ROS 仿真工具的用途	目标 O1

2. 任务描述

近年来，道路上出现了一张与众不同的"新面孔"——自动驾驶无人配送车，它助力"最后一公里"物资配送，为人们的生活带来便利，如图 4-1 所示。它在疫情期间承担了社区防疫物资配送任务，为降低接触感染风险，减轻人工配送压力做出了贡献。当住宅小区内一家住户订购了药品时，自动驾驶无人配送车携带药品，根据设定的配送路线，向住宅小区中的指定单元楼进发，在到达指定地点时停下，订购药品的住户便可以接收药品。

模块 四 >>> 多源信息融合技术应用

图 4-1 自动驾驶无人配送车

请思考：在以上药品配送任务中，自动驾驶无人配送车是如何明确指定地点并规划行驶路径的？这往往与自动驾驶无人配送车"大脑"中的地图密不可分。自动驾驶无人配送车通过感知构建地图，明确住宅小区的布局，然后根据地图找到指定地点的位置。通过将指定地点设置为目标点，自动驾驶无人配送车根据规划路径，向目标点进发，最终到达目的地。这是社区场景中自主建图和路径规划案例。

智能网联汽车自主建图和路径规划应用有异曲同工之妙。如何实现智能网联汽车自主建图应用？本任务结合 SLAM 建图原理、ROS 地图知识，选择和使用 RViz、Gazebo 等 ROS 仿真组件以及 XTARK ROS 自动驾驶车，与团队成员沟通合作，实现智能网联汽车自主建图应用。

3. 任务实施

1) 任务准备

（1）Windows 10 计算机；

（2）树莓派 4B；

（3）XTARK ROS 自动驾驶车；

（4）树莓派 Ubuntu18.04、ROS Melodic 系统；

（5）虚拟机 ROS1_Noetic_Ubuntu20.04；

（6）虚拟机系统依赖包：ros-noetic-driver-base、ros-noetic-gazebo-ros-control、ros-noetic-effort-controllers、ros-noetic-joint-state-controller、ros-noetic-ackermann-msgs、ros-noetic-global-planner、ros-noetic-teb-local-planner、ros-noetic-nodelet、ros-noetic-image-transport、ros-noetic-xacro、ros-noetic-robot-state-publisher、ros-noetic-gmapping、ros-noetic-rtabmap-ros、ros-noetic-image-transport-plugins、ros-noetic-map-server、ros-noetic-navigation。

2）步骤与现象

步骤一：ROS 虚拟仿真环境搭建

ROS 提供仿真工具并支持场景的仿真测试，这里使用 Gazebo 仿真工具实现虚拟仿真场景的搭建和使用。

（1）仿真世界搭建。

使用 Gazebo 绘制地图并搭建仿真世界。在终端使用 roslaunch 命令启动 Gazebo 空白世界，如图 4-2 所示。

图 4-2　启动 Gazebo 空白世界

在空白世界中，使用鼠标调整世界场景视角，能更清晰地看到世界及其细节，如图 4-3 所示。

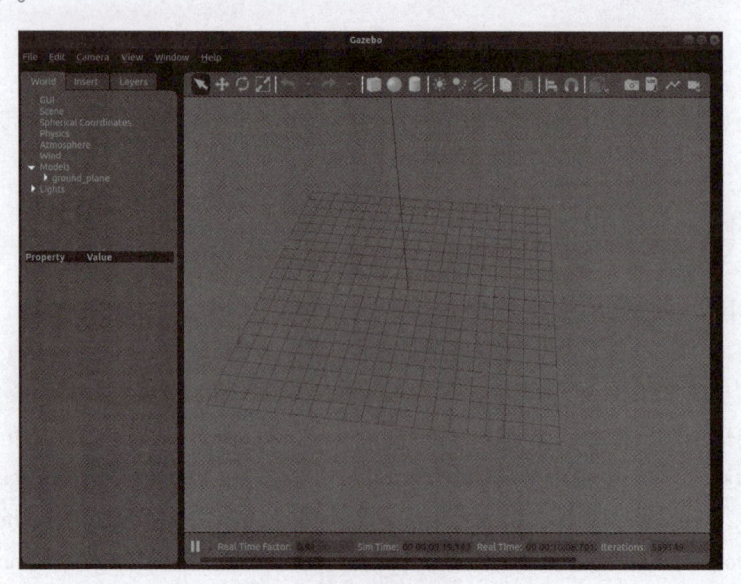

图 4-3　调整世界场景视角

选择"Edit"菜单→"Building Editor"命令创建自定义地图。选择绘制选项，使用鼠标绘制地图，下方的世界界面实时显示绘制的地图及其在世界中的位置，如图 4-4 所示。绘制完成后保存文件，保存后得到后缀名为".sdf"".config"的模型文件。

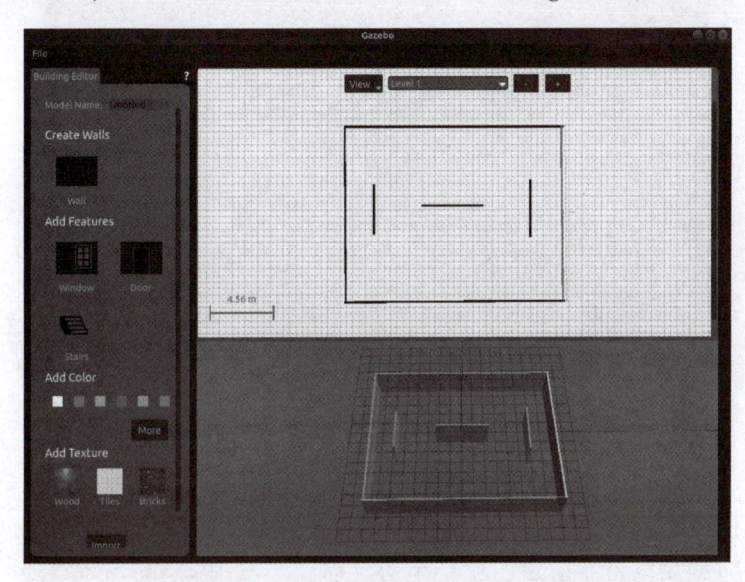

图 4-4　绘制的地图及其在世界中的位置

保存完成后退出地图绘制界面，在 Gazebo 世界场景界面的"Insert"选项卡中找到绘制的地图文件，选择并放置在空白世界中，如图 4-5 所示。

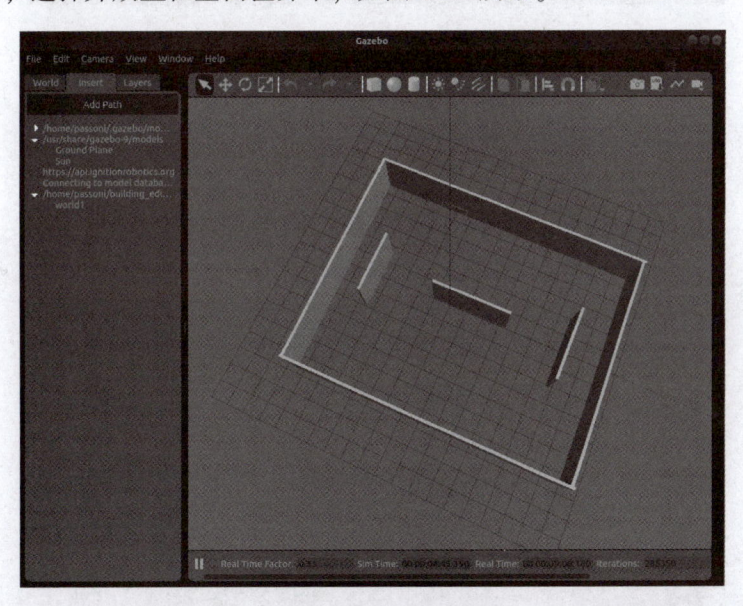

图 4-5　放置地图文件

查看"Insert"选项卡中的 Gazebo 预设模型，选择模型"Cube 20k"添加到世界场景中作为障碍物，如图 4-6 所示。通过工具栏中的移动按钮可以移动模型，更换摆放位置。完成世界布局后，使用后缀名".world"保存世界文件。

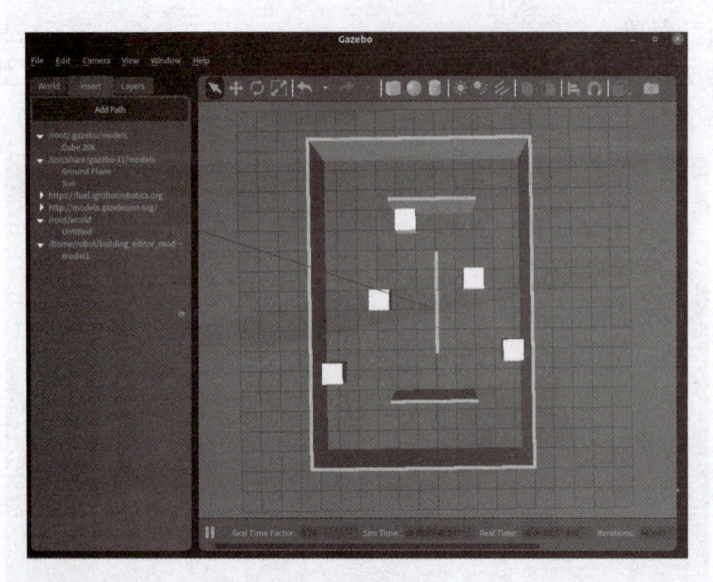

图4-6 添加障碍物模型

(2)仿真模型搭建。

使用 Gazebo 模型编辑器搭建四轮小车仿真模型。使用 gazebo 命令打开 Gazebo 界面，如图 4-7 所示。

图4-7 打开 Gazebo 界面

在 Gazebo 界面中，选择"EDIT"菜单→"Model Editor"命令，打开模型编辑器界面，如图 4-8 所示。模型编辑器界面支持模型插入、模型及组件查看、属性设置等。

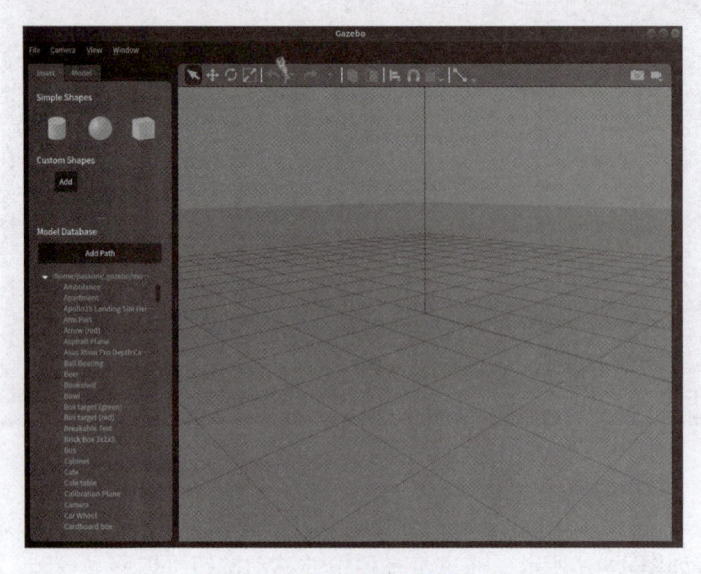

图4-8 打开模型编辑器界面

先制作四轮小车的车身。添加一个矩形并选中，打开"Link Inspector"对话框，调整"Visual"→"Geometry"参数 x，y，z 分别为 0.5、1.5、0.5，调整"Collision"→"Geometry"参数 x，y，z 分别为 0.5、1.5、0.5，如图 4-9 所示。

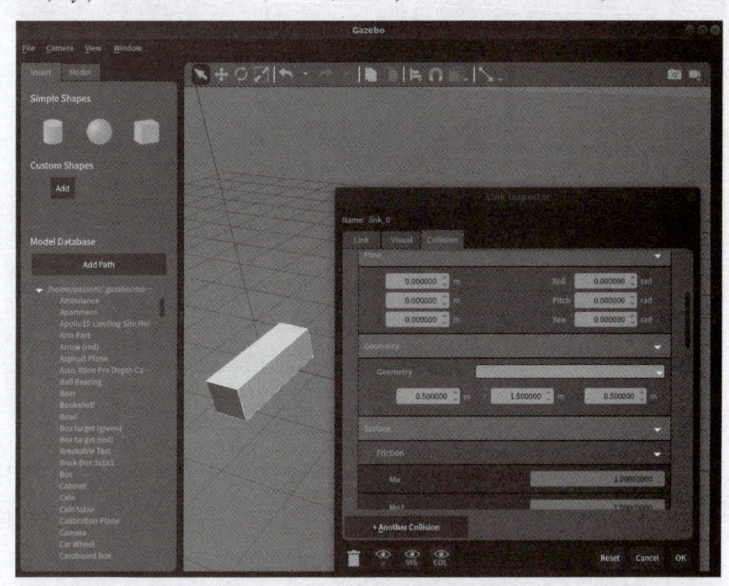

图 4-9　车身模型参数配置

然后给四轮小车的车身增加四个轮子。添加圆柱体形状并选中，打开"Link Inspector"对话框，调整"Visual""collision"→"Geometry"参数 Radius、length 为 0.3 m，0.1 m，"Pose"→"Pitch"参数为 -4.7rad，如图 4-10 所示。

图 4-10　车轮模型参数配置

四个轮子的参数保持一致。配置完成后使用工具栏中的移动工具，将轮子移动到车身的合适位置，如图 4-11 所示。

随后，建立四个轮子与车身之间的连接。使用工具栏中的 joint 工具建立车身和轮子之间的 joint link 关节连接，分别选择 parent link、child link 所代表的车身、轮子，建立连接。

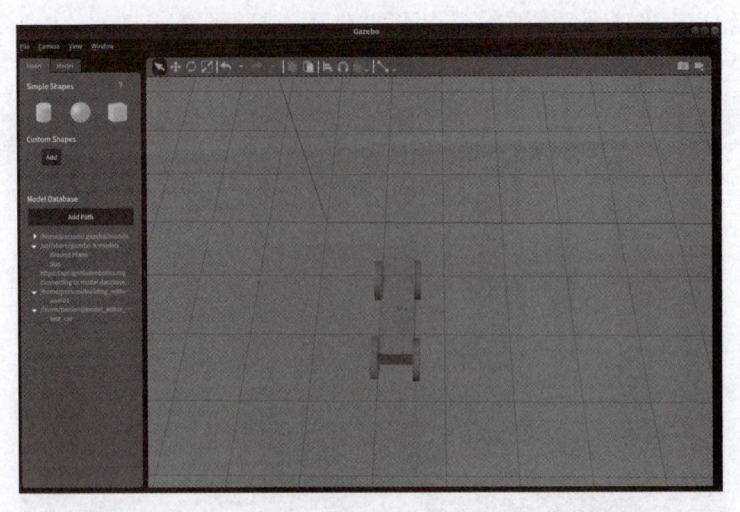

图 4-11　车轮模型调整

完成后选择"Create"命令创建模型 joint link 关节连接。将四个轮子都按相同方法与车身建立连接。连接建立后，在"Model"选项卡中查看 joint link 关节连接，如图 4-12 所示。

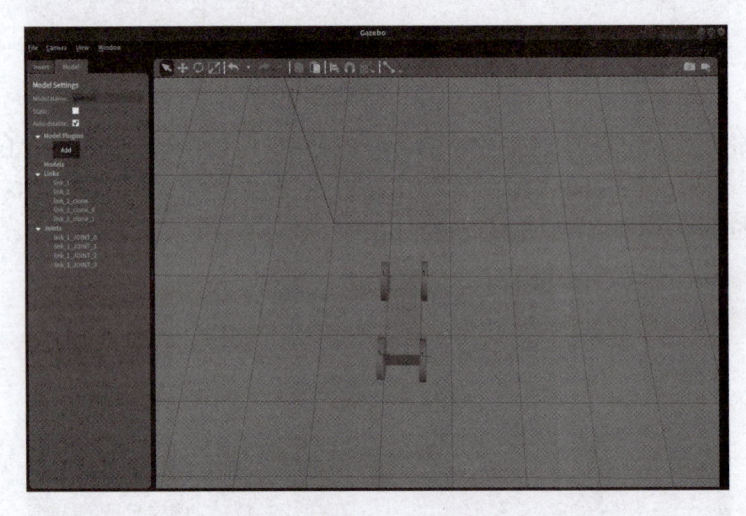

图 4-12　查看 joint link 关节连接

在"Model"选项卡中修改模型名称。修改完成后保存模型，然后退出模型编辑器界面。在 Gazebo 世界场景界面，能添加和查看搭建的四轮小车仿真模型，如图 4-13 所示。

（3）虚拟仿真场景基础使用。

结合绘制的地图和搭建的仿真世界、四轮小车仿真模型，搭建仿真场景并使用。打开一个崭新的 Gazebo 空白世界，添加并选中四轮小车仿真模型。在 Gazebo 右面板"Force"选项卡中设置四轮小车仿真模型每个关节的力为 0.1 N，如图 4-14 所示。此时观察到小车在世界中开始移动。在小车运动过程中，使用底部工具栏中的暂停按钮可使小车暂停移动。

接下来，结合四轮小车仿真模型和自定义世界场景，搭建一个虚拟仿真场景。使用 launch 文件启动前面搭建的世界场景。首先完成功能包的创建和配置，在功能包中新建

"launch"文件夹，并新建 launch 文件，如图 4-15 所示。其中 world name 参数使用前面搭建的后缀名为".world"的世界文件名称。

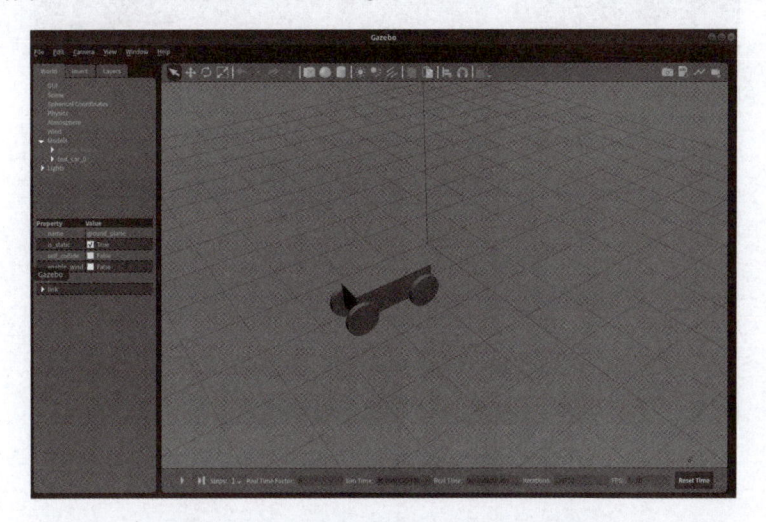

图 4-13 添加和查看四轮小车仿真模型

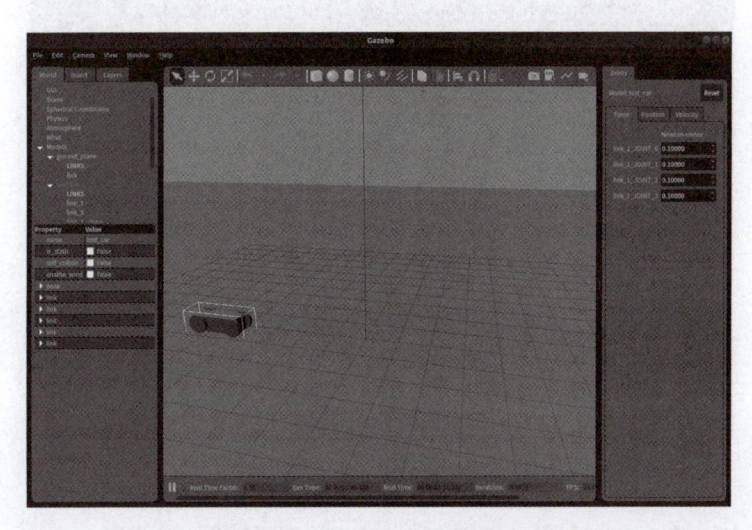

图 4-14 设置四轮小车仿真模型每个关节的力

图 4-15 使用 launch 文件启动世界场景

操作完成后启动 launch 文件，在 Gazebo 界面中看到前面自定义的世界场景，将四轮小车仿真模型添加到世界场景中，如图 4-16 所示。

采用 force 参数调整方法控制小车在场景中移动，选择施加到小车每个关节的力。小车会在场景中开始移动，如图 4-17 所示，撞到墙之后会停止。

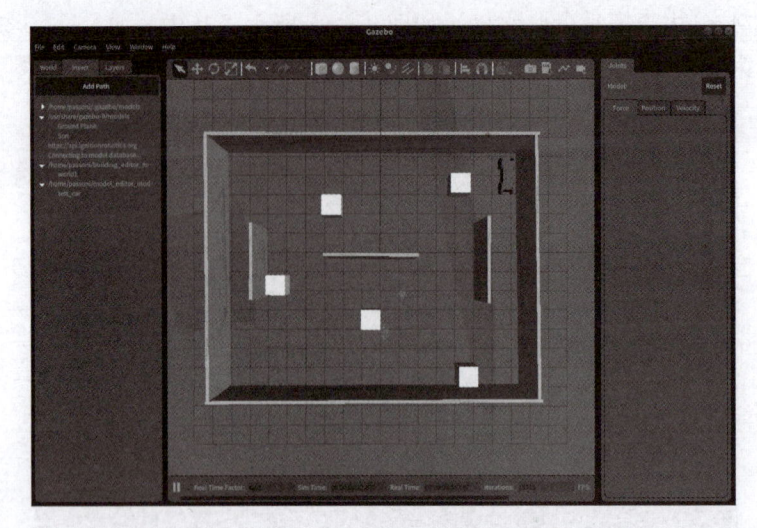

图 4-16　将四轮小车仿真模型添加到世界场景中

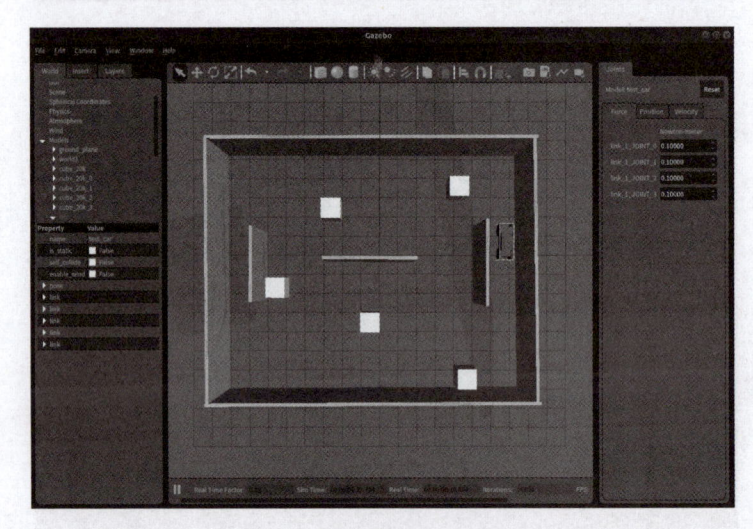

图 4-17　小车在场景中移动

Gazebo 仿真工具为虚拟仿真带来了更多可能，每个人搭建的世界都有自身的特点。与团队成员合作，尝试使用不同的地图，结合四轮小车仿真模型，搭建新的场景，测试四轮小车仿真模型的运动控制。

步骤二：智能车虚拟仿真建图

结合自建虚拟仿真地图，在 ROS 中使用 racecar 功能包，实现智能车虚拟仿真建图功能。

（1）功能包配置。

新建工作空间，完成初始化。添加工作空间到环境变量中，如图 4-18 所示。

完成工作空间配置后，使用 source 命令刷新配置，再将 racecar 功能包放在"src"路径下，然后编译工作空间。编译成功即可，如图 4-19 所示。

编译期间若遇到问题，按照错误提示解决相应的问题即可。如果缺少依赖包，则需要

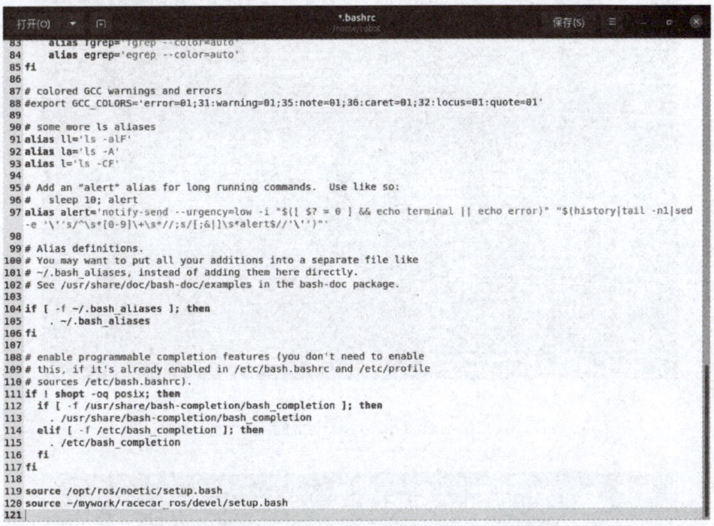

图 4-18　添加工作空间到环境变量中

图 4-19　编译工作空间

安装异常信息中提示的依赖包。

（2）仿真运动控制。

使用 roslaunch 命令运行 "racecar. launch" 文件，在 Gazebo 中加载小车模型，如图 4-20 所示。

同时，打开 tk 控制界面，如图 4-21 所示。在该界面中可使用键盘上的 W、S、A、D 键控制小车的前、后、左、右方向运动。

先按住 W 键控制小车往前开一个格子，如图 4-22 所示。

然后，同时按住 W 和 A 键，控制小车往左前方向行驶，如图 4-23 所示。

接着，同时按住 W 和 D 键，控制小车往右前方向行驶，如图 4-24 所示。

图 4-20　在 Gazebo 中加载小车模型

图 4-21　打开 tk 控制界面

图 4-22　小车前进行驶控制

图 4-23　小车左前行驶控制

图 4-24　小车右前行驶控制

最后，按住 S 键，控制小车倒退一个格子，如图 4-25 所示。小车最终达到世界场景中心坐标点附近。调整世界场景视角，观察小车在世界坐标系中的位置。

(3) 虚拟仿真场景建图。

结合 racecar 智能车模型、自建仿真地图，建立智能车仿真场景并实现建图应用。

将前面创建的地图模型放在 racecar_gazebo 的 "worlds" 文件夹中，并将 "world" 文件中的 sim_time 参数修改为 0，如图 4-26 所示。

图4-25 小车后退行驶控制

图4-26 仿真地图参数配置

结合智能小车和自建仿真世界，构建一个智能车虚拟仿真场景。通过分析racecar智能车启动文件"racecar.launch"，可知该模型启动时伴随打开的是名为"racecar.world"的世界文件。根据分析结果，新建一个启动文件，复制"racecar.launch"文件的内容，新建仿真场景的启动文件，再将"world_name"修改为前面创建的地图模型，如图4-27所示。

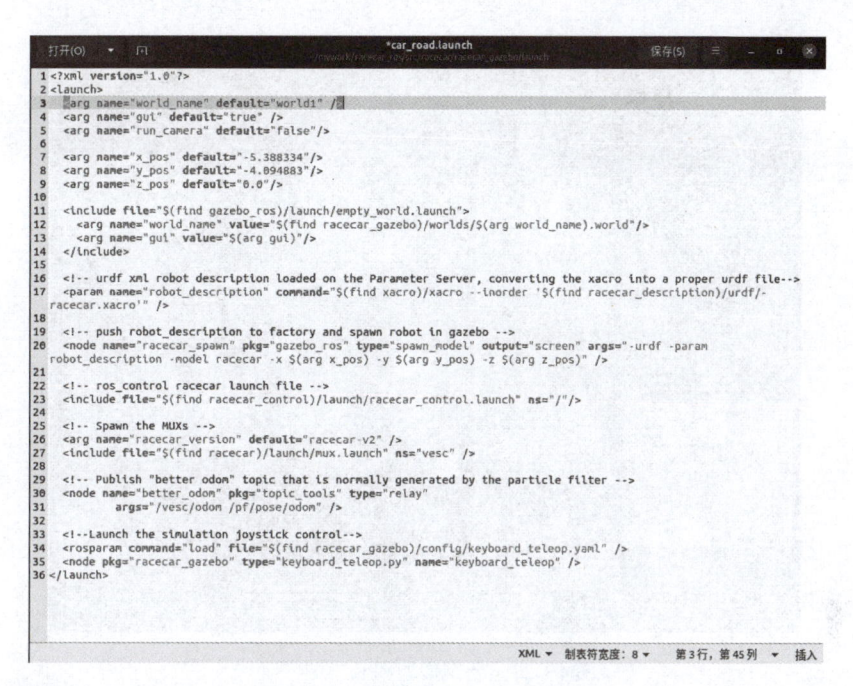

图 4 – 27　仿真场景启动文件配置

仿真场景启动文件配置完成后，使用 roslaunch 命令运行启动文件，启动仿真场景，如图 4 – 28 所示。

图 4 – 28　启动仿真场景

Gazebo 加载场景模型，同时 tk 控制界面打开，如图 4 – 29 所示。在 tk 控制界面中可以使用键盘上的 W、S、A、D 键控制小车在地图中运动。

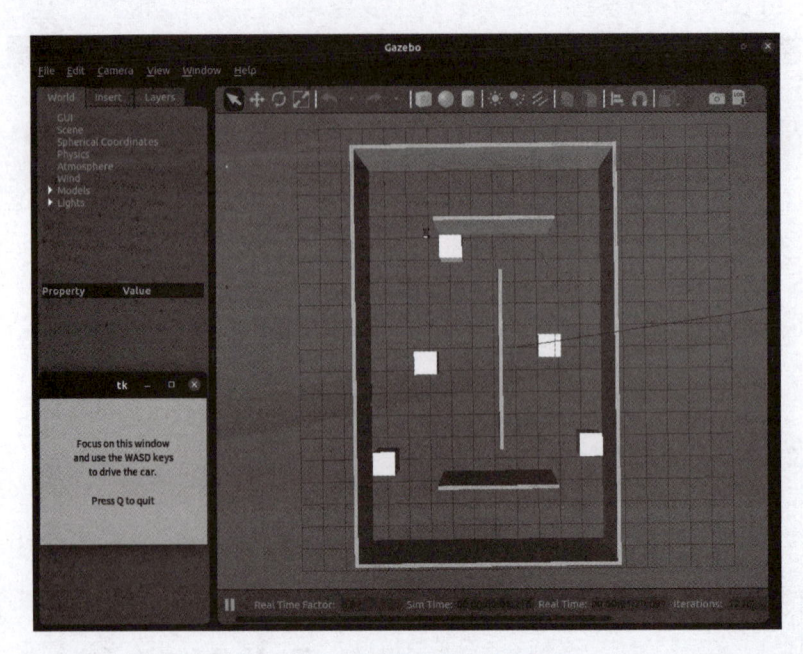

图 4-29 场景模型和 tk 控制界面

仔细观察地图的结构布局，与团队成员讨论小车采用怎样的路线行驶，能够一次性行驶过地图中的每个关键点位，以实现整张地图的扫描。

接下来结合 RViz 进行 gmapping 建图，使用 roslaunch 命令运行"slam_gmapping.launch"文件，如图 4-30 所示。

图 4-30 运行"slam_gmapping.launch"文件

RViz 打开后显示小车模型、车载摄像头的路况图像、当前扫描获得的地图状态，如图 4-31 所示。

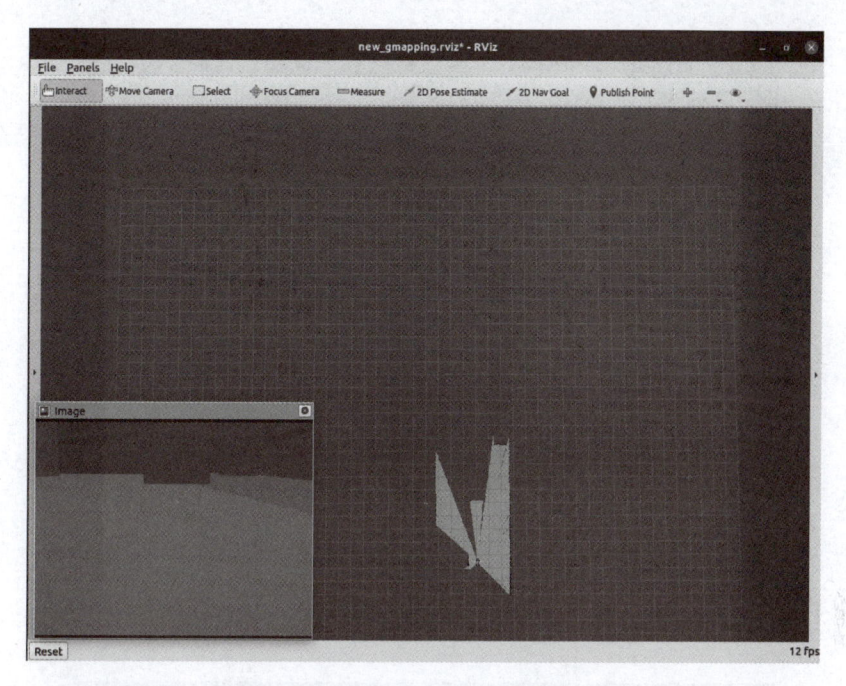

图4-31　RViz显示内容

结合Gazebo和RViz，通过观察小车状态显示、地图显示、车载摄像头路况显示，完成整张地图扫描，实现仿真建图，如图4-32所示。

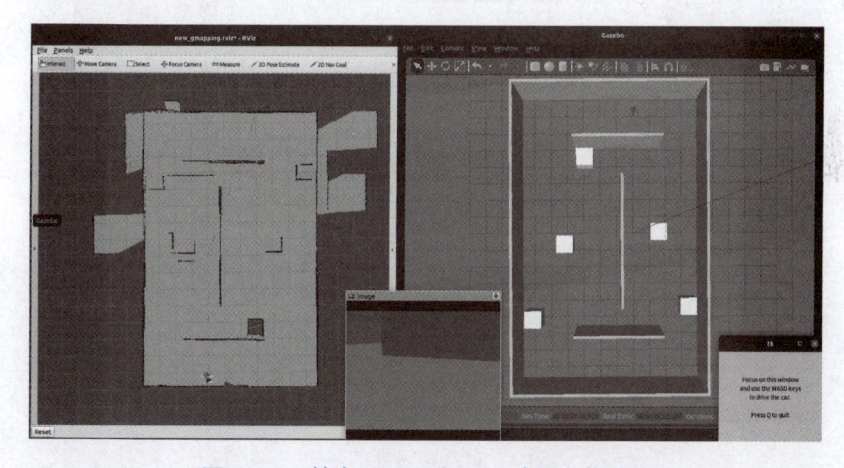

图4-32　结合Gazebo和RViz实现仿真建图

完成地图扫描后，使用rosrun命令启动map_saver保存扫描得到的地图，如图4-33所示。

保存后得到后缀名为".pgm"和".yaml"的地图文件，分别是地图图像、地图的元数据信息。查看地图图像可以看到扫描构建得到的地图，如图4-34所示。

这样最终获得了环境地图。上述构建地图最后得到地图信息的过程，就是建图应用。本任务通过虚拟仿真实现了建图应用。

图 4-33 启动 map_saver 保存扫描得到的地图

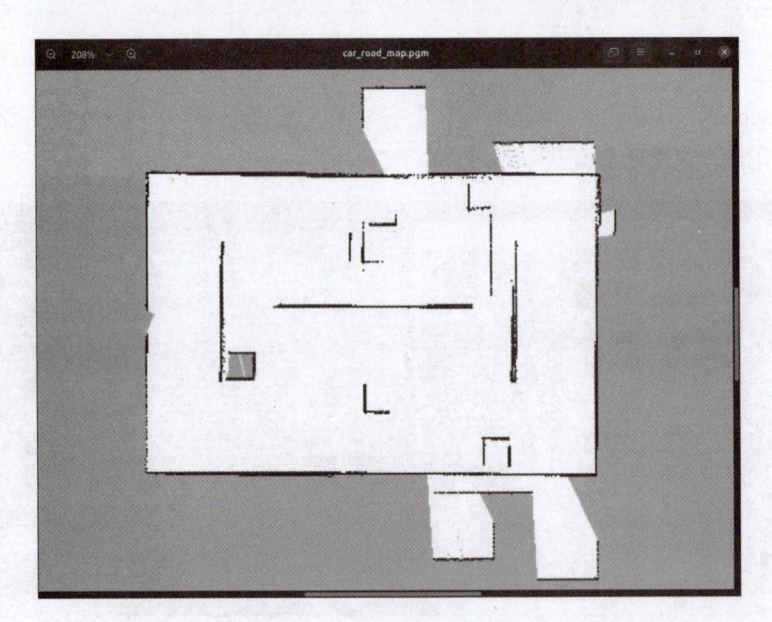

图 4-34 查看地图图像

步骤三：SLAM 建图应用

结合 XTARK ROS 自动驾驶车，实现 SLAM 建图应用。

（1）gmapping 建图应用。

首先，使用 XTARK ROS 自动驾驶车实现 gmapping 建图应用。在 XTARK ROS 自动驾驶车上，先使用 roslaunch 命令运行"mapping.launch"文件启动建图功能，如图 4-35 所示。

然后，通过 RViz 查看建图效果，如图 4-36 所示。控制小车运动，扫描得到整张地图的全貌，实现整张地图的扫描和构建。查看 RViz 中用到的组件，说一说这些组件表示的内容并与团队成员讨论。

图 4-35 运行"mapping.launch"文件

图 4-36 通过 RViz 查看建图效果

完成建图后使用 map_saver 保存地图，保存后得到后缀名为".pgm"和".yaml"的文件。查看地图图像可以看到构建的地图，如图 4-37 所示。

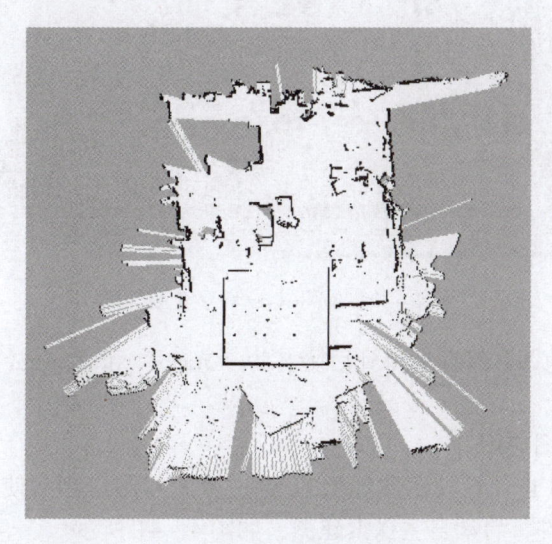

图 4-37 查看地图图像

与团队成员协作，将 XTARK ROS 自动驾驶车更换建图区域，尝试再次使用 gmapping 建图应用，扫描和构建新区域的地图并保存构建的地图。

（2）rtabmap 建图应用。

使用 XTARK ROS 自动驾驶车实现 rtabmap 建图应用。先使用 sudo apt – get update 命令更新，再安装 rtabmap 包，然后使用 roslaunch 命令启动 rtabmap 建图，运行"3d_mapping. launch"文件，如图 4 – 38 所示。

图 4 – 38　运行"3d_mapping. launch"文件

使用 RViz 观察建图结果，如图 4 – 39 所示。观察车辆在地图中的状态，以及车辆传感器感知的地图信息。

图 4 – 39　使用 RViz 观察建图结果

完成建图后保存地图，保存后得到后缀名为". pgm"和". yaml"的文件，如图 4 – 40 所示。

（3）自主探索建图应用。

使用 XTARK ROS 自动驾驶车实现 RRT 自主探索建图应用。使用 roslaunch 命令运行"rrt_slam. launch"文件，启动自主探索建图，如图 4 – 41 所示。

图 4-40 保存地图

图 4-41 运行 "rrt_ slam.launch" 文件

使用 RViz 查看建图情况，观察车辆在地图中的状态，如图 4-42 所示。在 RViz 中，配置组件 clicked_point、detected_points、frontiers、centroids、global_detector_shapes、local_detector_shapes，分别代表随机数的范围点和起点、检测到的边界点、滤波器接收到的边界点、滤波后的有效边界点、全局树、本地树。

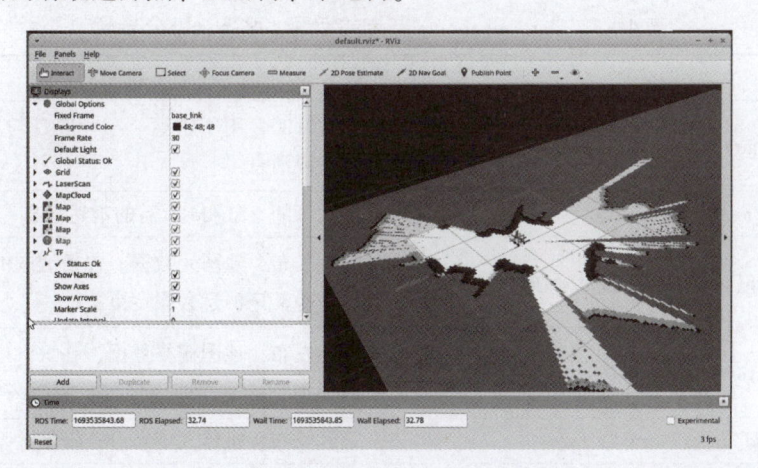

图 4-42 使用 RViz 查看建图情况

在 RViz 中使用 publish_point 工具，设置 4 个树的边界点，以及 1 个树的起点。完成配置后观察 RViz 中的地图显示情况，看到车辆在地图中自主探索和构建地图，如图 4-43 所示。

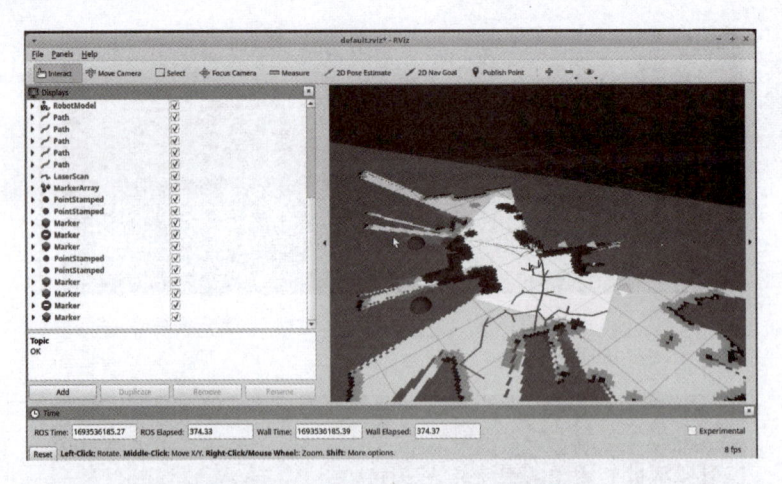

图 4 – 43 使用 publish_ point 工具

至此就完成了自主建图应用。回顾整个实验过程，思考一下：实现自主建图应用使用到哪些方法、哪些工具？自主建图应用是如何实现的？

3) 关键点分析

在自主建图应用开发中，本任务使用了 SLAM 算法中的 gmapping、rtabmap、RRT 等算法实现建图。gmapping 算法根据里程计数据和激光雷达数据来绘制二维栅格地图。rtabmap 算法基于具有实时约束的全局闭环检测的 RGB – D SLAM 方法生成环境的三维点云或二维网格图。RRT 算法通过随机构建 Space Filling Tree 实现快速搜索非凸高维空间。下面重点了解 gmapping 算法。

gmapping 算法是 ROS 建图中较为常用的 SLAM 算法，gmapping 算法的关键核心节点是 slam_ gmapping，表 4 – 3 展示该节点订阅和发布的话题、服务、部分参数。

表 4 – 3 slam_gmapping 节点的话题、服务、部分参数

字段名称	说明
tf(tf/tfMessage)	话题订阅，用于雷达、车辆底盘与里程计之间的坐标变换消息
scan(sensor_msgs/LaserScan)	话题订阅，SLAM 所需的雷达信息
map_metadata(nav_msgs/MapMetaData)	话题发布，地图元数据，包括地图的宽度、高度、分辨率等，该消息会固定更新
map(nav_msgs/OccupancyGrid)	话题发布，地图栅格数据，在 RViz 中以图形化的方式显示
~ entropy(std_msgs/Float64)	话题发布，机器人姿态分布熵估计
dynamic_map(nav_msgs/GetMap)	服务，用于获取地图数据
~ base_frame(string, default:"base_link")	参数，机器人基坐标系
~ map_frame(string, default:" map")	地图坐标系
~ odom_frame(string, default:" odom")	里程计坐标系

gmapping 算法实现需要的坐标系变换，包含雷达坐标系到基坐标系的变换、基坐标系到里程计坐标系的变换，分别由 robot_state_publisher 或 static_transform_publisher、里程计节点发布。gmapping 还能实现发布地图坐标系到里程计坐标系的变换。

4. 考核评价

结合素养、能力、知识目标，根据任务操作、团队协作、沟通参与的效果，教师使用表 4-4（培养规格评价表），对学生的任务进行评价。

表 4-4　培养规格评价表

评价类别	评价内容	分值	得分
素养	（1）具有质量意识、环境意识、安全意识、信息素养，具有工匠精神和创新思维； （2）勇于奋斗、乐观向上，具有自我管理能力，有较强的集体意识和团队合作精神； （3）能实现项目资源的有效协调和沟通，赢得认同和信任，能识别和分解工程任务； （4）能准确表达自己的观点，能与团队有效沟通	30	
能力	（1）能通过自主建图应用，理解和运用车辆运动控制通用知识； （2）能通过自主建图应用开发过程，理解和运用激光雷达、车载摄像头等环境感知设备； （3）能发现和分析车辆虚拟仿真任务情境，选择和使用 ROS 仿真组件实现仿真建模； （4）能选择适当的技术解决自主建图应用中的环境感知和地图构建问题，具备判断力	40	
知识	（1）掌握 SLAM 建图原理，理解 SLAM 典型算法和 ROS 地图知识； （2）掌握车辆环境感知原理，理解自主建图应用开发的实现方法； （3）掌握 Gazebo 仿真及相关组件知识，理解 RViz、Gazebo 等 ROS 仿真组件的用途	30	
总分			
评语			

考核评价根据任务要求设置评价项目，项目评分包含配分、分值、得分，教师可以根据学生的项目内容完成情况进行评分。

任务目标达成度以任务目标为评价维度，评价项目支撑任务目标。教师根据任务目标评价学生的任务完成情况。任务考核评价表见表 4-5。

表 4–5　任务考核评价表

任务名称		智能网联汽车自主建图应用					
评价项目	项目内容	项目评分			任务目标达成度		
		配分	分值	得分	目标 O1	目标 O2	目标 O3
ROS 虚拟仿真环境搭建	创建自定义地图正确	35	5				
	地图障碍物添加正确		5				
	".world" 文件保存正确		5				NC
	模型编辑器编辑模型正确		5				
	自定义模型基础运动控制正确		5				
	场景创建和模型添加正确		5				
	仿真场景运动控制正确		5				NC
智能车虚拟仿真建图	仿真建图功能包配置正确	35	5				NC
	仿真运动控制正确		5				
	仿真场景启动文件配置正确		5				
	Gazebo 场景加载和运动控制正确		5				
	RViz 车辆和地图显示正确		5				
	仿真场景建图正确		5				
	地图保存正确		5				NC
SLAM 建图应用	"gmapping.launch" 文件运行正确	30	3		NC	NC	
	RViz 查看建图正确		3				
	控制小车运动正确		2		NC		
	gmapping 建图实现和地图保存正确		3				
	rtabmap 包配置正确		2		NC	NC	
	rtabmap 建图启动正确		3		NC	NC	
	rtabmap 建图实现和地图保存正确		3				
	自主探索建图启动正确		2		NC	NC	
	RViz 组件配置正确		3				
	使用 Publish Point 工具设置点正确		3				
	自主探索建图正确		3				
综合评价							

注：①项目评分请按每项分值打分，填入"得分"栏。

②任务目标达成度根据任务完成情况进行评价，对照任务目标是否达成进行勾选，达成则在对应栏中打"√"。

③任务目标达成度中"NC"表示本行评价内容与对应任务目标无关。

根据任务目标达成度的评价结果，结合任务实施过程、项目评分结果，教师可以使用表 4–6（任务持续改进表）进行改进。

表 4-6 任务持续改进表

评价项目	上一轮改进措施	本轮改进内容	本轮改进效果	下一轮改进措施
ROS 虚拟仿真环境搭建				
智能车虚拟仿真建图				
SLAM 建图应用				

5. 知识分析

1）自动驾驶与 SLAM 建图

SLAM 建图主要用于解决机器人独立在未知环境运动时的定位与地图构建问题。SLAM 建图常用于机器人定位导航、虚拟现实/增强现实、无人机、自动驾驶等领域。

SLAM 技术是自动驾驶汽车的核心技术之一。典型自动驾驶汽车系统包含定位、感知、规划、控制等关键部分。SLAM 基于车辆感知技术，估计车辆位置和地图定位，预测道路障碍物，提供合适的车辆规划控制建议。SLAM 框架一般包含传感器数据、前端、后端、建图、回环检测等部分，如图 4-44 所示。

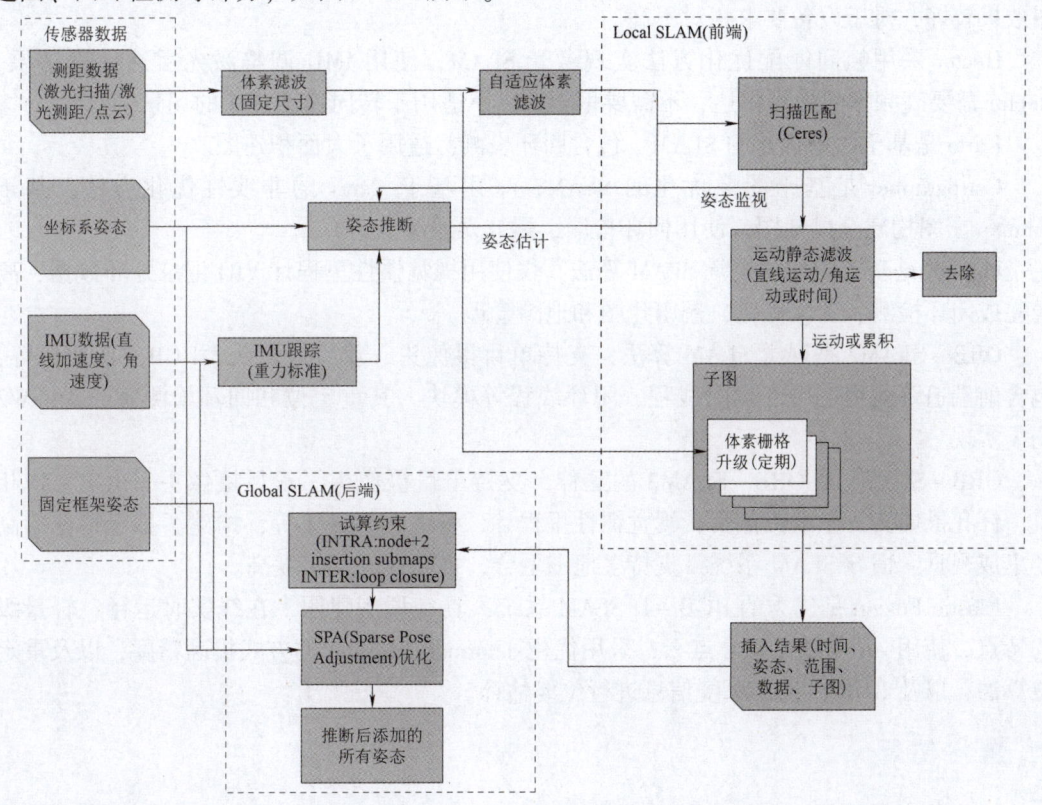

图 4-44 SLAM 框架

传感器数据部分通过传感器采集激光点云、视频图像等数据，并对传感器数据进行预处理。前端部分进行基于时间和移动相对位置的位姿估算。后端部分基于滤波器、图优化等形成位姿图并基于计算约束实现位姿图优化。建图部分进行建图轨迹信息保存与加载、地图生成和构建。回环检测部分用于消除空间累积误差。

根据使用的传感器，SLAM 可分为基于激光雷达的激光 SLAM、基于视觉传感器的视觉 SLAM。激光 SLAM 采用激光雷达采集物体信息，这些信息表现为一系列分散的、具有准确角度和距离信息的点（点云）。激光 SLAM 通过对比不同时刻的点云，计算相对距离和姿态来实现定位。视觉 SLAM 通过视觉传感器获取图像纹理信息，以便于跟踪和预测场景动态目标。激光 SLAM 可靠性高、技术成熟、建图直观、精度高、无累计误差。视觉 SLAM 结构简单、安装方式多元化、可提取画面信息。激光 SLAM 和视觉 SLAM 各有优、缺点，两者融合使用是未来趋势。

2）典型 SLAM 建图方案

主流 SLAM 包括激光 SLAM 和视觉 SLAM，分为基于滤波的 SLAM 和基于图像优化的 SLAM。激光 SLAM 典型方案包括 gmapping、Hector、Karto、Cartpgrapher 等。视觉 SLAM 典型方案包括 Maplab、ORB – SLAM2、ORB – SLAM3、Elastic – Fusion 等。

gmapping 是基于粒子滤波框架的激光 SLAM 算法，使用里程计辅助定位，结合里程计和激光信息定位和建图。gmapping 在构建小场景地图时所需的计算量较小，精度较高，建图效果较好，对于设备要求相对不高。

Hector 采用帧间匹配优化方法实现激光 SLAM，使用 IMU 调整激光雷达计算结果。Hector 需要高频率的激光雷达，不需要里程计，不适用于转向速度过快的场景。

Karto 是基于图像优化的 SLAM，包含回环检测，适用于大面积建图。

Cartpgrapher 是基于图像优化的 SLAM，采用基于 Ceres 的非线性优化方法，基于 submap 子图构建全局地图，使用回环检测，累计误差小。

Maplab 是基于图像的视觉 SLAM 算法，仅使用视觉惯性里程计 VIO 记录开环数据，离线完成闭环检测、图像优化、稠密建图和地图管理。

ORB – SLAM2 是视觉 SLAM 算法，支持单目摄像头、双目摄像头、RGB – D 相机等，包含前端追踪线程、局部建图线程、闭环线程等模块，其重定位和回环检测基于 DBoW2 词袋实现。

ORB – SLAM3 是 ORB – SLAM2 的延伸，支持单目摄像头、双目摄像头、RGB – D 相机、针孔摄像头、鱼眼摄像头、视觉惯性里程计、多地图 SLAM 等，构建了基于特征的高度集成视觉 – 惯导 SLAM 系统，支持多地图融合，鲁棒性好，精度高。

Elastic Fusion 是优秀的 RGB – D SLAM 系统，具有稠密建图、在线实时运行、轻量级的特点，使用 surfel 模型融合点云，采用优化 deformation graph 的方式提高精度，以及重定位算法，以及 RGB 信息、深度信息进行位姿估计。

3）ROS 仿真

ROS 仿真通过使用 ROS 仿真工具及组件，实现对实体系统的模拟。ROS 仿真通常包含 URDF（Unified Robot Description Format）建模、Gazebo 仿真、RViz 感知环境仿真等。

URDF 是标准化机器人描述格式，以 XML 方式描述机器人的结构，如底盘、摄像头、激光雷达、关节和连接等，该文件可被解释器转换成可视化的机器人模型，是 ROS 中实现机器人仿真的重要组件。

RViz 是 ROS 的三维可视化工具，主要以三维方式显示 ROS 消息，可视化展示传感器感知的环境信息，如显示机器人模型、雷达所检测的障碍物距离、点云数据、图像信息等。

Gazebo 是一款三维物理仿真平台和三维动态模拟器，具有强大的物理引擎、高质量的图形渲染功能、方便的编程与图形接口，用于显示机器人模型并创建仿真环境，能准确有效地模拟机器人质量、摩擦系数、弹性系数等参数，支持传感器模拟等。

URDF、Gazebo、RViz 的组合是 ROS 仿真的重要方法。使用 URDF 和 RViz 组合，可以显示传感器感知的环境信息。

将三者结合，通过 Gazebo 模拟机器人的传感器，然后在 RViz 中显示这些传感器感知到的数据。使用 URDF、Gazebo 搭建仿真环境，并结合 RViz，可以显示仿真模型及其传感器感知的虚拟环境信息。

6. 思考与练习

（1）查阅 Gazebo 资料，了解 Gzebo 仿真相关知识。尝试使用 Gazebo 官方提供的模型丰富自定义搭建的仿真场景，制作一张智能车仿真赛道地图。

（2）查阅 gmapping 资料，尝试观察建图过程中的 tf 信息、雷达信息、地图信息、ROS 通信架构等。思考这些信息在 SLAM 建图中的意义。

（3）查看自定义搭建的智能车模型，查阅资料，了解 URDF 和 XACRO 知识，尝试通过这两种方式创建模型。与团队成员沟通交流学习成果。

任务二　智能网联汽车路径规划应用

1. 任务目标

基于 OBE 教育理念，结合智能网联汽车技术专业毕业要求与任务特点，建立任务目标支撑毕业要求和培养规格的对应关系，确定任务目标如下。

（1）目标 O1：掌握路径规划和导航原理、ROS 定位和地图知识、URDF 等 ROS 建模知识，理解路径规划应用任务。

（2）目标 O2：能运用 Navigation 算法和 ROS 仿真组件，分析路径规划问题，完成车辆路径规划和自主导航应用。

（3）目标 O3：能与团队成员有效沟通，合作完成智能网联汽车路径规划应用任务。

任务目标与毕业要求支撑对照见表4-7，任务目标与培养规格对照表见表4-8。

表4-7 任务目标与毕业要求支撑对照表

毕业要求	二级指标点	任务目标
1. 工程知识	毕业要求1-1：能将数学、自然科学、工程科学专业知识用于工程问题的表述	目标O1
2. 问题分析	毕业要求2-2：能基于分析工具正确表达广义工程问题	目标O2
9. 个人和团队	毕业要求9-1：能与其他团队成员有效沟通，合作共事	目标O3

表4-8 任务目标与培养规格对照表

培养规格	规格要求	任务目标
素养	（1）具有质量意识、环境意识、安全意识、信息素养，具有工匠精神和创新思维； （2）勇于奋斗、乐观向上，具有自我管理能力，有较强的集体意识和团队合作精神； （3）能实现项目任务的有效沟通，赢得认同和信任，能推动项目规范有序地开展； （4）能与团队成员有效沟通，合作共事	目标O3
能力	（1）能通过车辆路径规划和自主导航应用的流程、程序、系统和方法，理解和运用自动驾驶专业知识； （2）能运用Navigation算法和ROS仿真组件工具分析路径规划问题； （3）在任务过程中能与团队成员清晰、明确地交流，有效地沟通； （4）能选择适当的技术解决车辆路径规划和自主导航应用开发中的问题，具备判断力	目标O2
知识	（1）掌握ROS定位和地图知识，理解车辆路径规划和自主导航应用的关键部分； （2）掌握路径规划和导航原理，理解路径规划应用开发的实现方法并完成任务； （3）掌握URDF、XACRO等ROS建模知识，理解ROS建模工具的用途	目标O1

2. 任务描述

伴随着灯闪铃响，地铁车门缓缓关闭。在稍作停留后，地铁慢慢驶出站台。此时在地铁车厢中的你不经意地望向地铁驾驶室，发现地铁驾驶室居然没人，原来这是一辆无人驾驶地铁。目前，上海一共有5条地铁线路实行无人驾驶，分别是10号线、14号线、15号线、18号线、浦江线。那么，这些无人驾驶地铁是如何实现自动驾驶的呢？

无人驾驶地铁不仅节省人力成本,还能按照接近最优的运行曲线运营,如图 4-45 所示。地铁的运行曲线即地铁的运行路径,当地铁已知起点和终点时,经过其中各个站点的行驶路径规划和行驶曲线调整,地铁在无人驾驶状态下能遵循规划路径,顺利实现自动行驶任务。

自动驾驶汽车经过路径规划自动向目标地点行驶,这就是车辆路径规划应用。如何实现车辆路径规划应用?本任务结合路径规划和导航原理、ROS 定位知识、URDF 等 ROS 建模知识,运用 Navigation 算法工具,使用 XTARK ROS 自动驾驶车,与团队成员沟通合作,完成车辆路径规划和自主导航应用。

图 4-45 无人驾驶地铁

3. 任务实施

1)任务准备

(1) Windows 10 计算机;
(2) 树莓派 4B;
(3) XTARK ROS 自动驾驶车;
(4) 树莓派 Ubuntu 18.04、ROS Melodic 系统;
(5) 虚拟机 ROS1_Noetic_Ubuntu 20.04;
(6) 虚拟机系统依赖包:ros-noetic-driver-base、ros-noetic-gazebo-ros-control、ros-noetic-effort-controllers、ros-noetic-joint-state-controller、ros-noetic-ackermann-msgs、ros-noetic-global-planner、ros-noetic-teb-local-planner、ros-noetic-nodelet、ros-noetic-image-transport、ros-noetic-xacro、ros-noetic-robot-state-publisher、ros-noetic-gmapping、ros-noetic-rtabmap-ros、ros-noetic-image-transport-plugins、ros-noetic-map-server、ros-noetic-navigation。

2)步骤与现象

步骤一:智能车仿真路径规划

在进行实车测试之前,可以通过 ROS 进行地图模拟和车辆调试,一切准备就绪后再进行实车测试。本任务使用 ROS 仿真工具实现路径规划和导航。

(1) 仿真地图行驶控制。

使用 Gazebo 和 racecar 功能包,实现模拟赛道地图行驶控制。首先完成工作空间和 racecar 功能包配置,然后使用 roslaunch 命令启动赛道,如图 4-46 所示。

此时,Gazebo 加载赛道地图模型,并打开 tk 控制界面,如图 4-47 所示。在 tk 控制界面中可以通过键盘上的 W、S、A、D 键控制小车在赛道中运动。

接下来,控制小车向前开动。绕行通过第一个障碍物,如图 4-48 所示。

完成后控制小车后退,回到起点。注意小车不要撞到墙壁或障碍物,不然可能翻车。

图 4-46　使用 roslaunch 命令启动赛道

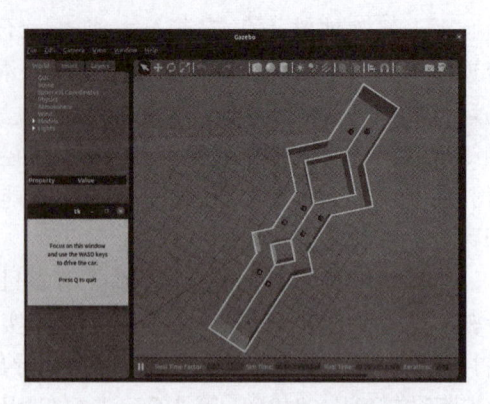

图 4-47　打开 tk 控制界面

（2）导航 launch 文件配置。

配置导航 launch 文件。首先，将自定义地图文件复制到 racecar_gazebo 功能包中的地图路径"racecar_gazebo/map"下，如图 4-49 所示。

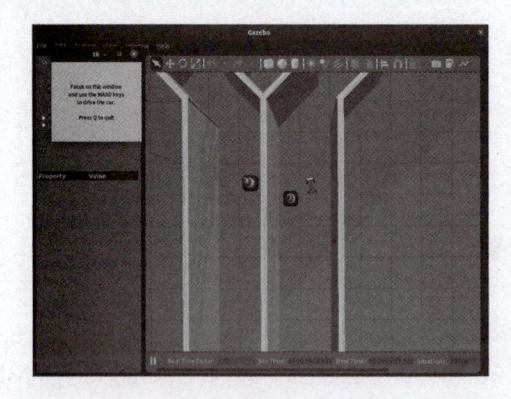

图 4-48　控制小车向前开动

图 4-49　将地图文件复制到地图路径下

然后，定位到 racecar_gazebo 功能包的"launch"路径，创建和配置导航 launch 文件。在导航 launch 文件中修改 world 模型名称、已构建地图参数，如图 4-50 所示。将 world_name 参数修改为自定义地图模型名称，map_server 参数修改为已完成构建的地图 yaml 文件名称。完成后保存 launch 文件。

（3）仿真场景路径规划。

结合 racecar 模型车、自定义地图模型、已构建地图，实现仿真场景路径规划。首先启动前面创建的导航 launch 文件，如

图 4-50　配置导航"launch"文件

图 4-51 所示。

图 4-51　启动导航 launch 文件

导航启动 launch 文件运行后，Gazebo 加载场景模型，如图 4-52 所示。场景模型结合了 racecar 模型车、自定义地图模型，并且具有基于 tk 控制界面的键盘运动控制功能。

接下来，新建终端运行 RViz，使用导航功能。在 RViz 中可以看到小车当前状态、位置、已构建地图，如图 4-53 所示。

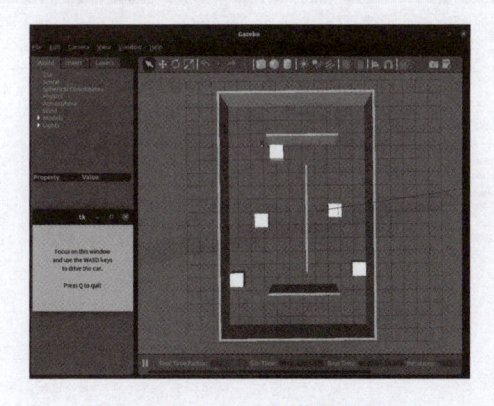

图 4-52　Gazebo 加载场景模型

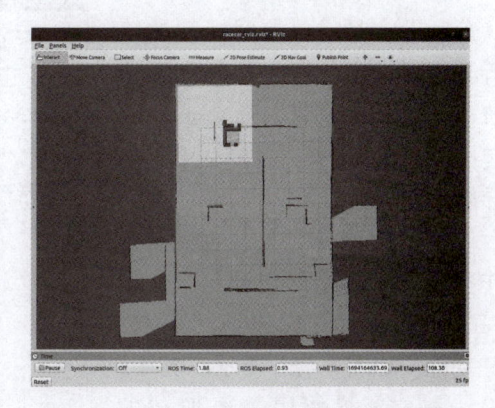

图 4-53　在 RViz 中查看小车当前状态、位置、已构建地图

使用 2D Nav Goal 指针进行路径规划和导航。通过 2D Nav Goal 指针选择地图上面的 1 个点作为目标点。选择完成后，小车自动规划一条行驶路径，开始自动朝目标点行驶，如图 4-54 所示。观察小车自动规划的行驶路径，在 RViz 中一般显示为一条绿色的线，这条路径是小车在起点和终点之间自动规划的行驶路线。

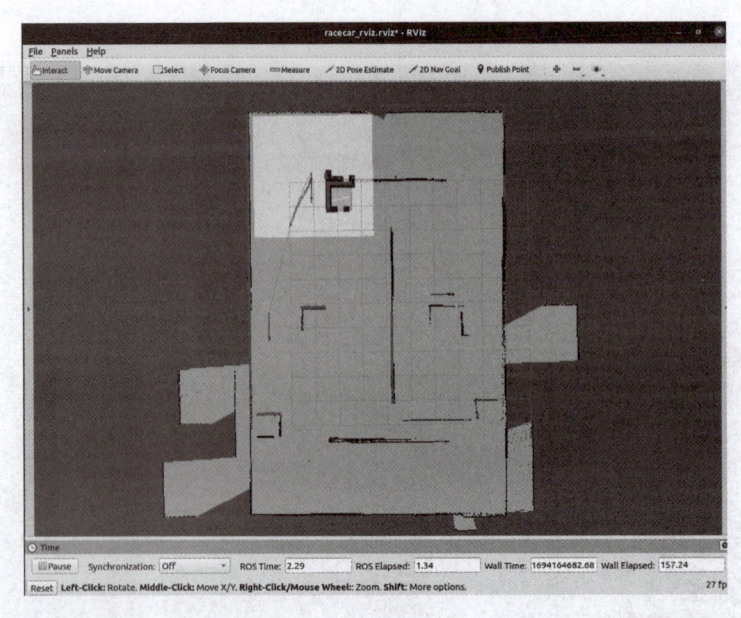

图 4-54 小车自动规划行驶路径

此时在 Gazebo 中观察小车的行驶情况。最终小车根据规划路径到达目标点，成功实现了仿真环境中的路径规划和自主导航。

与团队成员合作，尝试使用在自主建图应用中构建的地图，完成仿真路径规划应用。

步骤二：Navigation 路径规划应用

结合 Navigation 算法，在 ROS 中实现 amcl 概率定位、move_base 路径规划应用。

（1）amcl 概率定位。

车辆导航时需要按照规划的路线行驶，通过定位可以判断实际行驶轨迹是否符合预期。Navigation 功能包中提供了 amcl 功能包，用于实现导航中的定位。

使用 amcl 概率定位，首先新建工作空间，完成功能包配置，然后编写 launch 文件，集成地图服务、amcl 功能，如图 4-55 所示。其中，map_server 参数使用需要加载的 yaml 地图文件，robot_description 使用小车模型，amcl 使用"amcl.launch"默认文件。

图 4-55 编写 launch 文件

完成后启动配置的 launch 文件，Gazebo、RViz 仿真环境随之启动。在 RViz 中添加 RobotModel、Map、PoseArray 组件，如图 4-56 所示，分别显示车辆模型、地图、位姿。将"PoseArray"→"Topic"选项设置为"/particlecloud"，用来显示 amcl 预估的位姿结果。

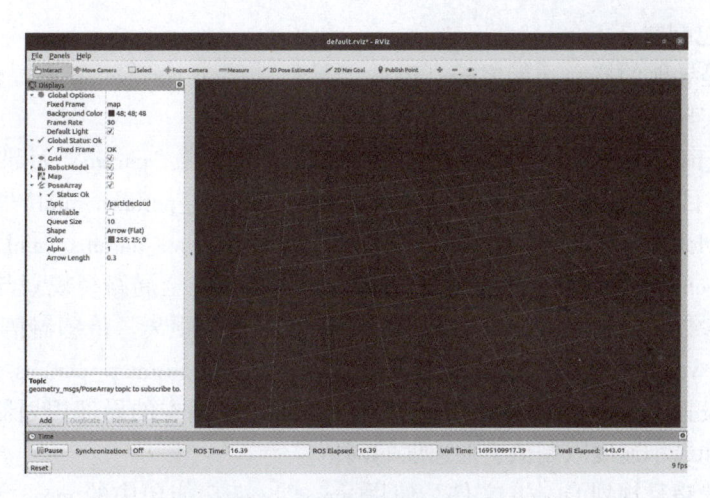

图 4-56　添加 RViz 组件

启动键盘控制节点：使用 rosrun 命令启动 teleop_twist_keyboard 功能包的 "teleop_twist_keyboard.py" 节点，如图 4-57 所示。

图 4-57　启动键盘控制节点

此时通过键盘控制车辆运动，会发现 PoseArray 相应改变。在 RViz 中观察车辆位姿状态，amcl 预估的位姿结果以箭头线条显示，线条越密集，表示车辆在该位置的概率越大，如图 4-58 所示。

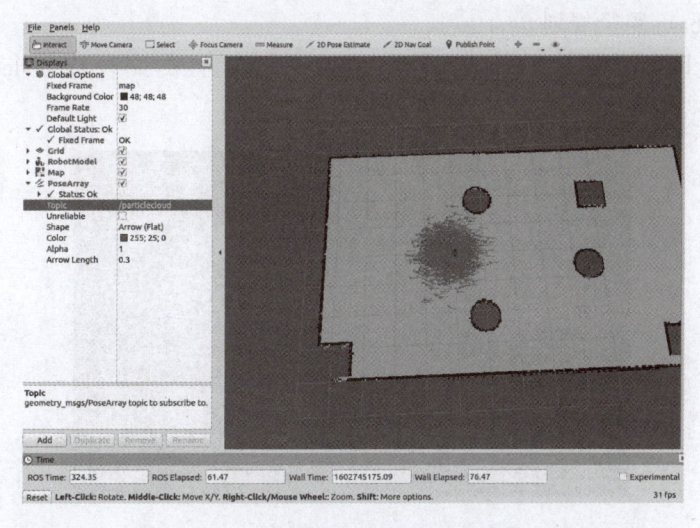

图 4-58　在 RViz 中观察车辆位姿状态

(2) 功能包配置。

路径规划是导航的核心功能之一，ROS 的导航功能包 Navigation 中提供了 move_base 功能包，用于实现路径规划。

使用 move_base 功能包实现路径规划，在功能包下新建"param"目录，复制 yaml 文件到"param"目录下，yaml 文件包括"costmap_common_params.yaml""local_costmap_params.yaml""global_costmap_params.yaml""base_local_planner_params.yaml"。

"costmap_common_params.yaml"是 move_base 功能包在全局路径规划与本地路径规划时调用的通用参数，包括车辆的尺寸、距离障碍物的安全距离、传感器信息等。"global_costmap_params.yaml"用于全局代价地图参数设置。"local_costmap_params.yaml"用于局部代价地图参数设置。"base_local_planner_params.yaml"是基本的局部规划器参数配置，设定车辆的最大和最小速度限制值、加速度的阈值。

接下来配置路径规划 launch 文件，使用 move_base 功能包中的 move_base 节点功能，如图 4-59 所示。

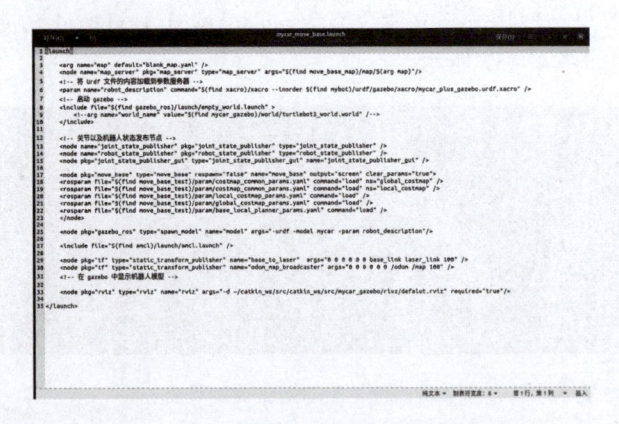

图 4-59　配置路径规划 launch 文件

在 launch 文件中使用 rosparam 命令载入放置在"param"目录下的 yaml 文件，用于配置使用 move_base 功能包所需的参数。

(3) move_base 路径规划。

使用 move_base 功能包的路径规划功能。启动配置的路径规划 launch 文件，如图 4-60 所示。

图 4-60　启动配置的路径规划 launch 文件

此时 Gazebo 仿真环境、RViz 启动，载入场景模型，显示车辆状态。在 RViz 中添加组件，配置全局代价地图与本地代价地图。添加两个 Map 组件，"Topic"分别配置为"/move_base/global_costmap/costmap""/move_base/local_costmap/costmap"，如图 4-61 所示。

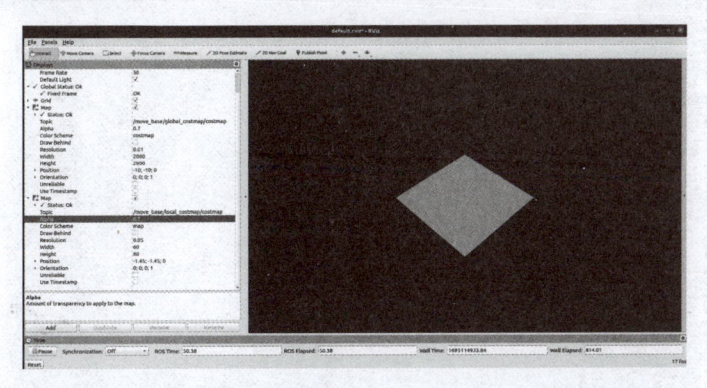

图 4-61　在 RViz 中配置全局代价地图与本地代价地图

在 RViz 中配置全局路径规划与本地路径规划。设置两个 Path 组件，"Topic"分别为"/move_base/ TrajectoryPlannerROS/global _ plan""/move _ base/TrajectoryPlannerROS/local _ plan"，如图 4-62 所示。

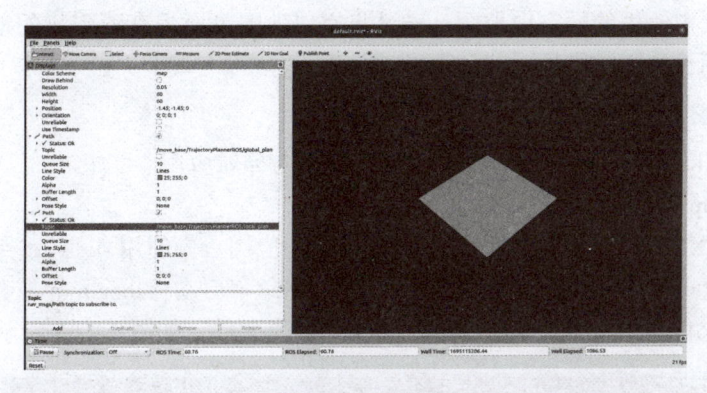

图 4-62　在 RViz 中配置全局路径规划与本地路径规划

在 RViz 中添加 RobotModel、Odometry、LaserScan、PoseArray 组件，如图 4-63 所示。

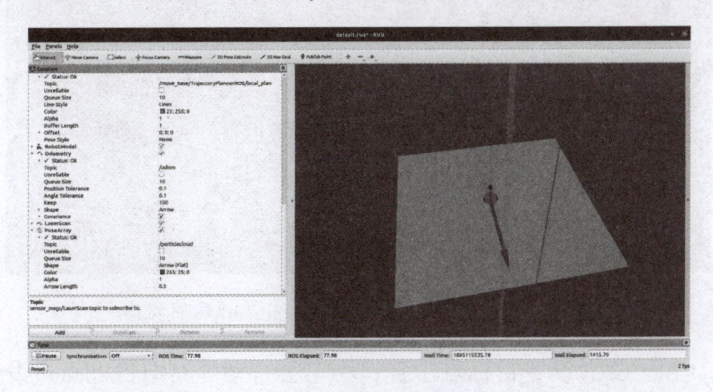

图 4-63　在 RViz 中添加组件

RViz 配置完成后,通过 2D Nav Goal 设置目的地实现导航,如图 4-64 所示,观察车辆运行状态。

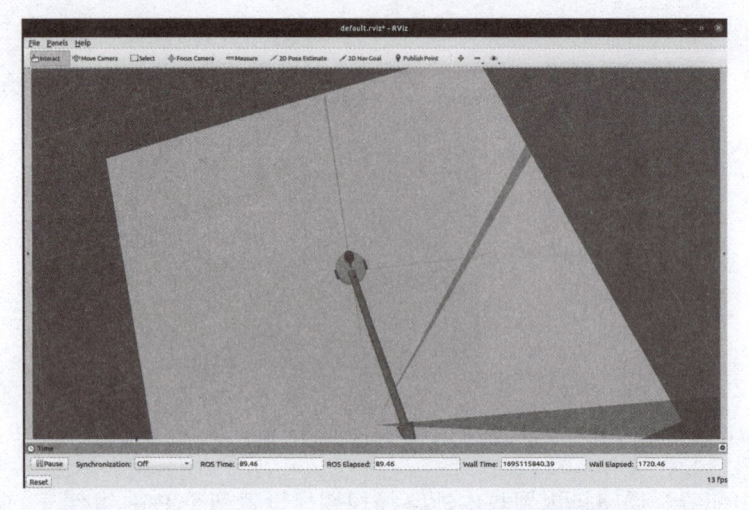

图 4-64 通过 2D Nav Goal 设置目的地实现导航

在实验中,用到了一些 RViz 组件,和团队成员讨论这些组件分别具有什么作用。此外,在实验过程中使用的是空白地图,尝试将空白地图更换为有障碍物的地图,实现路径规划和导航应用,和团队成员一起动手尝试一下。

步骤三:路径规划与导航应用

结合 XTARK ROS 自动驾驶车,实现路径规划与导航应用。

(1) rtabmap 导航应用。

使用 XTARK ROS 自动驾驶车实现 rtabmap 导航应用。先使用 sudo apt-get update 命令更新,再安装 rtabmap 功能包,然后使用 roslaunch 命令启动 rtabmap 导航,运行 turn_on_wheeltec_robot 功能包中的"3d_navigation.launch"导航文件,如图 4-65 所示。

图 4-65 运行"3d_navigation.launch"导航文件

此时使用 2D Nav Goal 设置目标点位置,小车会自动寻路向目标点进发。在 RViz 中观察小车的运动状态,如图 4-66 所示。

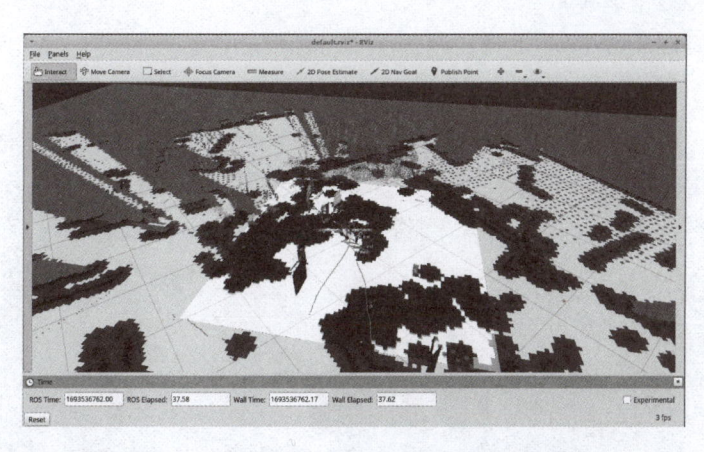

图 4-66　在 RViz 中观察小车的运动状态

(2) 自主导航应用。

使用 XTARK ROS 自动驾驶车实现自主导航应用。使用 roslaunch 命令运行 turn_on_wheeltec_robot 功能包中的"navigation.launch"导航文件,如图 4-67 所示。

图 4-67　运行"navigation.launch"导航文件

运行 RViz,观察小车在自主导航中的运行状态,在 RViz 中使用 2D pose Estimate 工具设置地图区域任意点作为起点,如图 4-68 所示。

图 4-68　使用 2D pose Estimate 工具

然后，使用2D NAV Goal 工具，设置小车目标点的位置，如图4-69所示。设置完成后，观察小车自主导航运行状态。

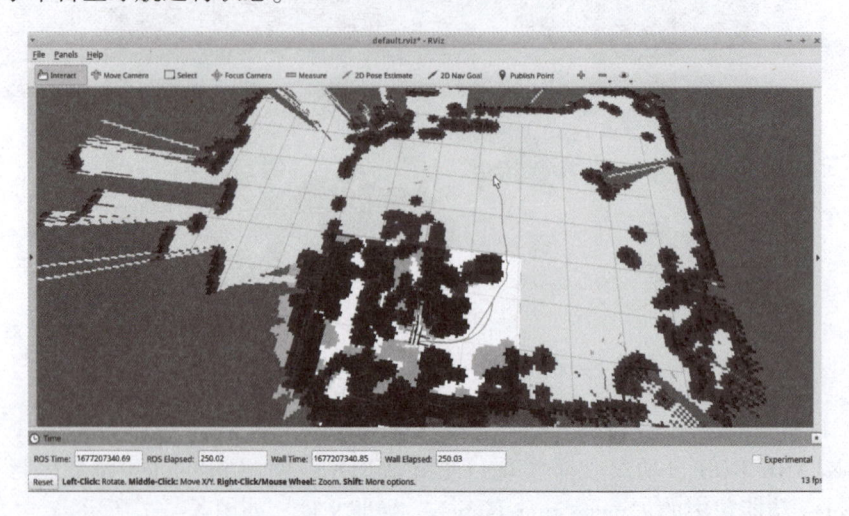

图4-69 使用2D NAV Goal 工具

(3) 多点导航应用。

使用 XTARK ROS 自动驾驶车实现多点导航应用。使用 roslaunch 命令运行 turn_on_wheeltec_robot 功能包中的 "navigation. launch" 导航文件，如图4-70所示。

图4-70 运行 "navigation. launch" 导航文件

运行 RViz，观察小车位置、环境及运行状态。添加 path_ponit 中的 MarkerArray，进行可视化显示，再使用 RViz 的 Publish Point 功能实现多点导航应用。先使用 Publish Point 功能添加第一个点，会发现小车向该点运动，然后再使用 Publish Point 功能添加另一个点，会发现小车开始在这两个点之间运动，如图4-71所示。依此类推，可以添加其他点，让小车实现多点导航。

至此就完成了智能小车路径规划应用。思考一下：路径规划的实现需要哪些关键条件和信息？小车如何获取这些信息并最终实现路径规划？

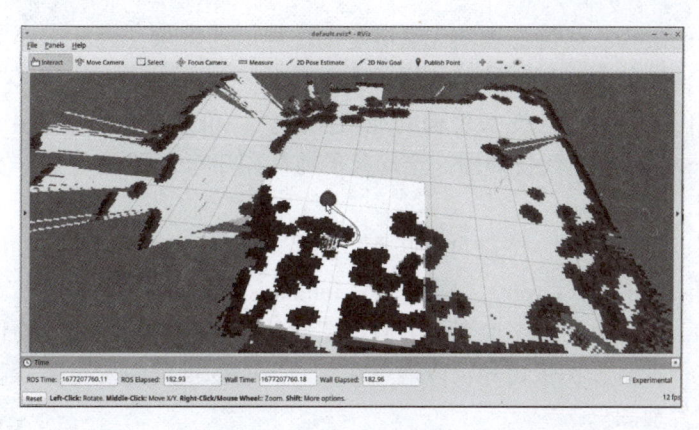

图 4 – 71　小车在两点间运动

3）关键点分析

路径规划是车辆自主导航的核心功能之一，在 ROS 中 Navigation 功能包支持路径规划和导航的实现。

在本任务的路径规划应用中，主要使用 Navigation 功能包中的 move_base 功能包来实现路径规划。move_base 功能包提供了基于动作的路径规划实现，可以根据给定的目标点，控制车辆运动到目标位置，并在运动过程中连续反馈车辆自身的姿态与目标点的状态信息。

move_base 功能包主要由全局路径规划与本地路径规划组成。move_base 功能包中的核心节点是 move_base，该节点的动作、订阅的话题、发布的话题、服务等见表 4 – 9。

表 4 – 9　move_base 节点的动作、订阅的话题、发布话题、服务

名称	说明
move_base/goal（move_base_msgs/MoveBaseActionGoal）	动作订阅，move_base 节点的运动规划目标
move_base/cancel（actionlib_msgs/GoalID）	动作订阅，取消目标
move_base 节点/feedback（move_base_msgs/MoveBaseActionFeedback）	动作发布，连续反馈的信息，包含底盘坐标
move_base/status（actionlib_msgs/GoalStatusArray）	动作发布，发送到 move_base 节点的目标状态信息
move_base/result（move_base_msgs/MoveBaseActionResult）	动作发布，操作结果
move_base_simple/goal（geometry_msgs/PoseStamped）	话题订阅，运动规划目标
cmd_vel（geometry_msgs/Twist）	话题发布，输出到底盘的运动控制消息
~ make_plan（nav_msgs/GetPlan）	服务，请求该服务，获取给定目标的规划路径
~ clear_unknown_space（std_srvs/Empty）	服务，允许用户直接清除周围的未知空间
~ clear_costmaps（std_srvs/Empty）	允许清除代价地图中的障碍物

路径规划和导航功能的实现需要依赖地图，通常用于导航的初始地图是一张静态图片，这张图片有宽度、高度、分辨率等元数据，并使用灰度值表示障碍物存在的概率。但

是，导航是动态的过程，而静态地图无法满足动态导航的需求，因此需要实时添加障碍物数据、膨胀区等辅助信息，用于辅助地图功能。

代价地图能够结合静态地图实现辅助地图功能。代价地图包括 global_costmap 全局代价地图、local_costmap 本地代价地图。全局代价地图用于全局路径规划，本地代价地图用于本地路径规划。

代价地图可以多层叠加，按需自由搭配，通常包含静态地图层（Static Map Layer）、障碍地图层（Obstacle Map Layer）、膨胀层（Inflation Layer）、其他层级（Other Layers）。静态地图层是 SLAM 构建的静态地图。障碍地图层是传感器感知的障碍物信息。膨胀层是基于地图层级进行膨胀、扩张边界，以避免在实时导航的过程中发生障碍物碰撞。其他层级用于自定义代价地图。

ROS 计算代价值的方法如图 4-72 所示。图中横轴是距离车辆中心的距离，纵轴是代价地图中栅格的灰度值。红色五边形为车辆外形，红色区域为检测到的障碍物，紫色区域为通过车辆内切圆计算的障碍物膨胀区域。为了使车辆不碰到障碍物，车辆的外壳不允许与红色区域相交，车辆的中心不允许与紫色区域相交。

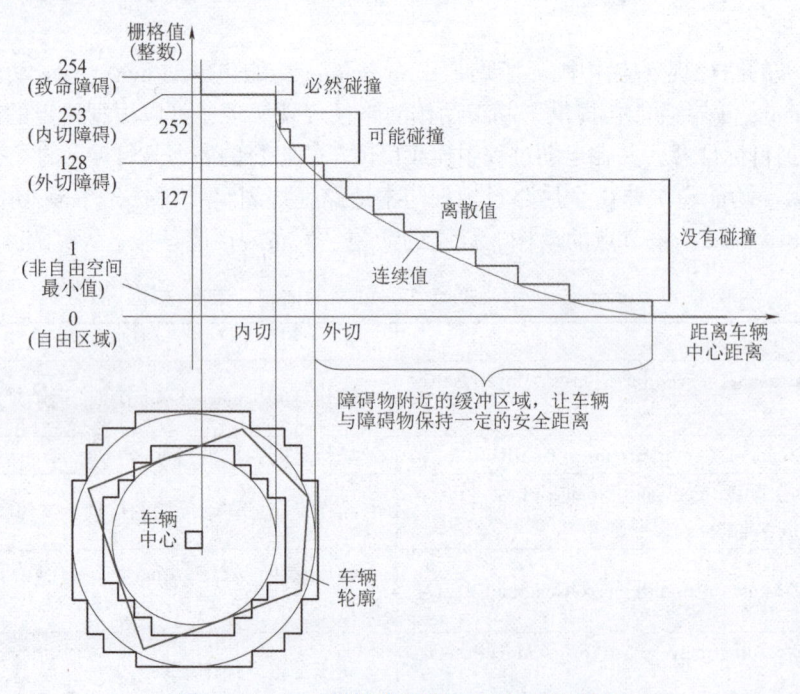

图 4-72 ROS 计算代价值的方法（附彩插）

其中致命障碍的栅格值为 254，表示此时障碍物与车辆中心重叠，必然发生碰撞。内切障碍的栅格值为 253，表示此时障碍物处于车辆的内切圆内，必然发生碰撞。外切障碍的栅格值为 [128，252]，表示此时障碍物处于车辆的外切圆内，处于碰撞临界，不一定发生碰撞。非自由空间的栅格值为 (0，127]，表示此时车辆处于障碍物附近，属于危险警戒区，进入此区域，将来可能发生碰撞。自由区域的栅格值为 0，表示此处车辆可以自由通过。未知区域的栅格值为 255，表示还没探明是否有障碍物。一般来说，膨胀空间的设置可以参考非自由空间。

路径规划和导航功能的实现还需要依赖定位。定位能够推算车辆自身在全局地图中的位置，将当前定位用于导航。导航中车辆需要按照设定的路线运动，通过定位可以判断实际轨迹是否符合预期。Navigation 功能包中的 amcl 功能包具有概率定位功能，通过自适应 KLD 采样的蒙特卡洛定位方法，根据已有地图使用粒子滤波器推算位置，用于实现导航中的车辆定位。amcl 功能包提供 "/map_frame" "/odom_frame" 与 "/base_frame" 之间的坐标变换。

4. 考核评价

结合素养、能力、知识目标，根据任务操作、团队协作、沟通参与的效果，教师使用表 4-10（培养规格评价表），对学生的任务进行评价。

表 4-10 培养规格评价表

评价类别	评价内容	分值	得分
素养	（1）具有质量意识、环境意识、安全意识、信息素养，具有工匠精神和创新思维； （2）勇于奋斗、乐观向上，具有自我管理能力，有较强的集体意识和团队合作精神； （3）能实现项目任务的有效沟通，赢得认同和信任，能推动项目规范有序地开展； （4）能与团队成员有效沟通，合作共事	40	
能力	（1）能通过车辆路径规划和自主导航应用的流程、程序、系统和方法，理解和运用自动驾驶专业知识； （2）能运用 Navigation 算法和 ROS 仿真组件工具分析路径规划问题； （3）在任务过程中能与团队成员清晰、明确地交流，有效地沟通； （4）能选择适当的技术解决车辆路径规划和自主导航应用开发中的问题，具备判断力	30	
知识	（1）掌握 ROS 定位和地图知识，理解车辆路径规划和自主导航应用的关键部分； （2）掌握路径规划和导航原理，理解路径规划应用开发的实现方法并完成任务； （3）掌握 URDF、XACRO 等 ROS 建模知识，理解 ROS 建模工具的用途	30	
总分			
评语			

考核评价根据任务要求设置评价项目，项目评分包含配分、分值、得分，教师可以根据学生的项目内容完成情况进行评分。

任务目标达成度以任务目标为评价维度，评价项目支撑任务目标。教师根据任务目标评价学生的任务完成情况。任务考核评价表见表 4-11。

表 4-11　任务考核评价表

任务名称	智能网联汽车路径规划应用							
评价项目	项目内容	项目评分			任务目标达成度		
		配分	分值	得分	目标 O1	目标 O2	目标 O3
智能车仿真路径规划	roslaunch 命令启动赛道正确	30	4			NC	NC
	控制小车在赛道中运动正确		4			NC	
	自定义地图文件路径正确		4			NC	
	导航 launch 文件配置正确		4				
	导航 launch 文件启动正确		4			NC	
	使用 RViz 查看小车和地图正确		4				
	使用 RViz 工具导航正确		6				
Navigation 路径规划应用	amcl launch 文件配置正确	35	3			NC	NC
	在 RViz 组件添加和配置正确		3				
	通过键盘控制车辆运动正确		2				
	在 RViz 中观察车辆位姿正确		2			NC	
	在 RViz 中观察车辆定位显示正确		2				
	move_base 功能包"param"目录正确		2				
	move_base 功能包 yaml 文件正确		3				
	路径规划 launch 文件配置正确		3				
	路径规划 launch 文件启动正确		3				
	RViz 代价地图组件配置正确		3				
	RViz 路径规划组件配置正确		3				
	RViz 车辆及其他组件配置正确		3				
	使用 RViz 工具实现导航正确		3				
路径规划与导航应用	启动 rtabmap 导航正确	35	3		NC	NC	
	使用 RViz 工具设置导航点正确		4		NC		
	rtabmap 导航运行正确		3				
	启动自主导航正确		3		NC	NC	
	使用 RViz 工具设置导航点正确		4		NC		
	自主导航运行正确		3				
	启动多点导航正确		3		NC	NC	
	RViz 组件配置正确		4				
	使用 RViz 工具设置导航点正确		4				
	多点导航运行正确		4				
综合评价							

注：①项目评分请按每项分值打分，填入"得分"栏。
②任务目标达成度根据任务完成情况进行评价，对照任务目标是否达成进行勾选，达成则在对应栏中打"√"。
③任务目标达成度中"NC"表示本行评价内容与对应任务目标无关。

根据任务目标达成度的评价结果，结合任务实施过程、项目评分结果，教师可以使用表 4-12（任务持续改进表）进行改进。

表 4-12 任务持续改进表

评价项目	上一轮改进措施	本轮改进内容	本轮改进效果	下一轮改进措施
智能车仿真路径规划				
Navigation 路径规划应用				
路径规划与导航应用				

5. 知识分析

1) 自动驾驶与自主导航

自动驾驶汽车是一种具有自主驾驶行为的车辆。它在传统车辆的基础上加入了精确定位、环境感知、高精度地图、运动规划和行为控制等一系列智能模块，能够与周围环境的交互并做出相应决策和动作。

当处于一个未知的、复杂的、动态的非结构化环境中时，自动驾驶汽车如果能够在没有人干预的情况下，通过自身所带的传感器来感知环境，到达期望的目的地，同时保证时间最短或能量消耗最小，这就需要使用自主导航技术。自主导航的实现涉及环境感知、地图创建、自主定位、路径规划等技术。

环境感知技术依靠传感器感知周围环境，并对获得的环境数据进行处理以得到详细信息。在自主导航实现过程中，地图信息必不可少。地图构建的实质是对环境的描述，所构建地图形式分为度量地图和拓扑地图等。

自主定位同样是自主导航实现的重要支撑，它利用先验环境地图信息、车辆位姿的当前估计以及传感器的观测值等输入信息，经过一定的运算产生更加准确的车辆当前位姿的估计。自主定位方法根据所采用传感器的不同分为激光定位、视觉定位、组合惯导定位等。一般情况下，基于单一传感器的定位在复杂环境中，其精度与鲁棒性难以保证，而多传感器信息融合则克服了单一传感器的缺陷，能够在具有挑战性的环境中实现高精度定位和强鲁棒性。

在自主导航的实现中，路径规划也是重要环节。路径规划即根据先验的地图环境信息以及自身传感器实时感知的周围动态环境信息，综合一定的评价指标，搜索出一条能够连接起始点与目标点，且在一定指标下最优的轨迹曲线，同时保证在沿着这条曲线运动的过程中能够实时避开环境中的动态障碍物，顺利到达目标点。

2) Navigation 功能包

ROS 导航其实就是机器人自主从 A 点移动到 B 点的过程。Navigation 功能包为 ROS 导航提供了一套通用的实现工具。通常，导航模块接收来自里程计、传感器流和目标姿态的信息，输出发送到移动底盘的安全速度命令。Navigation 功能包的关键技术如图 4-73 所示。

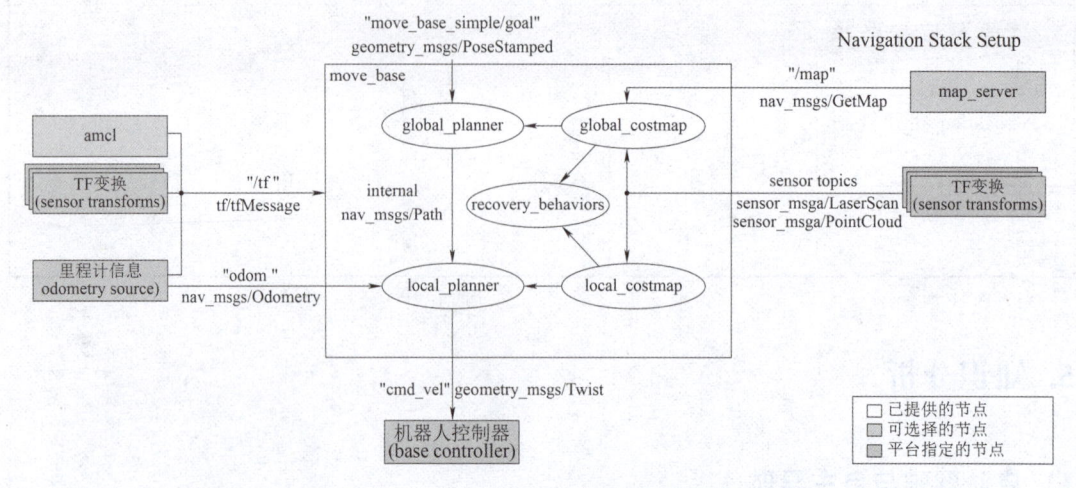

图 4-73 Navigation 功能包的关键技术

Navigation 功能包的关键技术包含全局地图、自身定位、路径规划、运动控制、环境感知等。

实现导航时，首先参考一张全局地图，然后根据全局地图确定位置，也会根据地图显示来规划到达目的地的路线。地图是重要的组成元素。使用地图，首先需要绘制地图。在 SLAM 技术中，通常机器人在未知环境中从一个未知位置开始移动，在移动过程中根据位置估计和地图进行自身定位，同时在自身定位的基础上建造增量式地图，以绘制外部环境的完全地图。SLAM 技术的实现依赖环境感知。由 SLAM 技术生成的地图通常使用 map_server 功能包保存后使用。

在导航实现过程中，机器人需要确定当前自身的位置，GPS 在室外环境中定位效果不错。除此之外，SLAM 可以实现自身定位，amcl 功能包也可以满足定位要求。amcl 自适应的蒙特卡洛定位系统是用于二维移动机器人的概率定位系统。它采用自适应或 KLD 采样的蒙特卡洛定位方法，该方法使用粒子过滤器根据已知地图跟踪机器人的姿态。

在导航实现过程中，机器人具备路径规划能力：根据目标位置计算全局运动路线，并且在运动过程中，根据出现的动态障碍物调整运动路线，直至到达目标点。ROS 中 move_base 功能包用于实现路径规划功能，该功能包主要由全局路径规划 gloable_planner、本地实时规划 local_planner 两大规划器组成。全局路径规划根据给定的目标点和全局地图实现总体的路径规划，使用 Dijkstra 或 A* 算法进行全局路径规划，计算最优路线作为全局路线。本地实时规划使用 Dynamic Window Approach 算法实现障碍物的规避，并选取当前最优路径以尽量符合全局最优路径，用来减弱实际导航过程中障碍物等原因对给定的全局最优路线的影响。

Navigation 功能包通常订阅和发布"cmd_vel"话题，通过 geometry_msgs/Twist 类型的消息传递运动命令，实现基于机器人基座坐标系的运动控制。

在 Navigation 功能包中，环境感知也是重要模块，它为其他功能包提供了支持。其他功能包如 SLAM、amcl、move_base 都依赖环境感知。常见的环境感知系统传感器有摄像头、雷达、编码器等。摄像头、雷达可以用于感知外界环境的深度信息，编码器可以感知电动机的转速信息，进而获取速度信息并生成里程计信息。

3）导航定位与坐标系

定位是导航实现的重要基础。ROS 中的定位通常参考某个坐标系，在该坐标系中标注机器人。如以机器人的出发点为原点创建坐标系，标注机器人在坐标系中的位置。坐标变换是 ROS 的基础功能，通常由 TF 功能包实现。TF 功能包使用树形数据结构，能够根据时间跟踪多个坐标系，并维护多个坐标系之间的坐标变换关系。

机器人定位通常依赖机器人自身逆向推导参考系原点并计算坐标系的相对关系。实现该过程的常用方式有：通过里程计定位，实时收集机器人的速度信息，进行计算并发布机器人坐标系与父级坐标系的相对关系；通过传感器定位，通过传感器收集外界环境信息，进行匹配计算并发布机器人坐标系与父级坐标系的相对关系。

两种定位实现方式都有各自的优、缺点。通过里程计定位，信息是连续的，没有离散的跳跃。但是，里程计存在累计误差，不利于长距离或长期定位。通过传感器定位，比通过里程计定位更精准，但通过传感器定位会出现跳变的情况，且在标志物较少的环境下，其定位精度会大打折扣。应用时一般二者结合使用。

在上述两种定位实现方式中，机器人坐标系一般使用机器人模型中的根坐标系 base_link 或 base_footprint。通过里程计定位时，父级坐标系一般为 odom。通过传感器定位时，父级坐标系一般为 map。当二者结合使用时，为了符合坐标系变换的单继承原则，一般将转换关系设置为 map→odom→base_link 或 base_footprint。

导航中用于定位的 amcl 功能包具有补偿定位累计误差的作用。它通过订阅小车位置坐标和雷达信息，计算小车在地图中的位置偏差，发布 map→odom 的 TF 转换，实现误差补偿。

6. 思考与练习

（1）在 move_base 路径规划实验中，可能出现本地路径规划与全局路径规划不符导致小车进入膨胀区域出现假死的情况。思考如何解决该问题。

（2）通常全局路径规划与本地路径规划使用相同的参数设置，但是二者路径规划和避障的职能不同，和团队成员讨论并思考可以采用哪些不同的参数设置策略。

（3）查阅资料，列举常见的路径规划应用场景，思考相应场景中的路径规划是如何实现的。

知识拓展

2023 年中国自动驾驶汽车行业重点赛道与前景展望

2023 年我国自动驾驶汽车行业在多方因素推动下发展持续升温。一方面，为实现我国汽车产业转型升级，国家持续发布系列政策支持自动驾驶关键技术、产品生产、产业生态和应用场景的发展；另一方面，随着激光雷达、芯片、算法等自动驾驶软/硬件不断成熟，自适应巡航控制、自动泊车、主动车道保持、自动变道等 L2 级辅助驾驶功能已实现广泛商业化运用。2023 年 1—3 月，L2 级自动驾驶乘用车的渗透率达 33.4%，逐渐成为智能网联车标配。然而，受限于自动驾驶技术和相关法律法规，尤其在乘用车领域，L3 级自动驾驶汽车还难以实现大规模落地应用，但已有多款车型预埋 L3 级硬件。2022 年 8 月，深圳市发布《深圳经济特区智能网联汽车管理条例》，成为全国首个对 L3 级及以上自动驾驶权责进行详细划分的官方文件。未来，随着法规的进一步放开、算法能力的提升和基础硬件成本的下降，L3 级自动驾驶汽车有望迎来大规模应用。

对于应用场景而言，自动驾驶汽车可被应用于载人、载货、特殊场景。落地逻辑遵循先载物后载人，先封闭后开放原则。载人场景技术门槛较高，法律法规严格，全面商业化还尚待时日；载货场景包括干线、末端物流、封闭园区等，道路情况相对简单，应用门槛相对较低，商业化程度较高；特殊场景涵盖环卫、安防等，目前已可以在封闭道路进行无人作业，处于试运营阶段。

作为承载和实现汽车智能化、网联化应用和服务的空间，智能座舱与驾驶者直接接触，更易被感知且技术门槛相对较低，成为目前厂家和驾驶者重点关注对象。目前，语音助手、DMS、OTA 升级已成为主流车型标配功能，部分车型更是提供情感交流、OMS、多音区识别等高级别交互功能，作为各品牌差异化竞争点。随着电子电气架构革新、SoC 芯片运用和软件架构技术升级，智能座舱的数据处理能力、图像渲染能力大幅提升，边际开发成本降低，可为消费者提供更优的智能化交互体验，市场规模增长空间巨大。IHS 预测，中国智能座舱市场将从 2021 年的 99 亿美元提升至 2030 年的 247 亿美元，年复合增长率达 10.69%。

在政策支持、新兴技术逐渐成熟的大背景下，我国汽车行业智能化、网联化进程加速，带动产业链上、下游不断升级，参与企业持续增加，行业规模迎来高速增长。自动驾驶汽车行业规模从 2019 年的 1 656 亿元预计增长至 2024 年的 13 120.4 亿元，年复合增长率超过 50%。另外，短期内行业竞争加剧，受限于技术瓶颈，车企难以实现 L4、L5 等高级别自动驾驶汽车及其商业化落地，能实现 L3 级自动驾驶汽车量产的企业将更具竞争力。车企为寻求健康发展，提高企业竞争力，在新车型中预埋 L3 硬件，积极通过自研和寻求外部合作等方式，加快完成 L3 技术的研发，并完成路测，在确保技术安全可靠的同时，实现应用场景的商业化落地。

随着汽车网联化程度加深，人、车、路、云交互场景增多，频次增高，进而产生更大的数据量，如无法妥善管理，将进一步增加数据被窃取、泄露、网络攻击等风险，数据安全成为产业发展新挑战。依托于我国信息安全保护相关法律制度，一方面，政府、行业协会、企业、消费者各方共同参与，通过出台法律法规、行业细则、企业内审制度等，建立预防及监督体制；另一方面，相关企业尝试利用区块链、流量检测、国密等技术，提升数据安全防护能力。

图 2-16 报错信息

图 2-17 程序正常启动

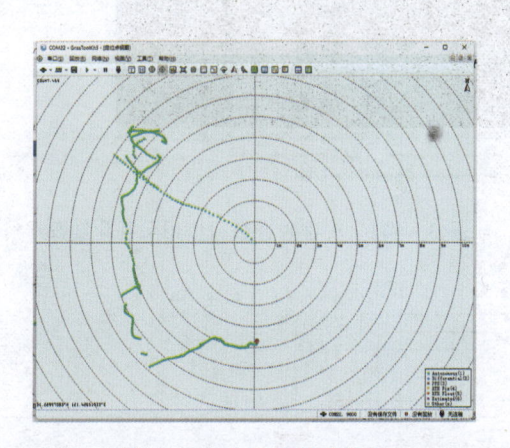

图 3-77 打开定位点视图

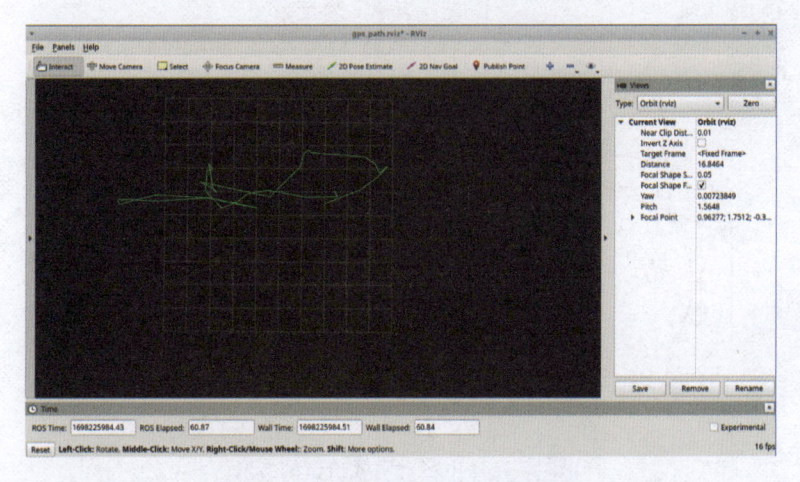

图 3-100 观察变化的绿色轨迹线

·273·

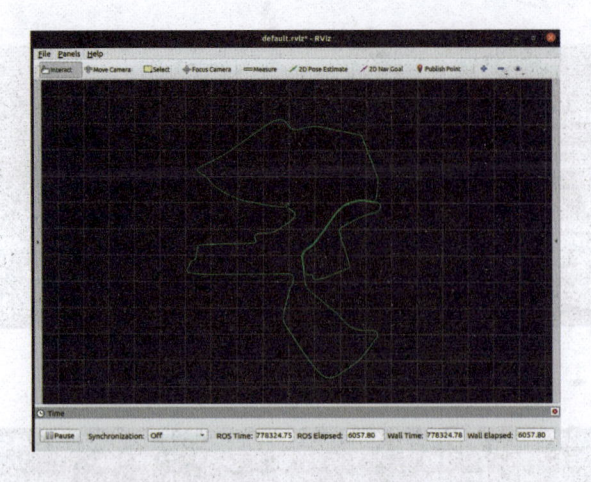

图 3-131　观察 RViz 中的绿色线条

图 3-142　观察融合数据应用可视化结果

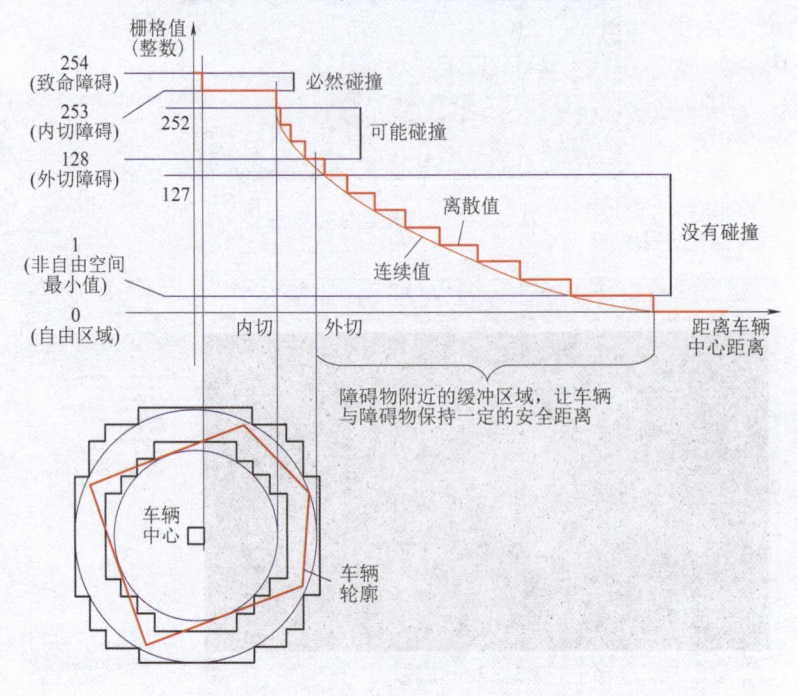

图 4-72　ROS 计算代价值的方法